서울의 어느 집
a small home in seoul

박찬용

HB PRESS

차례

프롤로그	15평짜리 미로	7
1부. 생각	1 얼어붙은 빨래	17
	2 새벽에서 계약까지	29
	3 인생의 경우의 수 (집이라는 변수로 보는)	43
	4 (수리에 대한) 원칙의 원칙	59
2부. 실행	5 전 반장님 위로 떨어진 쥐똥	69
	6 집의 뼈	75
	7 집의 핏줄	79
	8 부엌의 꿈과 일렉트릭 미야모토 무사시	91
	9 코비드-19가 나의 창문에 미친 영향	98
	10 집수리의 인터미션	110
	인터미션	
	11 학동역의 헨젤과 그레텔	118
	12 마루와의 조우	130
	13 타일계의 00년대 조르지오 아르마니	139
	14 흐린 기억 속의 변기	144

3부. 입주	15 고양이버스를 닮은 집수리 전문가	159
	16 아름다움과 본능	168
	17 늘 좋을 수는 없으니까	180
	18 사라진 타일	193
	19 철물의 시간	200
	20 입주하던 날	211
	'박찬용의 집' 전시	217
4부. 생활	21 샤워 커튼 블루스	225
	22 가구 삼고초려	240
	23 가구를 올리던 날	257
	24 이케아 비율 2025	272
	25 냉장고, 세탁기, 에어컨	281
	26 맨몸 이사	304
대담	젊은 건축가 이희준과	321

부록	첫 (셋)집 연대기	338
	서울의 빌라	
	전 반장님 인터뷰	
	집수리를 하는 과정에서 읽은 책 일부	
	창호에 대하여	
	꿈의 마루와 현실의 마루	
	탈락한 타일들	
	욕실 도기의 변수	
	혼자 하는 수리 vs 디자이너에게 맡기는 수리	
	집 안의 소리	
	개인적인 가구 의뢰 과정과 결과 경험담	
	이 집과 느슨하게 연결된 건축에 관한 책	
에필로그	연결되는 미로	357
감사의 말과 일러두기		363
연표		368

프롤로그 — 15평짜리 미로

"저는 제 집보다 큰 것이나
인간보다 더 불확실한 건 믿지 않아요."
— 그레이엄 그린, 〈아바나의 우리 사람〉

나는 7년 전 준공 50년에 가까운 낡은 공동주택의 한 세대를 구입했다. 서울 서대문구에서 가장 오래된 공동주택이었고, 엘리베이터 없는 건물 꼭대기 층에 있었다. 오늘날의 주거 기준에 맞는 수리가 되어 있지 않았고, 그래서 저렴했다. 그 집을 위해 당시 내가 가지고 있던 모든 자원을 쏟았다. 당시 내 주변 모든 사람이 이 결정을 만류했다. 나는 아랑곳하지 않았다. 나름의 이유가 있었지만 요약하면 내가 어리석기 때문이었다.

이 집을 고칠 때 쓰인 주요 자재와 소품은 여러 나라에서 왔다. 스위치와 조명과 세면대는 스위스. 변기는 일본, 두 번째 세면대는 독일, 마루는 이탈리아, 타일은 이탈리아와 일본과 터키. 나는 오랜 시간 동안 그 자재들을 찾아다녔다.

나는 넉넉치 않았고 지금도 그렇다. 그래서 내가

모은 물건들은 대부분 악성 재고였다. 세면대와 타일과 변기는 30년 이상. 마루도 10년 이상. 그것들을 모두 모아 나는 서울에 있는 낡은 집을 겨우 고쳤다. 집수리에 대해 조금은 안다고 생각했기 때문에 시작했지만, 공사가 끝나자 나는 그때 내가 무엇을 모르는지도 몰랐음을 깨달았다. 그러는 동안 이 집은 준공 50년을 넘겼고, 세계는 코비드-19를 거쳐 AI와 트럼프 2기로 돌입했다.

    이 집을 고칠 때 사람들의 반응은 비슷했다. 왜 그러냐. 왜 그렇게까지 하냐. 이제 나는 누가 어떤 의도로 묻느냐에 따라 아주 여러 가지 종류로 대답할 수 있다. 한마디로, 나는 알고 싶었다. 더 길게 하면 이렇다. 나라는 한정된 자원과 재주를 가진 개인이 서울에서 그럴싸하게 산다는 목표를 달성하기 위해 무엇이 필요한지. 얼마를 들이고 누구를 만나 무엇을 만들어 낼 수 있는지, 집수리 예산 00만 원은 무엇으로 구성되어 있으며, 그 안에서 나는 얼마나 절약하고 어디에 사치를 해서 무엇을 구현할 수 있는지, 그리하여 내가 원하는 걸 얻을 수 있는지, 그 전에 내가 원하는 '그럴싸한 삶'이라는 게 무엇인지. 더 더 길게 한 대답이 이 책이다.

    세상에는 노력해도 알 수 없는 일들도 많지만 다행히 나는 이 과정 끝에 몇 개를 알게 됐다. 오래된 집을 고칠 때 떠오르는 요소들. 몇몇 선진국에 있으나 아직 서울엔 없는 것들을 이식할 때 생기는 일들. 공사현장과 인테리어 시장의 현장 전문가들. 온라인과 오프라인에 숨겨진 고품질 악성 재고들. 집수리의 관행들, 그 관행의 장단점, 그 사이에서도 뭔가 멋진 걸 해 보려 노력하는 사람들. 그 과정에서 내가 겪으며 알아낸 걸 모아 책으로 내게 되었다.

내가 뭔가 알았다고 책으로 낼 가치가 생기는 건 아니다. 중요한 건 독자 여러분께서 알 가치가 있는지다. 나는 그렇다고 봤다(여러분들도 그리 여겨 주셔야 나도 보람 있을 텐데…). 이런 이유가 있다.

첫째. 개인 단위에서 느낀 집수리의 경험담이다. 특히 '구축 리노베이션'이라는 집수리의 한 장르에서. 요즘은 한국에서도 오래된 집을 수리해 자신의 필요와 개성에 맞춰 사는 분들이 많아지는 듯하다. 구축 리노베이션은 신축은 물론 보통의 집수리와도 다른 면이 많다. 비슷한 상황에 놓여 고민하실 분들과 공유할 수 있는 요소들을 적어 두었다.

집수리는 발주자의 개입 여부에 따라서도 양상이 상당히 달라진다. 직접 집수리의 각 요소를 발주하며 진행하는 '셀프 인테리어'와 인테리어 전문가께 공사 전체를 턴키 방식으로 맡기는 공사는 차이가 있다. 어떤 식으로 진행하든 발주자가 집수리의 각 요소를 알아두면 좋다. 턴키 방식으로 인테리어를 맡겨도 마찬가지다. 정육점에 가서 "맛있는 부분 주세요."라고 하는 것과 "오늘은 특히 기름기가 많은 수육을 삶을 거라 삼겹살 껍데기도 떼지 말고 주세요."라고 하는 건 차이가 날 수밖에 없다. 집수리 발주자에게도 도움이 될 이야기를 적으려 했다. 인테리어 공급자들도 고객의 마음을 읽는다는 면에서 도움이 될지도 모른다.

그 결과 이 책의 스토리라인은 2020년대 한국에서의 집수리 게임에 대한 퀘스트와 해결의 연속 같은 면이 있다. 철거 현장에서 신경 쓸 부분은 무엇인가, 창문은 어떻게 설치하는가, 집수리 전문가는 어떻게 찾아보는가, 내가 집에 남다른 세부 요소를 넣으려면 무엇을 준비하고 무엇을 감수하고 무엇을 포기해야 하는가. 나는 내 나름의 시간과 자원을 소모시키며 아주 천천히 이 과정을 하나씩 해 나갔다. 개인적으로 고통스러울 때도 있었으나 원래 남의 고통이 나의 재미다. 나의 고되고 바보 같은 이야기가 독자 여러분께 즐거움이 된다면 더 바랄 게 없겠다.

둘째. '집을 산다'는 의사 결정 과정의 다층적 요소다. 거주는 단순히 한 인간의 기호 추구 과정을 넘어선다. 도시 거주 공간 형성에는 언제나 여러 의미가 겹쳐 있다. 부동산이 중요한 사람들에게는 상당한 투자다. 삶의 질이 중요한 사람들에게는 '무슨 삶을 원하는가'처럼 상징적인 질문일 수 있다. 예쁜 걸 좋아한다면 '내 생활공간을 어떻게 멋지게 꾸밀까'처럼 행복한 고민이 될지도 모른다. 나 역시 이 모든 부분에 대해 나름 고민한 뒤 실행에 옮겼다. 금전적으로, 상징적으로, 어느 면에서는 미적으로도. 그 고민과 실행도 책에 소상히 적으려 했다. 내가 옳다는 주장이나 자랑이 아니다. 도시 생활에 관한 견해 중 하나일 뿐이다. 그 견해의 경위를 상세히 설명하려 했다.

셋째. 이른바 취향에 대한 것이다. 누구나 삶의 모든 부분에 기호와 미감이 있다. 요즘은 그 기호와 미감이 '취향'이라는 단어로 느슨하게 묶여 온갖 곳에 쓰이는 중이다. 내게도 나름의 기호와 내가 예쁘다고 생각하는 것이 있다. 집을 꾸미다 보면 그러한 나 자신의 기호가 그만큼 드러날 수밖에 없다. 그런 요소들에 대해서도 소상히 적으려 했다. 그러므로 이 책엔 '여기엔 뭘 쓰면 된다'는 요약 정리 같은 건 없다. 나의 이런저런 경험 끝에 이런저런 이유로 무엇을 예쁘다고 간주하게 되었다는 나름의 맥락을 보여주려 했다. 자랑을 하기 위해서가 아니라 표본이 되겠다는 의미로, 멋진 회를 올린다기보다 어디서나 썰릴 횟감을 내놓는 기분으로.

〈서울의 어느 집〉이라는 제목은 이런 생각에서 왔다. 제목대로 이건 서울의 어느 작은 집을 고쳐 나간 일에 대한 이야기다. 모든 집엔 각자의 사정과 경과가 있다. 집 한 채분의 맥락과 이유, 의견과 근거가 있을 수 있다. 내 집에도 그게 있다. 작은 집이라는 물건 혹은 장소 안에 쌓여 있는 의미의 층위를 드러내려 했다.

때문에 이 책은 집수리 경험담일 뿐 아니라 특정한 시간을 보낸 나의 개인적인 고민과 직업적 환경 및 직종 변환 과정에 대한 후일담이기도 하다. 내 이야기를 하고 싶어서가 아니라 그 모든 게 이 집수리에 영향을 미쳤기 때문이다. 삶의 어떤 지점에서 나와 비슷한 고민을 하실 독자가 혹시 계실지도 모른다는 생각도 했다. 그분들께 조금이나마 도움과 참고가 된다면 좋겠다.

이 책의 에피소드는 겨울에 시작해서 여름에 끝난다. 아주 추운 겨울 내가 겪은 일이 이 모든 이야기의 시작점이 되었다. 그 시작점에 놓인 물건은 방바닥 위에서 동태처럼 얼어붙은 빨래다.

1부. 생각

1 얼어붙은 빨래

2018년 1월 출장 복귀 날의 강렬한 기억이 아니었으면 나는 아직 그 집에 살고 있었을지도 모른다는 생각을 종종 한다. 내가 독립하고 살았던 첫 집, 서대문구 연희동 외곽 언덕배기에 있던 집이었다. 주변 시세보다 훨씬 저렴했다. 그만큼 주변 집들보다 낡았다. 함께 살아야 했던 집주인은 내 상식에서 조금 벗어나 있는 사람이었다. 그런 변수들을 계산하지 못한 채 나는 그 집을 보자마자 계약금 전액을 한번에 치렀다. 내가 그런 성격이기 때문이었다.

    그 성격 때문에 얻고 잃은 것이 있으니 대차대조를 매기기는 애매하다. 여러 경험을 얻고 여러 자원을 잃었다. 집수리 지식이 전혀 없는 채 집수리를 시작해 약간의 시간과 돈을 낭비했다. 대신 내 책 중 (상대적으로) 언론 반응이 가장 좋았던 〈첫 집 연대기〉■를 낼 수 있었다. 〈첫 집 연대기〉는 말하자면 내 경험의 할리우드 영화 같은 버전이다. 주로 좋은 이야기고 결론적으로도 따뜻하다. 내 의도였다. 내가 고생을 사서 한 뒤 징징거리거나 남 탓하는 이야기를 하고 싶지 않았다. 책 출간 당시 그 집에 세입자로 살고 있었기 때문에 내 감정을 여과 없이 적을 경우 집주인과 껄끄러워질 수도 있었다. 왠지 어감부

■ [부록] 첫 (셋)집 연대기 → 338

터 따뜻한 〈첫 집 연대기〉도 내가 바란 제목은 아니었지만 세상 일은 그런 것이다.

  이 책의 첫 에피소드도 그 따뜻했던 책에서는 못 적든 이야기다. 그 집에서의 첫 겨울 이야기.

나는 내가 자초한 고생 끝에 이사를 마치고 들어와 첫 집에서의 즐거운 시간을 보내고 있었다. 입주는 여름쯤이었다. 다행히 에어컨이 있어 여름을 잘 보냈다. 그 에어컨은 있는 게 나은지 없었어야 하는지 모를 정도로 낡고 냄새가 났을 뿐 찬 바람이 나온다는 본래 기능은 충실했다. 내 돈을 들여서라도 새 에어컨을 달 의향 역시 있었다. 그러나 집주인 할머니는 이제 나의 집수리 욕구를 극성이라 여기며 나의 이런저런 시도를 반대하고 있었다. 나도 무던한 사람이었고 그때는 회사에 있는 시간도 길었으므로 그냥 그러려니 하고 살았다.

  문제는 겨울이었다. 그 집에서의 첫 겨울은 '사람들이 이래서 단독주택을 떠나 공동주택으로 들어가나' 싶을 정도로 추웠다. 산 아래에 있어 여름에도 비교적 시원했으니 겨울에 그만큼 추운 건 이해할 수 있었다. 다만 추위의 강도가 내 예상 이상이었다. 방이 크고 창이 낡아 외풍이 들어오나 싶어 전기장판을 샀다. 전기장판 안은 따뜻해졌는데 장판 밖의 내 머리는 두피가 시려울 정도였다. 이래서 미국 영화 등장인물들이 집에서도 털모자를 쓰고 있나 싶었다. 나도 털모자를 쓰고 잤다. 털모자니까 자다 보면 벗겨지고, 벗겨지면 두피가 추워서 잠에서 깬다. 방바닥에 손을 짚어 보면 바닥이 바깥처럼 차갑다. 부엌에 있는 보일러실에 가 보면 보일러가 꺼져 있다. 그러면 다시 보일러를 켜고 눕는다. 아침이 되면 또 이불 밖을 나가기 두려울 정도로 춥다. 이런 날의 반복이었다.

그렇게 시간이 흘러 2018년 1월이 왔다. 그때는 매년 1월 제네바에서 고급 시계 박람회가 열리던 때다. 나는 당시 다니던 잡지사를 포함해 몇 년간 시계 담당 에디터로 일하고 있었기 때문에 매년 그 박람회에 참석했다(지금은 몇 가지 사정이 겹쳐 제네바에서 매년 봄에 열린다). 스위스도 제네바도 여러 번 가 봤지만 그 집에서 겨울을 맞은 뒤 가는 해외 출장은 처음이었다. 동파를 걱정할 수밖에 없었다. 보일러 온도를 너무 높다 싶을 만큼 올려 두고 수도꼭지를 조금 열어 둔 뒤 집을 나섰다.

막상 해외 출장을 가면 정신이 없다. 그러던 중 집주인에게 문자가 왔다. 적어도 내 세입자 경험상 집주인에게 즐거운 내용의 메시지가 오는 일은 별로 없다. 이 메시지도 그랬다. 정확한 내용은 기억나지도 않고 해독도 어려웠으나(할머니는 독특한 방식으로 문장을 구사해서 전부 이해하려면 몇 번씩 읽어 봐야 했다). 아무튼 '동파'가 포함된 말이 쓰여 있었다. 크게 눈여겨보지 않았고 크게 신경 쓰고 싶지도 않았다. 이미 일어난 일인데 유라시아 대륙 반대편에서 걱정해 봐야 바뀌는 일이 없었다. 일어난 일인데.

출장이 끝나고 인천공항 2터미널에서 연희동으로 돌아오는 길. 그날따라 집으로 오는 오르막길이 버거웠다. 이코노미 클래스 환승도 하고 공항버스를 타고 집 근처 정류장에서 내린 뒤 바퀴가 뻑뻑한 캐리어를 끌고 올라갔으니까. 열쇠로 대문을 열고 정원으로 통하는 계단과 내가 사는 2층으로 통하는 계단까지 올라 집에 도착했다. 그 집은 창이 컸다. 그날따라 날씨가 맑았다. 대한항공 기체 색깔 같은 연파랑색이 눈앞에 기분 좋게 들어왔다. '하아 집인가' 싶어 안도의 숨을 쉬면서 깨달았다. 방이 너무 추웠다. 내가 그 방에서 느끼던 추위와는 급이 달랐다. 온도계를 살폈다. 실내온도가 영하 2도였다. 동파 후 집의 모든 난방 기능이 정지한 결과였다.

동파가 며칠 전쯤 일어났음을 보여주는 증거가 있었다. 빨래 덩어리. 나는 패브릭으로 된 빨래통을 쓰고 있었다. 보통 나는 출장 전에 세탁을 마치고 빨래통을 비운 채 나간다. 그 출장에는 너무 바빠 빨래를 마치고 나갈 수 없었다. 빨래통에 가득한 빨랫감들이 그렇지 않아도 신경 쓰였다. 동파는 화장실에서 터져 빨래통을 둔 화장실 밖 부엌까지 물이 샜다. 물은 패브릭 빨래통을 통과해 빨래통 맨 위의 빨랫감까지 가득 스며들었던 모양이다. 사각 패브릭 상자 속 빨랫감이 뭉치째 얼어 있었다. 사각 상자에 꽉 채운 냉동 생선처럼. 빨래통에서 얼음 덩어리로 얼은 빨랫감을 꺼내자 옷들이 얼린 황태처럼 뚝뚝 떨어졌다. 그 모든 기억이 아직까지 생생할 정도로 황망했다.

      문제가 한둘이 아니었다. 일단 무엇이 어디서부터 잘못되었으며 어떻게 대처해야 할지도 알 수 없었다. 집주인이 왜 이렇게 방치해 두었는지, 향후 보상은 어떻게 되는지도 알 수 없는데 문제는 내가 귀국 후 3일 뒤 다른 해외 출장이 예정되어 있다는 점이었다. 여독을 풀 시간을 갖기는커녕 해결 방법과 당장 그날 밤 잘 곳을 찾아야 했다. 본가에 이 소식을 알리면 '내가 그래서 그 집에서 살지 말라고 하지 않았냐. 집주인은 뭐 그런 사람이 다 있냐' 같은 식으로 모친께서 분노할 게 확실했기 때문에 말도 꺼낼 수 없었다. 집수리도 스트레스인데 모친의 분노까지 더해지면 내가 견디기 어려울 것 같았다. 이 나이쯤 되면 갑자기 친구들 집에서 며칠 머무르기도 애매하다. 어쩔 수 없이 시내의 호텔에 머물렀다. 재정적으로 문제가 되는 선택이었지만 이 방법뿐이었다.

근본적인 문제는 집주인의 대응이었다. 세상엔 돈 문제 앞에서 와일드해지는 사람과 아닌 사람이 있는 것 같다. 이 할머니는 단연 전자였다. 그는 처음부터 내 탓을 했다. 내가 집을 비워서라고. 내가 잘 곳이 없다고 하니 1층 자기 집의 빈 방에서 자라고 했다. 그 집 1층에는 개가 두 마리 있었다. 그 개들은 한 번도 씻지 않은 듯 원래는 흰색이었을 털이 은발 수준으로 지저분해져 있었다. 개들은 꽤 자주 내가 사는 2층 계단 혹은 현관까지 올라왔는데, 그때 풍기는 그들의 냄새를 맡아 보면 1층 집의 위생 상태를 짐작할 수 있었다. 실제로 1층 할머니 집에 찾아갈 때도 문을 열자마자 자세히 설명하고 싶지 않은 여러 층위의 냄새가 새어나왔다. 무던한 나라도 그런 곳에서는 잘 수 없었다. 그래서 그렇게 말했고, 할머니는 그것 때문에도 화가 난 것 같았다.

공사 대응도 문제였다. 할머니는 공사 관련해 내게 전화번호를 하나 주었다. 본인이 아는 업체이니 여기와 연락하고 공사를 진행하라고. 그 업체에 맡기려 휴가까지 내고 아침에 전화를 걸었다. 안 받았다. 재차 전화하니 겨우 어떤 남자가 전화를 받았다. 그는 자다 깬 목소리로 "그 집 공사는 안 한다."고 말하고 전화를 끊었다. 한겨울인데 식은땀이 났다.

이때 알게 된 생활상식이 많다. 이렇게 오래된

집들이 많은 동네는 겨울이 일종의 '동파 제철'이다. 동파를 감지하고 수리하는 사장님들은 이때가 성수기다. 겨울이 혹독할수록 동파 사고가 늘어날 테니 동파 사장님들의 일이 많아진다. 이걸 어떻게 알았냐고? 겨우 연락이 닿은 동파 사장님이 엄청난 고자세였기 때문이다. 그는 천만다행히 내가 휴가를 낸 날에 현장을 보러 와 줄 수 있다고 했다. 대신 가격이 할머니가 말한 가격의 두 배 이상이었다. 어쩔 수 없다. 이 집에서 생활을 해야지. 나는 그 가격을 승낙하고 사장님을 모셨다.

동파 사장님은 90년대 가족 드라마에 나오는 말 없는 이웃집 친구 아빠같이 생긴 인상이었다. 목소리가 작았고 동작도 크지 않아서 내 편견 속 공사하시는 사장님보다는 섬세한 인상이었다. 그는 현장을 보더니 '일단 이건 보일러 문제'라고 진단했다. 처음부터 보일러가 고장 났기 때문에 온수가 돌지 않아 동파가 온 거라고 했다. 나는 봄-여름 구간에 입주했기 때문에 보일러가 고장 난 줄 모르고 살았고, 보일러가 계속 돌다가 꺼지던 것도 고장 신호였다. 치과에 신경 치료 하러 갔는데 임플란트 세 개 박으라는 진단을 받은 듯한 기분이었다.

아무튼 나는 동파도 수리하고 보일러도 수리해야 했다. 즉 1) 일단 동파 지점을 파악해 수리한다. → 2) 보일러를 수리해 온수와 난방 기능을 확인한다. 보일러를 먼저 수리하고 수도를 틀면 어차피 바로 물이 샐 테니까. → 3) 그랬다가 만약 또 문제가 생기면 동파 사장님을 또 모시고 다시 수리한다.

이 절차를 수행해야 했다. 즉 동파 사장님의 공사비에 더해 보일러 사장님의 공사비까지 내야 했다. 이쯤 되자 돈 생각은 그냥 잠시 멈췄다. 빨리 수리가 끝나길 바랄 뿐. 인터넷을 수소문해 보일러 사장님도 찾았다.

보일러 사장님은 왼쪽 귀에만 귀걸이를 한 배기성 같은 인상이었다. 그는 현장 전문가의 풍모를 팍팍 풍기며 내가 보기엔 위험천만한 일을 서슴치 않았다. 보일러가 켜진 채로 앞 뚜껑을 열더니 이런저런 점검을 했다(그는 경쾌하게 "저는 전문가니까 괜찮아요."라고 말했다). 점검 결과는 '이 보일러는 구형 보일러인데 메인 보드가 고장났다. 보일러를 바꿀 게 아니라면 메인 보드를 바꿔야 하는데 메인 보드도 꽤 비싸다.' 머릿속 수리 정산서의 숫자가 또 촤르르 올라갔다. 어쩔 수 없었다. 결국 보일러 → 동파 순으로 수리를 마쳤다. 그날 저녁 따뜻한 물 샤워가 얼마나 행복했는지 모른다. 샤워기에서 쏟아지는 따뜻한 물이 문명 그 자체임을 생생히 깨달았다.

그다음 날 퇴근길. 집에 돌아오니 부엌으로 가는 문 유리창에 김이 서려 있었다. '보일러를 고치니 이렇게 따뜻해졌나' 싶어 흐뭇한 마음으로 문을 열고 발을 딛었다. 촉감이 달랐다. 원래 말라 있어야 하는 바닥에서 남국의 해변처럼 따뜻한 물이 양말로 스며들었다. 어딘가 금이 가 있던 수도가 또 터졌다는 뜻이었다. 현장 전문가들의 설명대로였다.

동파가 생기는 이유는 물이 얼면 부피가 커지기 때문이다. 그래서 파이프 전체에 무리가 가고, 그 어딘가의 파이프에 금이 가서 물이 새는 게 동파다. 그러니 동파는 처음부터 예방하는 게 중요하고, 예를 들어 1미터 구간 파이프가 동파되었다면 그 구간 어딘가에서 파이프가 나중에 깨질 가능성은 충분히 있다. 지금은 이렇게 이해했지만 당시에는 정말로 화가 많이 났다. 몰랐으니까. 섬세하고 목소리가 작은 동파 사장님께 화도 냈다. 당신이 똑바로 안 해놓고 그러는 거 아니냐, 나 가만히 있지 않겠다. 그러나 나는 가만히 있지 않고 할 수 있는 뭔가가 전혀 없는 사람이다. 괜히 사장님에게 화를 냈다가 공사도 못할 뻔했다. 나중에 고개를 조아리고 사과했다.

보일러가 고장 났으니 처음부터 집주인의 잘못이었으나 할머니는 여기서도 무책임했다. 돈 나가는 게 싫은 마음이야 다 마찬가지일텐데 이 할머니는 그를 실행에 옮겼다. 내가 이 동파 때문에 지출한 금액은 1) 동파 수리비 2) 동파 추가 수리비 3) 보일러 수리비 4) 이 기간 동안 내가 출근을 해야 해서 어쩔 수 없이 갔던 호텔 숙박비 정도가 있었다. 다 해서 200만 원이 조금 넘었던 걸로 기억한다. 4)까지는 못 받는다 해도 1-3은 받아야 했으나 할머니가 내게 준 건 두 달치 월세 면제였다. 당시 한달 월세가 35만 원이었으니 70만 원 분량의 쿠폰을 발행한 셈이다. 그 비용으로는 1)도 못 채웠다.

내 잘못이 없었으니 내가 계약대로 강하게 항의했다면 보상을 제대로 받을 수 있었다. 그러나 여기서도 내가 묻어둔 어리석음이 내 발목을 잡았다. 내가 이 집에 묻어둔 비용이 너무 컸다. 이 집은 보증금 500만 원, 월세 35만 원 하는 낡은 집이었다. 나는 월세가 워낙 싸니 수리비를 들여도 이 집에 오래 산다면 나쁠 거 없다고 생각했다. 할머니도 내게 오래 살라고 했고(심지어 최근에도 다시 들어와 살겠냐는 제안을 했다).

나는 이 집의 수리비를 800만 원쯤 썼다. 계약 기간의 첫 4개월은 입주를 못 해 비워 두고 있었다. 그러니 나는 이 집에 오래 살수록 이득이었다. 800만 원을 쓴 집에 40개월을 산다면 월에 20만 원을 내는 꼴이지만 그 집에 20개월만 산다면 월에 40만 원을 내는 꼴이 되니까. 처음부터 그럴 생각으로 내 분에 안 맞는 수리비를 들였다. 그러니 어떻게든 그 집에 오래 살아야 했다. 그리 생각하던 첫 겨울에 이런 일이 일어난 것이었다. 원고를 적는 지금도 스스로에게 한숨이 나온다. 누구에게 말해도 비웃음을 살 만큼 어리석은 선택이었다.

　　　　이게 세입자의 설움이구나. 추운 침실에서 벌벌 떨며 나는 새삼 생각했다. 물론 진지하게 거주 여건이 어려우신 분들에 비하면 죄송스러운 이야기다. 내게 일어난 일은 생존하려 생긴 게 아닌, 집을 꾸미려다 생긴 일이니까. 나는 (완성도와 관계 없이) 모자란 예산 속에서 내가 바라는 나름의 미적 기준을 충족시키려 노력한다는 개념적 호사를 누리려던 거니까. 오히려 그랬기 때문에 나는 강렬히 깨달았다. 낡은 단독주택 월세방을 고쳐서 사는 낭만 같은 게 얼마나 깨지기 쉬우며 허무한 환상인지. 나는 첫 집 덕분에 여러 교훈을 얻었고, 오래 기억되는 교훈은 고통의 모습으로 온다는 사실도 깨달았다. 집 수리를 하는 동안 일정에 무리가 생겼고 금전적 손해를 보았으며 심적으로 즐겁지 않은 일도 있었다. 이때처럼.

　　　　결과적으로 그 집에서는 몇 년 더 살았지만 그 겨울 나는 진지하게 이사를 생각했다. 이렇게 말이 안 통하는 할머니와 더 이상 같은 집에 살고 싶지 않았다. 또 다른 문제가 일어나도 똑같이 불쾌한 일이 생길 테고, 이미 기묘한 종류의 불쾌한 일들을 적지 않게 겪기도 했다. 그래서 직장인들이 구직 앱을 열듯 오랜만에 부동산 앱을 켜고 동네의 매물을 찾아보았다. 그 집이 아니면 어디든 괜찮다고 생각했다.

하지만 그 집은 여러 의미로 남다른 집이었다. 이 동네에서 이렇게 낡고 싼 곳은 없었다. 이렇게 이상한 건물주와 함께 살아야 하는 곳도 없었지만 이렇게 싸면서 넓고 주차까지 되는 곳도 없었다. 곤란할 정도로 장단점이 확실한 집에서 나는 장점만 보고 들어갔다가 단점에 몸이 꿰인 상황이 됐다. 내가 친 덫에 내가 물린 모양새였다.

그러던 어느 날 운명 같은 매물이 떠올랐다. 검색 필터를 잘못 걸어서 매매 물건까지 보이게 해 둔 게 시작이었다. 매물 목록 중 '이 동네에 이 가격이 맞아?' 싶은 매매 물건이 있었다. 뭐가 어떻게 됐길래 이런 가격이 될 수 있지? 싶을 만큼 저렴했다. 위치를 보니 지금 사는 집에서 걸어서 갈 수 있는 곳이었다. 심지어 전 대통령들이 산다는 고급 주택가와도 멀지 않았다. 더 궁금해졌다. 거기 이런 집이 있다고?

시간은 새벽 2시. 나는 밤에 잠이 별로 없다. 궁금증이 멈추지 않았다. 무슨 집이길래? 나는 따뜻한 이불 밖으로 나왔다. 바지를 갈아입고 따뜻한 외투를 세 겹쯤 입었다. 그 집에 가려고. 나는 궁금증을 풀기 위해 어두운 골목 속으로 들어갔다.

〈서울의 어느 집〉은 이날에서부터 시작된다.

2 새벽에서 계약까지

혼자 살기 시작할 때 나는 서울 서대문구 연희동에 살기로 했다. 그러기로 한 몇 가지 이유 중에는 '주거 형태의 종류와 인구가 다양하다'는 점도 있었다. 나는 현대 사회의 성채 같은 대형 오피스텔이나 아파트에 살고 싶은 마음이 없었다. 그 시설이 좋은 건 잘 안다. 다만 그 시설이 편리하고 안전한 만큼 나에게 실제 세상의 어떤 부분을 가리고 있다고 생각했다.

연희동은 반대였다. 내가 살던 집을 떠나 그 집으로 가던 길이 그 증거였다. 나는 40여 년쯤 된 단독주택(내가 살던 집)을 나와 작은 빌라와 새로 지은 오피스텔들이 늘어선 큰길을 지나 내가 '이너 연희동'이라 부르는 연희동 번화가로 들어갔다. 평지 권역에 상대적으로 필지가 작은 단독주택이 있는 구역이다. 거기서 연희동의 랜드마크 사러가마트를 등진 채 언덕 쪽으로 올라가면 완만한 구릉지로 접어든다. 필지가 넓어지고 상업시설이 사라지면 모르는 눈으로 보기에도 좋은 집들이 모인 곳으로 접어든다. 한국의 역대 대통령 중 2인의 집이 이 동네에 있다는 것부터가 (그들의 공과를 떠나) 어느 정도 동네의 분위기를 말해 준다. 실제로 목적지에 가는 동안 노태우의 집을 지났다. 그래서 더 믿을 수 없었다. 이렇게 호화로운 집들 옆에 그렇게 싼 집이 있다니.

진짜 있었다. 노태우 자택을 지나면 오르막길의 경사가 조금씩 높아지다가 '장희빈 우물'이란 이름이 붙은 동네의 작은 랜드마크가 나온다. 거기서 좌회전하면 더 가파른 언덕 위로 넓은 필지에 전망도 좋을 듯해 산성 같은 집들이 있다(유명 요리선생님이 여기서 그림 같은 삶을 영위하며 요리 교실을 운영한다고 들었는데 실로 그런 분위기다). 거기서 직진하면 바닷가 유흥가의 끄트머리처럼 고급 주택의 분위기가 잦아들고 분위기가 좋아 보이는 빌라가 눈에 띄기 시작한다. 그 옆에 아주 아주 낡은 건물이 한 채 서 있었다. 믿을 수 없던 가격에 나와 있는 그 건물이었다. 건물 벽에는 1970년대에 쓰인 듯한 폰트로 그 아파트의 이름이 적혀 있었다. 폰트는 지나칠 정도로 커서 그 역시 1970년대풍이었다. 첫인상에서부터 연식이 확실했다.

내가 지금 사는 집에 이런 말을 하긴 좀 미안하지만 처음 본 그 곳은 '저기에 사람이 사나…?' 싶은 정도로 낡아 보였다. 절대적으로 낡아서라기보다는 21세기 서울에 있을 리 없는 걸 보는 기분이었다. 불과 수 백 미터 거리에 전직 대통령의 집이 있다. 바로 옆 옆집만 해도 대문이 웬만한 집보다 넓어 보이는 대저택이었다. 그

■ [부록] 서울의 빌라 → 339

사이에서 이 집은 너무 낡았고, 너무 높이 있었다. 하지만 주차장에 차가 있는 걸로 봐서 사람이 살고 있는 것 같았다. 작은 건물이라선지 경비원도 없어 보여 나는 내친김에 들어가보기로 했다. 잠재 소비자의 입장에서.

일단 들어가 보니 관리가 잘되어 있었다. 내가 꼽은 관리의 지표는 화단의 식물과 CCTV. 관리되는 듯한 화분이 나란히 놓여 있었고 현관 한편에는 CCTV도 작동하고 있었다. 멀리서 봤을 때는 어떨지 몰라도 가까이서 보니 나름의 규칙과 성의로 운영되는 것 같았다. '하울의 움직이는 성'을 보는 것 같은 기분이 들었다.

매물 게시판에는 상세 호수가 나와 있지 않다. 그러나 살짝 살펴보니 어디가 매물로 나와 있는지 알 것 같았다. 맨 위층 어딘가. 불 꺼진 새벽이라 모든 집에 불이 꺼져 있었는데도 유독 그 집에서는 불이 켜진 지가 오래되었다는 느낌을 받았다. 그 느낌의 상당 부분은 나무 창에서 왔다. 21세기에 공동주택의 외창이 나무 창문이었다. 다른 사람이라면 거기서부터 등을 돌려 집으로 돌아갔을지도 모른다. 나는 바로 저 부분에서부터 흥미가 생기기 시작했다. 50년 된 나무창이 아직 살아 있는 집이라.

집 안에는 못 들어가겠지만 건물에 올라가보고 싶어졌다. 역시 출입문이 열려 있었다. 오래된 건물답게 엘리베이터가 없었다. 목적지는 그 건물의 꽤 위층. 계단으로만 다닐 수 있어, 이 집이 왜 팔리지 않았는지 이유가 좀 더 명확해졌다. 올라가 보니 계단 역시 깨끗했다. 규칙적으로 관리되고 있는 게 확실했다. 층층마다 올라갈 때 센서등도 잘 켜져서 매 층을 오를 때마다 흠칫 놀랐다. 하울의 움직이는 성 안에 들어온 기분이었다.

 집에 들어갈 수는 없었으나 위층으로 올라가다 보니 이제 곧 옥상이었다. 그게 궁금해서 올라간 것이기도 했다. 이 정도로 출입이 열려 있는 옛날 집이라면 옥상이 개방되어 있지 않을까. 옥상이 개방되어 있다면 이 집에서의 전망을 가늠할 수 있지 않을까. 불안하고 겁도 났다. 지금이라도 문이 벌컥 열리면서 "당신 누구야!"라고 하면 어쩌지. 겨울 새벽 두시 반에 "집 보러 온 사람인데요…"라고 할 수는 없는 일이다. 자연스럽게 더 종종걸음치며 옥상 쪽으로 올라가 보았다. 문의 손잡이를 잡고 오른쪽으로 돌리자 부드럽게 돌아갔다. 예상대로였다. 나는 인터넷으로 매물을 본 지 한 시간도 안 되어 그 집의 옥상에 도달했다.

 이미 나는 몇 가지 부분에서 그 집을 가졌으면 좋겠다고 생각하고 있었는데, 옥상에서 그 결심이 확고해졌다. 동네 전경이 그 옥상에서 내려다보였다. 지금까지 올라온 언덕과 계단을 생각하면 전망이 좋을 거라 예상할 수 있었는데 실제로 전망을 보았을 때의 감동은 기대 이상이었다. 착륙 직전의 비행기에서 본 바깥 풍경처럼 동네 곳곳의 집들이 눈에 잡힐 듯 들어왔다. 동시에 근방에 이 집보다 높은 집이 없어서 저 멀리로 합정동 메세나폴리스의 항공 표시등까지 보였다.

나는 전부터 높은 곳에 살아 보고 싶었다. 토목공학의 진수인 고층건물의 펜트하우스 같은 것 말고, 고지대의 적당히 높은 건물에 살면서 동네를 내려다보는 전망을 원했다. 그런 전망은 다른 것과 바꾸기 어려울 정도로 귀한 자원이라 생각했다. 바로 그곳에 그 전망이 있었다. 옥상에서 고개를 숙여 내려다보니 내가 보려던 집은 빈 지가 오래되었음을 더 잘 알 수 있었다. 이곳이 아무래도 매물이 맞는 것 같았다.

아울러 이 옥상은 내 자취생활의 비원을 자극했다. 다름 아닌 야외에서 제철 생선 구워 먹기. 나는 적당히 서늘한 날 야외에서 제철 등푸른 생선을 구워 먹는 것에 대해 대단한 환상이 있었다. 그래서 주변의 비웃음과 나름 개인적인 고생을 감수하며 500-35의 시세로 나온 마당 있는 단독주택 월세방을 계약했다. 마당에서 생선을 구우면 되니까. 그 집의 첫 겨울에 동파 난리가 난 덕에 이 옥상까지 와 있었지만.

만약 내가 이 집을 구매한다면 얼마든지 옥상에서 생선을 구워 먹을 수 있다. 꿈 같은 일이다. 그 추운 날씨 속에서도 왠지 가슴이 두근거리는 것 같았다. 아무것도 정해지지 않았지만 왠지 설레는 마음으로 다시 조심조심 계단을 내려와 집으로 향했다.

며칠 뒤 바로 해당 매물을 보유한 부동산에 갔다. 새로 생긴 부동산 같지는 않았다. 특이하게도 간판에 대표 공인중개사가 '법학 박사'라는 문구가 인쇄되어 있었다. 법학 박사 공인중개사 대표님은 법학 박사라서인지 아닌지는 모르지만 나의 고정관념 속 코 베어갈 듯한 공인중개사 느낌은 아니었다. 말씨가 느렸고 느긋하게 웃는 상이었고 옛날 남자처럼 손목 복숭아뼈 위로 타이트하게 메탈 브레이슬릿 손목시계를 차고 있었다. 유행을 전혀 신경 쓰지 않은 듯 영화 〈범죄와의 전쟁〉 시절에 나온 반 뿔테 안경을 쓰고 있었다. 그는 내가 들어가자 나른한 친절함으로 인사를 건넸다.

사장님은 내가 그 매물을 보고 싶다고 하자 반가움 사이로 약간 놀란 듯한 표정을 지었다. 팔리지 않을 매물을 덜컥 사겠다고 나선 젊은 남자에 대한 반가움이 있었을 것이고, '그래도 그렇지 이런 걸 사겠다는 당신은 누군가' 같은 느낌도 비추셨던 것 같다. 아무튼 그는 내내 친절하되 너무 나에게 '감겨 들어오지 않는' 느낌으로 이야기를 건넸다. 그 신중함이 마음에 들었다. (나중에 책 작업을 위해 찾아보니 이 분께서 졸업한 대학교 총

동문회 홈페이지에 간략한 소식이 나와 있었다. 사법고시를 준비하다 집안 사정으로 포기하고 공무원 생활을 한 뒤 명예퇴직했다고 한다. 그의 박사논문 주제는 '상가 권리금 보호에 대한 연구'.)

"이 집이 튼튼해요." 그래서인지 사장님의 설명 역시 보통 매물 설명과 달랐다. 그럴 수밖에 없어서일 수도 있지만 그는 집의 교환가치(시세, 투자가치 등)보다 사용가치(편의성, 내구성 등)를 이야기했다. "암반 위에 지어져서 튼튼하고, 안전등급도 B예요. 수도관도 최근에 갈았어요." 이제와 생각하면 '암반 위에 지었다' 같은 걸 어떻게 아셨나 싶은데 나는 이 사장님의 설명이 아주 마음에 들었다. 나 역시 집의 교환가치보다 사용가치에 집중해 이곳이 마음에 들었기 때문이었다. 적절한 입지에 전망도 좋다. 그런데 튼튼하고 중요한 부분에서 깨끗하다. 나에게는 이 정도의 베이스면 충분했다.

그래도 들어가 봐야 결정을 할 수 있었다. 사장님은 집주인에게 전화해 집을 바로 보여줄 수 있다고 했다. 지금 입주자가 아무도 없고 열쇠를 갖고 있어서였다. 우리는 그 집으로 향하는 완만한 오르막길을 말없이 함께 걸었다. 오르막길을 오르고 주차장으로 쓰는 작은 공터를 지나 계단을 올라 내가 구매할 수도 있는 집 문 앞에 도착했다. 사장님이 열쇠를 돌렸다.

열쇠를 돌리고 문이 열리자마자 나는 이 집의 모든 상황을 이해했다. 왜 저렴한지. 왜 오랫동안 팔리지 않았는지. 왜 지금 아무도 살고 있지 않은지. 낡은 건 오래된 집이라 당연한데 수리가 거의 이루어지지 않은 것 같았다. 그래서 상당히 추웠다. 거주자가 빠진 지 오래된 집임을 감안해도 추웠고, 이 추위가 어디서 오는지도 바로 알 수 있었다. 창문에서. 내가 매료된 나무 창문 사이로 서대문구의 뒷산 바람이 쉴 새 없이 흘러들고 있었다. 전 거주자들도 어지간히 추웠는지 모든 벽에 스폰지 같은 방한재를 붙여 두었다. 기능적으로는 이해할 수 있으나 시각적으로 궁색해 보이는 건 어쩔 수 없었다.

구조적으로도 이 집은 보통 아파트 혹은 빌라와 완전히 달랐다. 이 집의 평수는 15평. 이 정도 평수의 아파트나 오피스텔은 이제 거의 평면 레이아웃이 정해져 있다. 큰 집이 아니니까 현관은 바로 거실과 연결되고 거실 끝에는 집에서 가장 큰 창이 자리한다. 방은 두 개쯤. 이 집은 그렇지 않았다. 현관과 이어지는 거실에 들어오는 광원은 작은 부엌창 뿐. 그것도 부엌창은 북향이라 빛이 쨍쨍 들어오지 않았다. 정남향 창도 하나 있었다. 안방에. 이 집에서 햇빛이 들어오는 곳은 안방뿐이었다. 나머지 두 개의 방과 부엌은 모두 북으로 창이 나 있었다. 누군가 일부러 만들어 둔 설정처럼 집의 한곳에만 빛이 엄청나게 잘 들어오는 야누스적 구조였다.

집은 내내 야누스적이었다. 15평짜리 집에 방이 세 개인 것도 남다른데 심지어 방 하나는 '이게 뭐지' 싶을 정도로 작았다. 반면 화장실은 터무니없이 컸다. 가장 작은 방보다 화장실이 두 배는 클 것 같았다. 이런 구조의 집에 들어와 본 건 처음이었다. 한번도 접해 보지 못한 구조를 보고 나는 좋고 싫고를 넘어서는 호기심이 생겼다. 호기심이 늘 나의 문제였다.

좀 더 들여다보니 이 집의 특징을 또 하나 알게 됐다. 넓었다. 당연했다. 건물 안에 공용 면적을 차지하는 요소가 거의 없었다. 엘리베이터도 없고 공식 주차장도 없으며 동선 레이아웃도 복도식이 아닌 계단식이다. 등기평이 15평이었는데 실제로도 15평이었기 때문에 요즘 아파트 넓이로 환산하면 거의 20평대 초반의 면적이었다. 점잖은 법학 박사 공인중개사 대표님도 면적이 넓다는 걸 강조하셨다.

나는 고민에 빠졌다. 구매하자니 리스크가 컸다. 지금 낡은 단독주택에 살고 있지만 낡은 공동주택의 한 세대를 매매로 사서 들어가는 건 또 다른 이야기다. 수리에 얼마나 공과 비용을 들여야 할까? 적지 않게 들 건 분명한데 당시의 나는 대략의 비용조차 산출할 수 없었다.

홧김에 집을 봤을 뿐 월세 계약도 멀쩡히 남아

있었다. 심지어 내 돈을 들여 보일러를 잘 고친 덕분에 당시 나는 발바닥이 델 듯한 느낌으로 바닥을 따뜻하게 해두고 있었다(동파로 인한 트라우마와 PTSD가 작용했다. 나는 그래서 지금도 조금 과하다 싶을 만큼 난방을 한다. 겨울 수도관 동파의 공포에 대한 일종의 심리적 난방 보험이라 생각한다). 그런데 그 집을 산다고? 아무리 내가 어리석어도 이건 너무 어리석은 일 아닐까? 어차피 집 계약이란 게 당장 결정할 수 없는 일이니 이날은 그 정도만 보고 돌아갔다.

　　나도 나의 생활로 돌아갔다. 그때 나는 〈에스콰이어〉라는 잡지의 에디터였다. 사람들이 갖고 싶어 하는 온갖 물건들에 대한 신화를 만드는 일이었다(그게 이 일의 전부는 아니지만 많은 사람들이 그렇게 여긴다. 다만 내가 물건에 대한 신화를 만들려 이 일을 한 건 아니었다). 그때 다니던 회사 길 건너에 나의 주거래은행이 있었다. 어느 날 점심 시간 끝나고 회사로 돌아가는 길에 충동적으로 은행에 들어가 보았다. '못 산다'라는 은행의 확인을 받고 싶었던 것 같기도 하다. 지금 생각해 보면 그 은행으로 들어가던 길은 〈이상한 나라의 앨리스〉의 토끼굴에 들어가는 것과 비슷한 일이었다.

　　은행원들은 0.1초만 봐도 사람의 재력을 판별할 수 있는 모양이었다. 명찰에 차장이라고 적혀 있던 건 생각나지만 이름은 기억나지 않는 중년 남성 차장님은 나와 마주 앉자마자 지루한 티를 숨기지 않았다. 하긴 나는 지루한 티를 숨길 필요가 없는 젊기만 한 손님이었다. 차장님은 내 사연을 들은 뒤 숙련된 회사원답게 내 의문을 처리해 주기 시작했다. 내 질문은 간단했다. 내가 봐둔 집이 하나 있는데, 내 신용 상태와 내가 저축한 돈을 보았을 때 나는 대출을 일으켜 이 집을 매입할 수 있는가.

그때가 내가 태어나서 처음 받아 보는 대출 상담이었다. 나 역시 점심 식사 후 회사 들어가는 길에 잠시 들른 것이었으니 전혀 심각하지 않았다. 타로카드집에 들어가도 그것보단 심각했을 것이다. 차장님 역시 나의 행색과 기운을 읽었는지 대충 봐 주고 있었다. 그러다 그의 자세가 조금씩 변하기 시작했다. 내 운명을 결정짓는 듯한 키보드 소리가 타닥타닥 들려왔다. 과연 돌아보니 그때의 키보드 소리가 몇 년간 내 운명을 결정지었다. 차장님이 처음과는 약간 달라진 음색으로 말했다. "어, 이거 되겠는데?" 지금 내 상황에서 주택 매입이 가능하다는 이야기였다.

놀라운 일이었다. 나는 30대 중반까지 '저축도 없고 빚도 없다'는 기조로 살아왔다. 지금 생각하면 건강한 부모님 댁에 얹혀 살 수 있으니까 할 수 있는 철없는 발상이었고, 그때는 몇 가지 핑계로 그리 살았다. 그러다 몇 가지 이유와 사건이 겹쳐 나는 내 삶을 다시 짜야 한다는 큰 위기감에 빠졌다.

2010년대 후반 잡지 에디터였던 그때 내 눈에 보이는 세상은 비유하자면 불경기를 코앞에 둔 호텔 라운지 같았다. 호텔 밖은 인적이 줄어들고 불도 꺼져 가는데 이 호텔 안에서만은 여전히 모두가 비즈니스 미소를 지으며 하늘 어딘가에서 떨어지는 공짜 샴페인을 나눠 마시는 것 같은 느낌이었다. 모두 점점 좁아지는 라운지로 몸을 움츠리지만 샴페인은 포기하지 못하고, 나 역시 그러는 무리의 일부 같았다. 왜곡된 시선인 걸 알지만 일단 그때 나는 그 흐름에서 벗어나고 싶었다. 그래서인지 주변에서 '왜 그러냐'라고 할 만큼 일을 열심히 했다. 일을 열심히 해서 돈을 쓸 틈도 없었고, 그 덕에 현금이 조금 모여 있었다. 거기에 이런저런 대출을 붙이자 그 집을 구매할 수 있게 된 것이었다.

우리는 둘 다 놀랐다. '저 거렁뱅이 같은 자가 집을 사겠다고?'라고 생각할 법한 은행 차장님도 놀란 눈치였다. '못 산다고 핀잔이나 들을 테니 빨리 물어보고 회사 들어가야지'라는 정도로만 생각한 나도 놀란 건 마찬가지였다. 얼떨떨한 기분을 떨쳐내지 못한 채 회사로 돌아왔다.

나의 장점이자 문제점이 있다. 큰 일에 고민하지

않는다. 이번에도 바로 결심했다. 이 집을 산다. 마침 결심의 신도 나를 도우려는지 결심하던 중 법학 박사 공인중개사 사장님에게도 연락이 왔다. 나는 아주 약간 망설였을 뿐인데 본인께서 알아서 집주인과 교섭을 하신 뒤 매매가를 깎아 오셨다. '얼마나 안 팔리는 매물이면 그랬으려나' 싶기도 하고, 치사한 마음으로는 '미리 깎아 주겠다고 할 정도면 그때 조금 더 깎았어야 하나' 싶기도 하지만 깎아 주신 것만으로 고마운 일이다. 나는 바로 수락한 뒤 대출 등등 행정 절차에 들어갔다. 상담을 받고 서류 몇 장만 발급받아 오면 되는 일이었던 걸로 기억한다.

하필 환상의 세계인 라스베이거스 여행 출장 귀국 바로 다음 날 나는 현실 그 자체인 부동산 거래를 하게 되었다. 법학 박사 사장님께서 운영하시는 부동산에서 판매자 가족을 처음 만났다. 나와 크게 다를 바 없어 보이는 보통의 가족이었는데 세 분이나 오셨다. 명의를 빌려준 사람과 실제로 거래를 하는 사람이 다른 것이었다. 실거래자는 어느 부부였고 명의자는 그의 동생이었다. 부부의 표정은 복잡했다. '집이 팔려 현금 흐름이 생겼다'는 안도감, '이 집을 팔아서 시세 차익을 챙기는 데 성공했다'는 기쁨(나중에 판매시세를 보니 전 집주인은 구입 금액의 50퍼센트 가까운 이익을 보았다). 그리고 '더 비싸게 팔 수도 있는데 이 가격에 파는 게 맞나' 싶은 의구심까지. 반면 명의자의 표정은 시큰둥했다. '왜 이런 자리에 내가 있나' 싶은 번거로움을 숨기지 않았다. 그런 분위기가 동네 뷔페의 음식 냄새처럼 섞여 갔다. 그 분위기 사이에서 우리는 뷔페 접시를 꺼내듯 서류를 꺼냈다. 계약 시간이었다.

나도 난생처음으로 법무사를 모셔 보았다. 생각할 시간이나 여유가 없어 부동산이 소개해 준 분으로 정했다. 주변 사람들이 집 거래할 때는 무조건 깎아 달라고 하는 거라는 말이 기억 났는데 깎는 것도 어디서 깎는지 알아야 깎지. 나는 애꿎은 법무사에게 깎아 달라고 했다. 전화를 받으신 법무사 사무실 담당자께서는 "아하하하~"하고 웃으시더니 교통비 3만 원을 깎아 주겠다고 했다. 그 "아하하하~"가 아직 기억에 남아 있다.

그리하여 나는 2018년 4월에 갑자기 유주택자가 되었다. 아주 낡은 주택을 가진 자가 되었다.

여기까지 읽으신 분들은 뭐 하는 짓인가 싶을지도 모른다. 낡은 집을 월세 계약해서 보증금 이상의 수리비를 들여 고치고 동파까지 일어나서 돈이 또 들었는데, 그런 상황에서 합리적인 방법(전세 등)을 찾는 게 아니라 집을 산다고? 그것도 50년도 더 된 낡은 집을?

3 인생의 경우의 수 (집이라는 변수로 보는)

나는 큰 결정을 내리는 데 시간을 많이 쓰지 않지만 나름의 근거는 만들려 한다. 이 집을 매입한다는 결정을 내리기까지 몇 가지 이유가 있었다.

일단 동네가 마음에 들었다. 서울 서대문구 연희동이 지상 최고의 동네라고 말할 생각은 없으나 내 생활을 고려하면 최선처럼 보였다. 앞서 말했듯 인구 구성도 다양했고 녹지가 많았다. 그리고 연희동 중에서도 내가 매입을 결정하려는 곳은 대부분이 1종주거지역이었다. 1종주거지역은 저층 주택 위주의 건축만 허가된다. 건물을 높이 지을 수 없다. 이 동네의 분위기가 쉽게 사라지지 않을 거라는 게 어느 정도는 행정적으로 정해진 셈이었다.

심리적 이유에 더해 실질적 이유도 있었다. 살아 보니 연희동은 의외로 시내 접근성이 나쁘지 않았다. 버스 위주 대중교통 지역이라 아침에 좀 붐비긴 했지만 다행인지 불행인지 내 직업은 야근이 있고 출퇴근이 불규칙한 만큼 러시아워에는 예민하지 않았다(매입 당시 직장인일 때도 그랬지만 이 원고를 작성하는 지금은 회사를 그만두고 자영업을 하고 있어 더욱 그렇게 되었다). 내 업무반경의 대부분을 차지하는 시내와 강남 접근성이 은근히 적당했다(경기 권역에서 일했다면 사정이 달라졌을 것이다). 내 업무상 지방이나 해외 취재가 좀 있어서 기차역이나 공항 접근성이 의외로 중요하다. 연희동은 서울 서부권역 중에서는 시내와 가까운 편이라 서울역에 가기 편했다. 서부권역에 속하는 곳이라 공항 접근성도 좋은 편이었다. 알고 보니 공항버스 정류장도 멀지 않았다.

나름 미래의 가능성도 보았다고 여겼다. 엘리베이터 없는 5층 건물이라면 한국인들이야 기피하겠지만 외국인들에게는 큰 거부감이 없을 수 있다. 파리 같은 곳만 해도 엘리베이터 없는 건물이 많다. 연희동의 외국인 거주자를 생각해 보면 잘 수리할 경우 세를 줄 수도 있겠다고 생각했다. 하다못해 인근 연세대학교에 오는 유학생 수요 같은 거라도 있지 않을까. 아울러 이 동네에는 영원히 오지 않을 메시아 같은 '서부경전철 착공설'이 계속 돌고 있었다. 서부경전철 연희역이 생긴다면 이 집은 단숨에 역세권이 된다. 이 집을 매입한 순간부터 이 집에서 원고를 작성하는 지금까지 한 삽도 파지 않았지만 희망적인 소문 하나쯤 있어도 나쁠 것 없다고 봤다.

실제로 거주를 생각하는 입장에서 내가 이 집을 택한 결정적인 이유는 안전등급 B와 소형 필지였다. 안전등급 B는 실제 문서로 확인했고, 소형 필지는 내 눈으로 보았다. 이 두 가지 요소는 나에게 명확한 의미가 있었다. 사라지지 않을 것 같다는 의미. 나중에 알고 보니 이 집은 서대문구에서 가장 오래된 아파트이기도 했다. 1971년 준공이면 반포주공아파트와 같은 해에 지어진 집이다. 정말 '하울의 움직이는 성'처럼 이 집은 겉이 낡았을 뿐 속은 튼튼했다. 나는 이런 곳에 살고 싶었다. 오래되고 튼튼한 곳에.

한국은 오래된 건물을 잘 내버려두지 않는다. 반포주공아파트도 둔촌주공아파트도 흔적도 없이 헐려 동네의 새로운 '대장주'가 될 운명이다. 한국에서 가장 오래된 아파트로 여러 차례 기록된 1938년 준공 충정아파트도 헐릴 예정이다. 오래되었는데 헐리지 않는 건물의 몇 가지 공통점은 안 좋은 입지와 소형 필지다. 반포주공아파트는 그대로 두기엔 필지와 입지가 너무 좋았고 충정아파트 역시 그대로 두기엔 입지가 좋았다. 반면 이화여고 앞 정동아파트는 그때 모습으로 남아 있다. 나는 사라지지 않을 곳에 살고 싶었다. 부동산으로 돈 버는 일 같은 건 바란 적도 없고 지금도 마찬가지다. 내 수준대로 열심히 일해서 벌고 그 수준대로 살고 싶었다.

집의 구조도 들여다볼수록 마음에 들었다. 보통 아파트뿐 아니라 내가 가 본 한국의 웬만한 집과도 구조가 달랐다. 나는 이 집 매입 전후로 몇 번을 가 본 뒤 이 집의 구조가 '한국형 표준 아파트 레이아웃이 생기기 전의 과도기적 레이아웃'이라는 결론을 내렸다. 과도기에만 나올 수 있는 비표준화된 시행착오들이 있다. 나는 그런 시행착오에 매력을 느끼고, 그 시행착오를 가질 수 있는 기회가 왔다는 점도 마음에 들었다. 표준화된 건 집이든 뭐든 돈만 있으면 언제든 살 수 있다. 나는 그런 물건에는 그닥 관심이 없다.

오래된 집을 매입해 구조를 완전히 바꾸는 사례도 꽤 있는 걸로 안다. 벽이 하중을 받지 않는 비내력벽일 경우 벽을 헐고 공간을 새로 구획해도 문제가 없다고 한다. 이 집을 매입할 당시에는 이 집에 있는 벽 중 몇 개나 비내력벽인지 알 수 없었으나 나는 처음부터 '이 집의 어떤 구조도 바꾸지 않겠다'고 정했다. 내가 모르는 누군가가 50년 전쯤 이런저런 고민을 해 가며 짠 주택 레이아웃이다. 그 규칙을 최대한 지키면서 집수리라는 게임을 하고 싶었다. 변두리 동네의 허름한 집이지만 개념적으로는 이 집 역시 현대 한국 거주공간의 큰 축이 된 아파트 레이아웃 진화 과정의 일부 아닌가. 나는 일개 개인일 뿐이다. 다만 그 개인 자격으로 그 역사의 일부를 보존하고 싶었다.

내가 있는 에디터 혹은 광의의 문화산업 업계에는 이른바 도시 문화에 관심이 깊다고 하는 사람들이 많다. 문화에 관심이 많으니 좋아하는 것도 원하는 방향도 있겠고, 다양성이 중요하다고 하면서도 그들의 생각은 묘하게 비슷한 방향으로 수렴된다. 이건 이래야 하고 저건 저래야 하고, 오래된 곳이 좋고 역사가 소중하고. 그런 말 하는 사람들 중에는 일주일에 한두 번 서촌 같은 곳에 와서 분위기를 느낀 뒤 결국 자기 구미에 맞게 고친 대형 아파트단지나 오피스텔로 돌아가서 편안한 저녁을 보내는 사람들도 있다. 낭만과 합리를 모두 잡는 선택이다.

나는 그러고 싶지 않았다. 이 업계에서 일하며 '나 (뭔가 좋아 보이는) 그거 하고 싶었는데'라고 말만 하고 자신의 편안한 둥지로 돌아가는 사람들을 너무 많이 봤다. 사람마다 좋아한다는 것의 정의가 다른 건 당연하다. 미련한 나에게 '좋아함'은 대가를 치르는 것이다. 나는 필요한 대가를 치르더라도 하고 싶던 걸 하며 살았다. 지금까지는 운이 좋아 그렇게 살 수 있었지만 나이가 들면서는 여러 가지 이유로 그러지 못할 수도 있다.

그런 현실의 서늘함을 느끼던 삶의 어느 시점에 나는 이 집을 만났다. 내 삶도 어떻게 될지 모른다. 앞으로의 삶이 여러 이유로 내가 원하는 대로 되지 않을 수도 있다. 그렇기 때문에 낡은 집 하나라도 하고 싶던 대로 실제로 구현해 보고 싶었다. 소소하나마 내가 좋아하는 것을 한 번쯤은 실행해 보고 싶었다.

처음 독립해서 나올 때 월세를 택한 데에도 나름의 이유가 있었다. 내가 전세를 택하지 않은 큰 이유 중 하나는 '앞으로의 세상에서는 전세가 축소될 것이므로 전세가 없는 세상에 익숙해져야 한다'는 생각 때문이었다. 내가 이해하는 전세는 제1금융권에만 예금해도 상당한 이자가 나오던 시대에 개인들이 거주권을 담보 삼아 목돈 사용권을 거래한 것이다. 시대가 근본적으로 변했으니 세입자 보호 조치가 아무리 확충되어도 좋은 거래 조건은 줄어들고 시장에서 장난칠 플레이어가 늘어날 수밖에 없을 것 같았다. 2010년대 당시에는 조금 조급한 예측이었다고도 생각하지만 집값 폭등과 저성장시대는 현실이 되었고, 내 가설은 안타깝게도 대규모 전세사기 사건이라는 실례를 통해 일정 부분 증명되었다.

아울러 나는 이른바 '로컬 컬처'라는 건 전세가 있는 한 요원할 거라고도 생각했다. 내가 전세를 무엇이라 정의하든, 계속 새 집에서 사는 게 좋다면 2-4년에 한 번씩 옮겨 다니는 전세처럼 좋은 제도가 없다. 그렇게 옮겨 사는 게 가장 효율적인 도시에서 몇 년씩 주민들과 관계를 갖는 '로컬 컬처'라는 게 생길 리 만무하지 않을까. 나는 안 그러고 싶었다. 익숙한 세탁소 사장님께 빨래를 맡기고, 평범한 음식을 파는 익숙한 식당에 들어가 늘 먹던 걸 시키고 싶었다. 그게 도시 생활의 판타지라면 나는 그 판타지를 충족시키기 위해 여러 가지 대가를 치를 준비가 되어 있었다.

이 모든 건 집을 고치기 전의 순진한 생각이었다.

집과 동네에 대한 나이브한 가설일 뿐이었다. 실제로 집을 고치기 시작한 바로 그때부터 내가 쌓아 둔 모든 순진한 생각에 내내 얻어맞는 기분이었다. 내 순진한 생각 밖의 일이 생길 때마다 진절머리를 쳤다. 나이브한 가설을 만든 나 자신을 수도 없이 비웃었다. 나이브한 가설을 현실에 쌓아올리려면 나의 예상을 완전히 뛰어넘는 정도의 여러 요소들이 필요했다. 나는 집수리를 경험하며 현실과 가설 사이의 긴 거리를 조금씩 좁혀 나갔다.

하지만 개중 쓸모 있는 가설도 있었다. 집과 거주에 대한 가설이 아니라 이 집과 함께하는 내 삶에 대한 가설이었다. 나 같은 소시민에게 집 매입은 당연히 큰 의미가 있었다. 상징적으로도 실질적으로도. 이 집에 대한 내 나이브한 가설이 아무리 내 마음에 들어도 현실의 내가 주택 구매 이후의 생활이라는 현실적 요소를 감당하지 못한다면 이 모든 이유와 가설은 아무 의미도 없다. 그래서 집을 사기 직전 나는 지금까지의 내 삶을 나름 생각해 본 뒤 이 집을 구매한 뒤의 내 삶에 대해 몇 가지 시뮬레이션을 해 보았다. 변수는 둘. 하나는 내가 꾸릴 가족 구성원, 다른 하나는 나의 물리적 성공 정도다. 전자는 이 집의 면적 및 입지와 상관이 있었고, 후자는 이 집의 관리 유지비용과 상관이 있었다.

1) 완전히 망한다

'박찬용 에디터'로의 기능을 하지 못하게 된다. 박찬용은 사회생활 내내 박찬용 에디터라는 모호한 직업으로만 살아왔다. 정보를 취재해 편집하고, 원고를 작성하고, 잡지사에서 일하는 일 등. 2010년대 후반기 시점 기준 박찬용 에디터의 모든 직무적 전문성(그런 게 있다면)이 앞으로도 계속 인정받거나, 계속 시급을 유지할 수 있는 확률은 높지 않다고 보는 게 합리적이다.

  그럴 경우 이 집에 사는 게 서울에 살 수 있는 유일한 방법이다. 이 집은 20년 만기 고정금리 대출이 되어 있으며, 주택금액이 크지 않은 덕분에 해당 금액은 최저시급의 노동자 급여 정도로 충당 가능하다. 지금 박찬용 에디터의 일견 화려한 삶(해외 출장, 고가 브랜드 행사 참석, 이런저런 고급품 구경)이 완전히 사라져도 이 동네의 이 집에서 사는 건 큰 무리가 없다.

  망하면 결혼 같은 것도 무리다. 이 집에서 홀로 나이들며 신체 리듬에 맞춰 1인 가구로 조심조심 나이들어야 한다. 그 면에서도 이 동네는 나쁘지 않다. 종합병원 접근성이 좋기 때문이다. 서울 최고의 종합병원 중 하나인 세브란스병원은 이 동네에서 마을버스로도 갈 수 있다. 즉 인생이 잘 안 풀릴 경우(잡지 에디터에게 이건 진지하게 고려해야 할 경우라고 나는 생각한다) 최소한의 급여소득으로 남에게 피해를 주지 않는 서울 시민으로 늙어 가며 의료 서비스를 받을 수 있다.

2) 현상 유지에 성공/ 결혼 실패

'박찬용 에디터'로의 기능 유지 및 발전에 성공한다(혹은 적절한 시기에 성공적으로 전직해 삶의 질을 유지한다). 그렇다면 이 동네와 집처럼 좋은 곳도 없다. 이곳은 박찬용 에디터의 구미에 맞는 동네이고 이 집도 그렇다. 다만 이 집은 서울의 보편적인 주거 형태와 다르므로 이 집 때문에 결혼에 실패할 가능성이 있다. 그럴 경우에도 그냥 이 집과 함께 혼자 살면 된다. 조금 쓸쓸한 걸 빼면 별로 걱정할 게 없다. 이 동네는 혼자 살기에 적절한 여러 요소가 있다.

2-1) 현상 유지에 성공/ 결혼 성공

'박찬용 에디터'로의 기능 유지 및 발전에 성공한다(혹은 적절한 시기에 성공적으로 전직해 일정수준 이상의 삶의 질을 유지한다). 거기 더해 행운이 겹쳐 함께 살 반려자도 생긴다. 가상의 반려자가 이 집을 마음에 들어하기만 한다면 그 역시 나쁠 것 없다. 이 집의 면적은 15평이니 킴 카다시안 같은 여자가 아닐 바에야 둘이 살기에는 크게 모자란 면적이 아니다(킴 카다시안 같은 여자가 박찬용 에디터와 부부관계까지 갈 리가 없다는 강한 확신이 있으므로 그 정도까지는 생각하지 않아도 된다). 집수리 단계에서 레이아웃을 조금만 미리 생각해 두면 이 집의 거주자가 한 명에서 두 명이 되는 데에는 큰 문제가 없다.

2-2) 현상 유지에 성공/ 결혼 성공/ 출산 성공
2-1에 더해 출산이라는 경사까지 생겨도 이 집에 사는 게 가능할까? 일단 당사자 중 하나인 박찬용은 그렇게 생각한다. 15평 정도의 집에 세 명이 사는 일에 전혀 거부감이 없다. 가상의 반려자의 생각을 아직 알 수는 없으나 그 역시 괜찮다고 생각했으니 출산을 결정했을 것이다.

      실질적 문제는 이 동네가 아이를 키우기에 어떤지다. 살아 보니 이 동네에서 아이를 키우는 건 나쁘지 않다. 일단 도보 거리에 초등학교와 중학교까지 있다. 아이들이 뛰어놀 만한 놀이터와 녹지는 근처에 아주 많다. 호젓한 동네라 차도 많이 다니지 않는다. 그래서인지 동네 놀이터를 지나다 보면 늘 아이들의 소리를 들을 수 있다. 학군이나 학원 같은 건 박찬용 에디터의 삶에서 별로 고려하는 요소가 아니다(그 이유는 상당히 길기도 하고 이 책과 벗어나는 이야기다). 박찬용 에디터는 연희동 정도만 해도 여러 가지로 아이가 크기에 훌륭한 동네라고 생각하고 있다. 가장 큰 이유는 역시 이 동네의 다양한 인구 구성이다.

3) 대성
'박찬용 에디터'로의 기능 유지 및 발전이 상상치도 못할 정도로 성공한다(혹은 적절한 시기에 감행한 전직이 아주 잘되어 삶의 질이 상당히 높아진다). 이 집에 미련을 갖지 않고 다른 동네나 집으로 이사를 가도 충분할 정도의 여유도 갖게 된다. 그럴 경우라면 고민할 필요도 없다. 처분하고 다른 곳에서 살면 그만이다. 하지만 이 집은 처분하기에는 장점이 무척 많은 곳이라 박찬용 에디터는 만에 하나 대성해도 이 집을 처분할 생각이 들지 않을 것 같다. 가격이 저렴한 편이라 세금 부담도 적다. 별장, 별채, 작업실, 에어비앤비 등 잘 고쳐 뒀을 경우 이 집을 사용할 수 있는 방안은 많다. 결혼, 출산, 대성이 모두 이루어져도 선택지가 많을 테니 상관 없다.

      이 정도 경우의 수를 생각하고 나니 이 집을 구매해도 되겠다는 확신이 들었다.

이 집을 구매하기 전 했던 생각과 경우의 수들은 훗날 이 집을 꾸밀 때도 주요한 원칙의 기반이 되어 주었다. 이렇게 정리해 둔 생각은 말하자면 원칙의 원칙 같은 개념의 기초적인 구성안이었다. 이 구성에 맞추어 나는 몇 가지

박찬용 씨의 인생 경우의 수

X축 → 직업 번창도
Y축 → 가족 구성원

	직업 안정성 하락	현상유지	대성
1 (1인 가구)	긴축 생활 1인 가구	적당한 삶의 질의 1인 가구	좋은 삶의 질의 1인 가구
2 (결혼 성공)	현명하지 않은 선택 (염두에 두지 않음)	2인 가구의 삶에는 적합	다양한 선택지. 별채, 작업실, 숙소 대여, 기념관(?) 등
3 (육아)	현명하지 않은 선택 (염두에 두지 않음)	3인 가구 생활까지는 가능 (동네 분위기, 학교 근접 등)	이 집을 떠날 이유가 없음
4+ (4인+ 가족)	현명하지 않은 선택 (염두에 두지 않음)	현명하지 않은 선택 (염두에 두지 않음)	4인 가족부터는 쉽지 않을 듯하니 이사, 혹은 나머지 가족을 근처로 출가시키고 혼자 생활

세부적 원칙을 생각했고, 그 원칙을 미리 떠올려 둔 덕에 실제 공사 현장에서 여러 돌발 상황에 대응할 수 있었다. 선견지명 같은 게 아니라 그때 정한 원칙대로 대응할 수밖에 없었다. 생각해 둔 게 그것뿐이었으니까.

4 (수리에 대한) 원칙의 원칙

이런 생각으로 나는 얼떨결에 집을 사 버렸다. 나름의 원칙과 가설이 있다 해도 냉정히 말해 망상 수준이었다. 나는 이 집을 언제 어떻게 해야 할지에 대한 대책과 타임라인이 전혀 없었다. '이 집을 고쳐서 즐겁게 잘 살다가 계절이 적당할 때 옥상에서 생선을 구워 먹는다.' 딱 여기까지가 내가 해 둔 다짐의 전부였다. 계획이라고는 할 수 없었다.

그렇기 때문에 나는 한참 동안 그 집을 그 상태 그대로 두었다. 일단 그때는 살고 있던 집이 있었으니 신경 쓰지 않아도 되는 상황이었다. 누군가에게 빌려주기엔 너무 낡았기 때문에 세를 놓는다는 생각도 전혀 하지 않았다. 그저 가끔 가서 물이 잘 나오나 틀어 보는 것 정도가 내가 그 집에서 하는 일의 전부였다. 언덕 위에 있는 집이었으니 한 번씩 내 사설 전망대가 있다고 위로하며 스스로에 대한 한심한 마음을 달랬다.

     그 집에 본격적으로 신경을 쓰자니 일이 너무 많았다. 나는 점점 일 속으로 빨려들어가고 있었다. 첫 책과 두 번째 책이 나왔다. 에스콰이어에 다니다가 7월에는 이직도 했다. 〈매거진 B〉라는 브랜드 책을 만드는 디자인 에이전시였다. 그 책은 이름에는 매거진이 들어가도 엄밀히 말해 정기간행물이 아니다. 그래서인지 내가 그때까지 일해 오던 월간지와는 여러 면에서 달랐다. 그를 이해하고 적응하는 데에도 시간이 필요했다. 이 외에도 매체나 기업과 이런저런 일들을 함께 하느라 늘 시간이 모자랐다. 내 능력이 모자랐으니 시간이 모자른 거였겠지만. 고쳐야 할 내 집이라는 게 생겼으니 뭐라도 해야 했는데 뭐라도 하자니 내가 당장 할 수 있는 게 없었다.

     그렇기 때문에 나는 종종 그 집에 대해 어떻게 할지 생각만 했다. 생각이 당시 내 하나뿐인 선택지였다. 생각의 끝은 거의 '으아 어렵다 어떻게 할지 모르겠다'였지만 그래도 나는 틈 날 때마다 그 집에 가서 구조를 돌아보고 디테일을 만져 보며 집수리 방향성에 대한 생각을 정리했다. 지금 생각하면 '내가 어떤 주거 공간을 원하는가'를 정의하기 위해 꼭 필요한 시간이었다.

    내가 생각해 둔 원칙은 크게 여섯이었다.

① 이 집의 기본적 레이아웃을 건드리지 않는다.

앞서 적은 이유와 같다. 이 집을 만든 무명의 누군가를 존중하고 싶었다. 공사를 하다 보니 오히려 문제는 '어디까지 원안을 유지할 것인가'였다. 만약 이 집에 살던 사람들이 이 집의 원안을 고친 거라면 다시 처음 상태로 돌려 놓아야 하나? 처음 상태라는 것을 어디서 어떻게 확인할 수 있나? 실제로 철거 공사를 진행하던 중 이 집의 세부가 조금씩 변형된 흔적도 확인했다. 그래도 기본적 레이아웃을 바꾸지 않는다는 원칙은 최대한 유지하려 했다. 큰 방만 남향이고 나머지는 북향이라는 점, 부엌 옆에 아주 작은 방이 있다는 점 등은 생각하기에 따라 나의 쓰임새에 잘 맞을 수도 있을 것 같았다. 사실 이 원칙은 처음부터 흔들렸다.

② 할 수 있는 한 가장 근원적인 수리를 한다.

오래된 것을 수리할 때는 얼마나 몰입하느냐에 따라 난도가 달라진다. 예를 들어 중고차를 수리할 때 '사용 가능한 정도로만 고친다'와 '복원 수준으로 고친다' 사이에는 상당한 차이가 있다. 전자가 더 저렴하지만 원인 치료가 아닌 증상 치료이므로 근원적인 문제는 해결되지 않는다. 나는 이 집을 확실히 살핀 뒤 할 수 있는 한 가장 근원적인 부분부터 고쳐 나가기로 했다. 눈에 보이는 부분만 번지르르하게 고쳐 둔 채 살아가고 싶지 않았다. 그랬다가 동파가 터져서 큰 고생을 했기 때문일지도 모른다. 동파가 집수리에 있어 백신 역할을 했다.

③ 소품과 껍질보다는 자재와 구조에 돈을 쓴다.
임대로 들어가는 게 아니라 내 집이기 때문에 할 수 있는 용단일 수도 있지만 한 번은 이렇게 해 보고 싶었다. 이미 몇 겹씩 벽지를 바른 벽을 보고도 또 한 겹 벽지를 더해 가려 버리는 식의 수리는 하고 싶지 않았다. 소재와 구조에 돈을 많이 쓰는 대신 다른 곳은 좀 휑하다 싶을 정도로 비워 둘 생각도 있었다. 예를 들어 천장 같은 곳은 모두 철거해서 카페처럼 보가 다 드러나도록 하고 살고 싶었다.

④ 악성 재고를 최대한 활용한다.
첫 집을 고치며 알게 된 게 하나 있다. 나 같은 사람이 개인적으로 쓸 만한 고급 악성 재고는 아주 많았다. 유행이 다른 모든 것을 압도하는 한국답게, 유행이 지났다는 이유만으로 상당히 저렴하게 취급하는 물건들이 있었다. 그런 물건들은 아무도 안 사니까 가격도 저렴했다. 그런 소품들을 최대한 찾아보기로 했다. 잡지 편집자인 나의 일 중에는 물건의 소비 관련 정보를 찾아서 편집하는 일도 많았다. 내 적성과 분야를 봤을 때 악성 재고를 찾는

건 크게 어려운 일이 아니었다.

⑤ 인테리어 디자이너나 건축가를 모시지 않는다.
주변 분들께 여쭈어 보니 내 예산으로는 도저히 전문가를 모실 수 없었다. 경험 쌓는 겸 내가 이리저리 부딪혀 보자고 처음부터 다짐해야 했다.

⑥ 셀인과 인기통을 보지 않는다.
이 둘은 한국에서 규모가 큰 인테리어 관련 카페 이름이다. '셀인'은 '셀프 인테리어', 인기통은 '인테리어 기술자 통합 모임'의 약자다. 특히 셀인은 몇 번 보니 그 안에 내가 원하는 게 없다는 결론을 내렸다. 거기에 흐르는 기술자에 대한 불신과 억울함의 기운이 별로 달갑지 않았다. 나는 자랑을 하고 싶지도 않았고 내 선택에 징징거리고 싶지도 않았다(실제 공사를 진행하며 자랑하거나 징징거리고 싶은 마음 자체는 깊이 깨닫게 되었다).

회사 일과 개인 일들을 마감하는 틈틈이 모니터를 들여다보며 이 정도 생각을 정리해 나갔다. 내가 감당할 수 없을 정도의 일이 늘 내 주변에 어지럽게 널려 있었다. 나는 그 사이에서 효율적인 생각과 행동을 할 수 있을 만큼 뛰어난 사람이 아니었고, 그걸 오래 전부터 알고 있었다. 내가 할 수 있는 건 엉망인 부엌 속에서 밥을 차리듯, 여러 가지 일들 사이에서 눈앞에 놓인 일을 해 나가는 것뿐이었다. 이직을 했다. 새로운 회사에 적응했다. 그 회사 일로 가야 하는 출장을 다녀온 뒤 또 마감을 했다. 좋은 제안이 이어져 책을 또 냈다. 책을 내면 해야 할 일들이 생긴다. 그러다 보면 또 회사 일이 다가왔다. 그런 시간이 계속 반복됐다.

  두어 가지 변수가 아니었다면 나는 아직도 집을 고치지 않고 할머니의 월셋집에 머물렀을지도 모른다. 첫 번째 변수는 코비드-19였다. 코비드-19가 전 세계에 창궐하기 전까지 나는 잡지나 단행본 관련 취재 출장으로 1년에 평균 4회씩 해외에 나갔다. 1-2회 정도는 가까운 곳에 휴가를 가기도 했으니 5-6번씩은 해외에 나간 셈이 된다. 코비드-19로 인해 이 패턴이 멈추었다. 공항에 가기는커녕 재택 근무로 인해 주로 집에 있어야 했다. 그동안 내가 해 온 일들과 해야 할 일들에 대해 생각해 볼 수 있었다.

  더 크고 직접적인 변수는 주택시세 폭등이었다. 2020년대 초반은 코비드-19, 경기부양을 위한 저금리 기조, 부동산 정책 등의 변수로 인해 주택가격이 폭등하기 시작하던 때였다. 매매가가 오르면 전세와 월세도 따라 오른다. 그에 따라 시대의 거센 파도가 내가 사는

500-35의 낡은 단독주택까지 몰려왔다. 그 파도는 주인 할머니의 신기한 제안이라는 모습으로 찾아왔다. 그 제안은 이랬다.

'지금 집이 낡았으니 이 참에 전체 수리를 하려 한다. 수리비는 3천만 원쯤 들 것 같다. 그 비용을 당신과 내가 반씩 부담하자. 그렇게 해 주면 월세 35만원은 그대로 유지해 주겠다. 대신 그 요구를 들을 생각이 없으면 나가라.'

얼마나 다행인가. 이 제안이 적힌 문자 메시지를 보자마자 든 생각이었다. 내가 고쳐서 떠날 집이 있으니 이런 제안을 일고에 거절해도 된다. 반면 그 집이 없었거나 준비해 두지 않았더라면 나는 울며 겨자먹기로 그 집 주인 할머니의 요구를 들어줬을 것 같다. 이러니 저러니 해도 그 가격에 그 정도 면적의 집에 살기는 쉽지 않고, 이미 내 짐도 꽤 많아서 이사하기도 성가실 것 같았다. 다행히 내게는 떠날 곳이 있었고 우리의 계약은 2021년 초반에 끝나게 되었다.

나는 마침 잘됐다 싶은 마음으로 본격적인 공사 절차를 알아보기 시작했다. 아무것도 모르는 채 월세방을 고치던 때의 내가 아니었다. 이왕 하는 거 확실히 하고 싶었다.

2부. 실행

5 전 반장님 위로 떨어진 쥐똥

나는 아직 전 반장님의 이름을 모른다. 반장님께 보수를 보내 드렸던 계좌이체 목록을 보면 이름을 알 수 있겠지만 내 기억 속 전 반장님은 더할 것도 뺄 것도 없는 전 반장님이다. 그는 '반장'이라는 호칭처럼 건설 현장에서의 현장 리더였다. 날을 잡고 일을 맡기면 반장님께서 동료 인부와 함께 도착해 아침부터 오후까지 일을 하고 가신다. 모르긴 몰라도 전국에 수많은 전 반장님 같은 분들이 누군가의 전화번호부에 'ㅇㅇ 반장님'이라고 저장되어 있을 것 같다. 그런 반장님들은 집수리에 대해서라면 못 하는 게 없기 때문이다. 누구에게나 그런 반장님은 필요하다.

건설현장에서 반장님 같은 일을 하는 분은 많지만 믿고 일을 맡길 만한 이는 많지 않다. 어느 정도 일이 있는 분들은 이미 자신의 네트워크를 통해 일이 계속 들어온다. 인터넷 카페 등에 자신을 알릴 이유도 여유도 없다. 내가 전 반장님을 알게 된 계기도 지인의 소개였다. 책을 몇 권 내다 보니 독자에서 지인이 된 사례가 몇 번 있다. 건축소재 아카이브 스타트업 콩크를 운영하는 백유현 대표도 그중 하나다. 그는 콩크를 운영하기 전 인테리어 사업을 했고, 전 반장님은 그가 인테리어 사업을 할 때 알게 된 분이라고 했다. 마침 집수리를 해 주실 분이 필요한 차에 도움을 받게 되었다.

전 반장님■에 대해 기억나는 건 특유의 섬세함과 미묘함이다. 작은 집이어도 건설 현장은 터프하다. 먼지도 많고 날카로운 물건도 많다. 그 사이에서 전 반장님은 왠지 모르게 굉장히 얇은 플라워 프린트 작업 바지를 입고(몸을 움직이기 편한 옷이었을 테니) 철거용 망치를 휘두르거나 드릴로 바닥을 뚫었다. 나는 전 반장님의 종교를 물은 적 없으나 그는 내내 신라 시대의 불상처럼 웃는 듯 안 웃는 듯 희미한 미소를 지었다. 그가 내게 보인 태도 역시 그랬다. 늘 난처한 듯 아니면 신중한 듯. 전 반장님은 내내 조용하고 친절했다. 이 현장에서 '못 하겠는데' 같은 표정을 지은 적은 한번도 없었다.

아닌 게 아니라 함께해 보니 이 집은 작은 현장이었어도 마냥 쉬운 현장은 아니었다. 50년이 넘은 소형 노후 주택 내부 철거였으니 신경 쓰이는 점이 많을 수밖에 없었다. 가장 근본적으로 곤란한 점은 여러 가지를 철거하면서 뭐가 어떻게 될지 모른다는 점이었다. 철거 중 뭔가를 부수다가 부수지 말아야 할 걸 부술 수도 있고, 예상하지 못한 게 나올 수도 있다. 나는 철거일에 전 반장님과 함께 현장에 있었다. 하루쯤 함께하고 보니 전 반장

■ [부록] 전 반장님 인터뷰 → 340

님의 미묘한 표정도 이해할 수 있을 것 같았다.

내가 전 반장님께 부탁드린 작업은 철거와 기초 배관이었다. 화장실, 부엌, 세탁기 등 물이 오가는 구역의 위치를 바꾸고 손을 좀 보고 싶었다. 그러기 위해서는 관련된 부분을 전부 철거할 필요가 있었다. 철거를 위해서는 미리 철거 범위를 정해야 했다. 문 한 짝 떼는 것도 철거고 부엌장을 떼어내는 것도 철거고 모든 벽과 천장을 헐어 버리는 것도 철거다. 이걸 판단하는 게 나의 첫 일이었다. 당연히 전에는 이런 판단을 해 본 적이 없었다.

나는 할 수 있는 한 최대한 철거하기로 했다. 말하자면 '풀 철거'다. 철거 범위는 창문 안에 있는 것 중 시멘트 미장이 된 걸 제외한 모든 것. 철거를 한번 확실히 해 두면 이 집의 구조나 문제를 근원적으로 알 수 있을 테니 이 집에 오래 살려면 대규모 철거를 한번쯤 해 봐야 할 듯했다. 붙박이로 박혀 있던 신발장, 부엌장은 물론 기존에 있던 변기까지 철거했다(변기나 세면대는 어떻게 철거하나 내심 궁금했는데 그냥 도자기 깨듯 깨 버렸다. 철거는 터프한 세계였다). 그런 시설들을 넘어 바닥의 장판을 수거하고 천장까지 다 뜯어냈다.

현장을 옆에서 지켜보니 '풀 철거'는 살면서 한번쯤 겪어 봐도 좋은 일이라는 생각이 들었다. 내가 살 곳에 어떤 공간이 숨겨져 있었는지 알 수 있고, 무엇보다 집

안 구석구석에 있는 지저분한 것들을 싹 걷어낸다는 쾌감이 있었다. 특히 천장이 극적이었다. 지인과 그의 친구들에게 이 집을 작업실로 몇 달 빌려 준 적이 있다. 그때 그들에게 "천장에서 쥐들의 발소리가 들린다"는 증언을 들었다. 천장을 철거할 때 그 말이 떠올랐다. 천장은 얇은 합판이라 장도리 모양의 '빠루'로 금방 뚫렸고, 빠루를 지렛대 삼아 천장 합판을 쪼개자 웬 가루가 반장님 팀원의 온몸에 쏟아졌다. 50년 동안 쌓인 먼지와 쥐똥이었다. 살아 있거나 죽은 쥐가 내 눈앞에서 나오지 않은 게 다행이라고 생각했다.

이 외에도 철거팀이 집에 손을 댈 때마다 이 집에 쌓여 있던 시간들이 드러났다. 오래된 집 철거는 상당히 거친 고고학 발굴과 비슷했다. 벽지가 그 증거 중 하나였다. 내가 눈으로 확인한 바로는 이 집은 완공 이후 계속 벽지를 덧붙이기만 한 것 같았다. 벽지를 하나씩 벗겨 낼 때마다 계속 표정이 바뀌는 변검 인형처럼 처음 보는 벽지가 계속 나왔다. '집의 지층'이라는 이름의 예술 작품 같아 잠깐 매료되기도 했다. 하지만 내가 살 곳은 예술품이 아니라 집이니까 언제까지 이런 것들을 들여다볼 수는 없었다.

철거를 하다 보니 의외의 요소들도 있었다. 특히 화장실은 철거하고 나자 완전히 새로운 공간이 되었다.

화장실은 변기 옆으로 너무 넓은 공간이 있었다. 다용도실만큼 큰 공간이 있고, 그 공간의 벽에 보통 화장실 크기의 창문이 하나 있었다. '왜 이렇게 화장실을 크게 만들고 창문은 작게 만들었지' 싶을 정도였다. 철거 때 알고 보니 큰 벽들이 창문을 다 막고 있었다. 그 벽을 없애니 벽 2개 전체가 창문이 되었다.

  가장 놀란 부분은 신발장이었다. 현관 바로 옆 신발장을 뜯어내니 놀랍게도 문이 나왔다. 문 손잡이를 돌려도 열리지 않아 뜯어내자 문 반대편에 벽이 있었다. 지금이야 아무렇지도 않게 적지만 그때는 정말 무서웠다.

  나중에 다른 층의 집을 보고 나서 상황을 이해했다. 원래 이 집은 한 층에 한 세대가 거주할 수 있도록 만들어졌는데, 분양 당시 사정에 따라 그걸 두 집으로 나눠 구입한 세대가 있는 듯했다. 둘이 원래 한 집이라고 생각하니 그제서야 모든 게 이해되었다. 실제로 아래층 중에는 앞뒷집을 모두 이어 쓰고 있는 곳도 있었다. 그러고 보니 옆집은 우리 집과 평면이 완전히 달랐고, 내 집과는 비교할 수도 없이 해가 잘 들었다. 두 세대가 한 집이라 생각하면 남향 방과 북향 방이 나름 조화를 이루고 있던 셈이었다. 너무 큰 화장실도 이해했다. 내가 사는 집에는 작은 화장실과 베란다실이 있었고, 화장실이 너무 작아서 베란다실 쪽으로 벽을 텄던 게 아닐까 싶었다. 아무튼 철거 후 큰 창을 찾은 셈이 됐다. 빛이 잘 들지 않는 집이었기 때문에 이렇게라도 외부의 빛과 공기를 들일 수 있게 되어 다행이다 싶었다.

철거로 집의 다른 면모가 드러난 게 마냥 다행만은 아니었다. 내가 앞서 정한 원칙 중 '원형을 보존한다'는 원칙이 처음부터 휘청거릴 판이었다. 적어도 화장실의 경우에는 지금 내가 본 모양이 원형이 아닌 것 같긴 한데 무엇이 원형인지도 알 수 없었다. 원칙은 애매해졌고 화장실 전체에 대한 기획 역시 다시 해야 한다니. 리모델링의 첫 단추에서부터 나에게는 꽤 부담스러운 선택을 해야 하는 상황이 되었다. 건축이나 인테리어 하는 분들이 신축보다 리모델링이 더 어렵다는 이야기를 종종 하는데, 지금은 그 말이 무슨 의미인지 잘 이해한다.

그 혼란 속에서 나는 홀린 듯 이런저런 선택을 해 버렸다. 어차피 그때 선택과 판단을 할 수 있는 사람은 나 뿐이었으니까. 일단 화장실 창문 안쪽으로 덧댄 벽은 없애기로 했다. 북향 집이고 바람이 잘 통하지 않는 듯하니 최대한 많은 빛과 바람을 들이고 싶었다. 조금 더 힘을 줬다면 화장실 쪽 문을 따로 만들고 빛이 통하는 부분을 거실 쪽으로 터서 더 많은 빛을 들일 수도 있었다(결과적으로 그렇게 하지는 않았다). 지금 생각해 보니 이 결정이 훗날 이 집의 여러 특징과 이어졌다. 삶이 그렇듯 나도 모르는 사이에 중요한 결정을 너무 많이 내려 버렸다. 철거 첫날부터 짜릿했다.

전 반장님의 지휘와 철거팀의 손길 아래 순식간에 폐기물 봉투가 몇 십 포대나 만들어졌다. 미리 준비한 사다리차를 통해 폐기물 봉투가 계속 내려갔다. 그 폐기물 봉투를 보며 몇 가지 종류의 강렬한 기분이 들기 시작했다. 이제 뭔가 시작되고 있다. 나는 아무것도 모르는 걸 넘어 무엇을 모르는지도 모른다. 하지만 돌이키기엔 모든 게 너무 늦었다. 천장은 뚫렸고 쥐똥도 다 떨어졌다.

6 집의 뼈

천장이 뚫리고 쥐똥도 떨어진 집의 뼈대를 본 건 처음이었다. 뼈대가 드러나자 이 집의 곤란한 점과 좋은 점들이 드러났다. 자기 집을 가진 사람들은 적지 않겠지만 자기 집의 뼈대를 본 사람들은 얼마나 될까. 그중에서도 헌 집을 사서 나보다 오래 된 집의 뼈대를 보는 서울 사람들은 얼마나 될까. 나는 철이 없는 편이라 왠지 좋은 경험을 하고 있는 듯해 기분이 좋아지기 시작했다. 하지만 기분만 낼 수는 없었다. 내가 판단하고 결정해야 다음 단계로 갈

실행

수 있다. 나는 뼈대를 바라보며 생각과 결정을 정리해 나갔다.

일단 곤란한 점은 용도를 알 수 없는 천장 배관들이었다. 전문적으로 관리된 집이 아니었기 때문에 사용되고 있는 것 같지는 않은데 없애도 될지는 알 수 없는 파이프들이 몇 있었다. 사용되고 있지 않음을 알 수 있는 이유는 도중에 끊긴 파이프들이 좀 있기 때문이었다. 인테리어나 건축 전문가라면 이런 걸 잘라내는 결정을 할 수 있을 것이다. 지식이 없는 나와 책임에 예민할 수밖에 없는 전 반장님의 판단으로 이 파이프들을 잘라낼 수는 없었다. 어쩔 수 없이 그대로 둬야 했다.

또 하나 눈에 띄게 곤란한 점은 부엌 부분의 대단한 곰팡이였다. 부엌 창은 북향이었다. 습하고 빛이 잘 비추지 않은 채 음식을 하는 공간이라서인지 곰팡이가 대단한 기세로 나 있었다. 한국의 유명 드라마 대사인 "암세포도 생명"이라는 말처럼 곰팡이도 생명이구나… 싶을 정도였다. 생명은 경이롭지만 이 집에 사는 생명체를 대표하는 입장에서 곰팡이와 함께 갈 수는 없었다. 다행히 곰팡이는 철거하고 몇 주 지나자 알아서 사라졌고 그 뒤에 살균 처리도 한번 더 했다.

좋은 점도 있었다. 무엇보다 이 집에 대해서 궁금한 것들을 모두 확인했다. 이를테면 전체가 비내력벽이라거나, 하다 못해 정체불명의 파이프들이 있다는 사실도 모르는 것보다는 나았다. 파이프 같은 것들은 도면을 잘 그려 뒀다면 훗날 추가로 수리를 하거나 누군가에게 자문을 받을 때 도움이 되었을 텐데 나의 부족함으로 그렇게 하지는 못했다. 그래도 철거를 다 하고 보니 생각보다는 튼튼하고 멀쩡했다. 옛날 물건을 고칠 때는 뼈대부터 잘 고쳐야 그다음 일을 하기도 수월해진다.

결과적으로 철거는 여러 가지 의문과 불확실성을 다 털고 간다는 점에서 좋았다. 실질적으로도 성과가 있었던 건 물론 심정적으로도 개운해졌다. 확실히 철거를 하지 않고 눈에 보이는 곳 위주로 수리를 진행했다면 세수는 하지 않고 화장을 덧입히는 기분이 들 것 같았다. 물론 현실세계의 현실적 집수리는 그렇게 진행되어도 아무 상관 없지만 내 자신의 성격이 비현실적이기 때문에 나는 기쁘기만 했다.

집의 뼈가 드러났으니 앞서 정한 원칙에 입각해 무엇을 정하고 무엇을 없앨지 생각할 수 있었다. 일단 내가 바꾸지 않기로 결정한 대표적인 디테일은 이 집의 문틀이었다. 이때는 집의 전체적인 색채나 분위기에 대한 생각이 없었지만, 그와 상관없이 문틀의 색상과 사이즈는 남겨놓겠다고 생각했다. 문틀은 70년대 한국 가정집에서 흔히 볼 수 있는 붉은 기가 도는 원목이었고, 옛날 한식집처럼 번쩍이는 '니스'가 칠해진 채 곳곳에 세월을 보여주는 상처가 나 있었다. 저런 게 눈에 보여야 오래된 집에 사는 티가 날 것이고, 당시의 사람들이 만들어 둔 문의 크기와 좌우 비율을 남겨 두고 싶기도 했다.

      철거를 진행하니 집이 처음 만들어졌을 때의 원안에 맞추어 현 상황에서 약간 바꾸어야 할 것도 있었다. 예를 들어 변기의 방향. 기존 변기 방향은 서쪽을 바라보고 있었는데(하수 파이프의 방향으로 알 수 있었다) 철거를 해 보니 원래 변기 방향은 북쪽을 바라보고 있었다. 변기 방향이 서쪽이든 북쪽이든 실제로 사는 나만 알고 아무도 모를 이야기지만 나는 원안대로 돌려 두고 싶었다. 이건 의미의 영역이라기보다 내 성격의 영역일 것 같다. 나의 이런 결정을 들을 때마다 전 반장님은 옆에서 희미한 미소를 지었다.

      사실 나는 지금 내가 적는 것들에 대해 전혀 정리해 두지 못했다. 지금 적는 이야기들은 그때를 돌아보며 몇 번씩 생각과 언어를 정리해 나와 다른 사람들이 이해할 수 있도록 다시 배열한 것이다. 막상 철거해서 먼지 투성이 폐허가 된 그 집 안에서는 가만히 앉아 이치와 원칙에 맞게 생각할 여유가 없었다. 모든 게 막막한 중에 내가 판단을 빨리 해야 전 반장님과 그의 팀이 일을 이어갈 수 있었다. 이 상황에서 좋은 판단의 기준은 옳은 판단이 아니라 빠른 판단이었다. 평소에 원칙에 대해 잡생각을 해 둔 덕분에 철거 현장에서 빠르게 판단할 수 있었다.

뼈를 보았으니 이제 뼈로부터 생각을 다시 시작해야 했다. 집을 살아 움직이게 만들 차례였다.

7 집의 핏줄

집의 살을 발라내고 뼈를 마주했으니 이제 집이라는 유기체가 돌아가기 위한 최소한의 인프라를 다시 깔아야 했다. 내가 느낀 한국 주거 현장에서의 인프라는 물이었다. 물이 들고 나는 길에서 무엇을 바꾸고 무엇을 바꾸지 않을 것인가. 그걸 정하고 나면 이 집에서 살아가는 내 일상의 모습이 정해질 것이었다.

물이 들고 나는 길은 부엌과 욕실 등을 만들기 위해 필수다. 나는 물길이 얼마나 중요한지 지난번 집에서 동파를 겪으며 절감했다. 물길을 어떻게 놓느냐에 따라 집에서 할 수 있는 여러 가지 일들이 정해지거나 달라지기도 했다. 이를테면 호텔 방에는 세탁기 호스가 나가는 방이 없으니 세탁기를 둘 수 없다. 그런 요소들을 최대한 빨리 정해 전 반장님께 말씀드려야 했다. 거기 더해 한국은 보일러로 구동되는 온돌 난방 때문에 바닥에도 물길을 깔아야 했다. 화장실이나 부엌에서 하수가 어디로 어떻게 나갈지도 정해야 했다. 물이 들고 나는 길을 정하다 보니 집에 오장육부를 집어넣는 듯한 기분이 들었다.

다행히 이 집은 작기 때문에 물길에 대해 고민할 요소가 많지 않았다. 부엌, 화장실, 보일러, 세탁기에 대해 각자의 위치 등 주요 의사 결정을 하면 되었다. 지금 생각하면 간단한 일이지만 그때는 상당히 어려운 일이라 생각해서 고민도 많이 했다. 부엌 인테리어 책■을 찾아보거나 해외의 주방 사례를 찾아본 적도 많다. 그 결과 나름의 결론을 내렸다.

먼저 부엌의 방향을 바꾸기로 했다. 기존 부엌은 서쪽으로 씽크대가 늘어서 있었고, 창문은 씽크대와 ㄱ자로 꺾이는 북쪽에 있었다. 언뜻 생각해도 조리를 할 때 냄새가 빠지기 쉽지 않은 구조였다. 부엌의 물길을 우측으로 90도 틀어서 창가에 화기와 싱크대를 두기로 했다. 설거지를 할 때 창 밖 풍경을 바라보고 싶다는 욕심도 있었다. 이 욕심을 구현하기 위해 물길 공사를 따로 진행하기로 했다.

화장실에도 약간의 변화를 주었다. 앞서 적은 것처럼 철거 후 드러난 기반에 맞추어 변기의 방향을 돌렸

■ [부록] 집수리를 하는 과정에서 읽은 책 일부 → 342

다. 변기와 같은 라인에 있던 세면대는 그대로 두기로 했다. 마음 같아서는 조금 더 저돌적으로 물길을 확확 바꾸고 싶기도 했지만 섬세한 전 반장님이 멀쩡한 벽을 새로 뚫고 수도 라인을 놓는 일에 우려를 표했다. 오래된 집이라 언제 무슨 일이 생길지 모른다는 것이었다. 내가 인테리어 혹은 건축 전문가라면 모를까, 나야말로 아마추어였으니 전 반장님의 말씀을 듣는 게 맞겠다고 판단했다.

내가 나름 고집을 부린 부분도 있었다. 나의 꿈 건식 화장실을 구현하기 위해 샤워 부스의 터를 잡은 것이다. 샤워 부스를 만들기 위해 화장실의 안 쓰는 벽 쪽에 출수구와 토수구를 따로 만들기로 했다. 역시 전 반장님이 이쪽 작업을 진행해 주었다.

이 모든 상황에서의 디테일을 내가 결정해야 했다. 샤워 부스 터에서 물은 어디로 나가는지. 샤워기가 장착될 파이프의 위치는 지면으로부터 몇 센티나 올릴지. 세면대 배수구를 벽에 놓아야 할지 바닥에 놓아야 할지. 전 반장님과 이런 이야기를 나누면서 나는 확실히 깨달았다. 나는 집수리 경험이 있다고 생각하고 이 일을 시작했지만 아무것도 모르고 있었다는 걸. 나는 무엇을 모르는지도 모르고 있었던 것이었다.

그래서 현장에서 "이쯤? 이쯤?"을 연발하는 시간이 계속되었다. 빈 벽에 판토마임을 하듯 샤워기를 켜는 시늉을 하며 "이쯤일까요…?"라고 하는 식이었다. 이래도 되나… 싶었는데 그래도 될 리가 있나. 그때 제대로 챙기지 못해 아직도 미흡한 디테일들이 있다. 나는 물이 나가는 길들을 제대로 잡아 두지 못했다. 화장실 세면대와 샤워 부스의 배수구 위치는 내가 조금만 더 경험이 있었다면 훨씬 제대로 잡았을 것이다. 전 반장님과 그의 팀은 하루 일이 끝나면 신데렐라처럼 돌아가셔야 하기 때문에 그때그때 내가 정할 수밖에 없었다. 모르면 용감하다는 말은 반만 맞다. 아무것도 모르면 용감하다는 사실도 모르기 때문이다.

그때 내가 고심한 부분은 세탁기였다. 세탁기를 어디에 둘 것이냐. 나는 이 질문을 며칠 내내 붙잡고 있었다. 세탁기의 위치라고 정해진 곳이 없기 때문이었다. 모든 사람이 각자 세대를 자신도 모르게 드러내듯 이 집도 1971년 준공 당시의 시대상을 드러내고 있었다. 사람의 성격이 결핍을 통해 드러날 때가 있듯, 시대상은 무엇이 있는지가 아니라 무엇이 없는지를 통해서도 드러나곤 한다. 이 집에는 세탁기의 자리로 상정된 곳이 없었다. 최초의 국산 세탁기는 1969년 선보였고 1971년 한국 세탁기 생산량은 49대에 불과했으며 1971년 개발된 세탁기의 용량은 2킬로그램이었다고 한다. 이 집에 세탁기 자리가 없을 만했다.

전에 살던 분들은 화장실이 컸으므로 그 안에 세탁기를 두었던 것 같았다. 수도꼭지의 위치 등을 보면 그리 추정할 수 있었다. 나는 그러지 않고 싶었다. 창문의 높이나 주요 모서리를 보았을 때 세탁기를 놓기에 적절해 보이지 않았다. 각 벽의 모서리는 직각이 아니었고 창의 높이도 세탁기보다 낮았다. 세탁기를 화장실에 놓으면 먼지 가득한 죽은 공간이 될 게 뻔했다. 그곳에 세탁기를 놓는 상상을 하자마자 그 옆에 짙게 쌓여 있는 먼지까지 상상에서 떠올랐다. 나는 고개를 저으며 그 상상에서 벗어났다.

　　　　그렇다고 다용도실처럼 화장실 안에 별도의 세탁기 스탠드를 만드는 일도 내키지 않았다. 그럴 경우 대대적인 공사를 해야 했다. 세탁기도 싱크대와 세면대처럼 입수와 출수 설비가 모두 필요하다. 벽을 뚫어서 세탁기용 배관을 아예 따로 만들어야 한다. 공사가 커지는 건 물론이려니와 이 집은 벽 안에 무엇이 있는지에 대한 기록이 없는 옛날 집이다. 이 상황에서 공사를 강행하면 공사는 길어질 것이고 불확실성은 커질 것이었다. 내가 정한 원형 보존의 원칙이 훼손될 것이고 전 반장님은 한번 더 슬픈 미소를 짓게 될 것이었다. 나도 그 슬픈 미소가 이해될 정도였으니. 이 과정에서 나는 왜 원룸의 부엌에 드럼세탁기가 삽입되어 있는지도 이해하게 되었다. 입수와 출수의 동선과 효율을 생각하면 그게 최선이었을 것이다.

　　　　나 역시 이런저런 고민 끝에 세탁기를 부엌에 두기로 했다. 길이가 길든 짧든 세탁기를 놓기로 한 이상 입/출수 배관은 따로 만들어야 했고, 그렇다면 입/출수 배관 근처인 부엌 근처에 세탁기를 놓는 게 최선이라 판단했다. 그런데 싱크대 쪽에 세탁기 수납 공간을 두자니 부엌이 좁았다. 나는 그래서 일종의 세탁기 아일랜드를 만들기로 했다. 벽에 붙은 부엌장을 만들고, 그와 평행하는 벽붙이 테이블을 만드는 개념이다. 그 안에 세탁기가 들어가도록 했다. 최고의 방법이라고는 할 수 없지만 나와 전 반장님의 상황을 생각하면 이 방법이 최선이었다.

　　　　티는 잘 안 나지만 내가 이 집에서 큰 맘 먹고 바꾼 게 하나 더 있었다. 보일러와 분배기의 위치였다. 이 집은 별도의 다용도실이 없었기 때문에 보일러나 세탁기 등 '집의 인프라'라 할 만한 것들을 한데 넣어 두고 감출 수 있는 공간 역시 따로 없었다. 그래서 전에 살던 분들도 적당히 되는 대로 LNG 가스관이 들어오는 곳 근처에 보일러를 설치한 것 같다. 나는 부엌의 레이아웃과 이 보일러를 가릴 수 있을지의 여부 등을 생각하며 보일러가 들어갈 위치를 일부 바꾸기로 했다. 바꾸는 김에 창문 우측에 있던 가스 검침기도 창문 좌측으로 바꾸기로 했다. 이 집에서 비전문가가 할 수 있는 것 치고는 상당히 큰 일이었다.

보일러의 위치에 따라 분배기의 위치도 달라진다. 이것도 보일러의 위치를 바꾼 이유 중 하나였다. 분배기는 내가 집수리를 하며 배운 수많은 기기 중 하나다. 분배기는 보일러가 데운 물을 각 방의 바닥 난방 파이프로 보내주는 기기다. 기기 성격상 보일러가 설치되는 곳 근처 바닥에 놓이는 게 가장 이상적이다. 즉 보일러의 위치를 옮기면 분배기의 위치도 바꾸는 편이 좋다. 나는 짧게 고민한 뒤 보일러도 바꾸고 분배기도 바꾸고 그 둘의 위치도 바꾸기로 했다. 기왕 '풀 철거' 후 '풀 수리'하는 거라면 다 열어젖히고 바꿀 수 있는 건 다 바꾸고 싶었다.

분배기를 바꾸는 김에 바닥 난방 라인 역시 모두 새로 깔기로 했다. 바닥 난방을 새로 하기로 한 이유는 철거를 시원하게 하고 나서 드러난 이 집의 대단한 특징과도 관련이 있었다. 이 집은 바닥이 평평하지 않았다. 사람이 만드는 거니까 집 바닥의 편평도에 오차가 있을 수 있지만 전 반장님의 말에 따르면 이 집의 바닥 경사는 거의 굴곡 수준이었다. 50년 동안 당장 해결하고 모면하는 방식의 공사가 쌓여 왔기 때문이었을 것이었다. 거주자도 공사하는 사람들도 신축을 선호하는 이유가 있구나 싶었지만 나는 이미 이 집의 뼈를 본 상태였다. 평평함을 맞추는 김에 난방 라인까지 새로 깔아 버리기로 했다. 결정을 내리니 오히려 마음이 편했다.

이 글을 적으며 생각해 보니 이 큰 결정들을 어떻게 다 했나 싶다. 그때는 내가 내리는 선택들의 의미에 대한 자각도 없었다. 내 주변 일들이 너무 급했다. 이사 준비를 해야 했고 새로 진행될 일들도 쌓여 있는데 집수리는 내가 해야 하는 일 중 하나였다. 일단 집수리를 하는 동안에는 '다 철거해 버린 김에 새로이 할 수 있는 건 다 해야지.'와 '전 반장님이 계실 때, 반장님을 여러 번 부르지 않고 한 번에 할 걸 다 해야지(반장님의 슬픈 미소 때문만이 아니라 현실적인 이유도 있었다. 반장님이 여러 번 오시면 인건비가 늘어난다).'라는 생각뿐이었다.

전문가라면 분명 이렇게 하지 않았을 거라는 생각을 많이 했다. 리노베이션 경험이 있는 전문 디자이너나 건축가였다면 보일러나 세탁기 등 필수 설비를 어디에 넣고 배관은 어떻게 처리할지 등에 대한 근거와 해답이 있었을 것이다. 전 반장님은 선량한 분이었지만 본인의 업무 편의나 리스크 분산을 위해 가능한 범위보다 소극적으로 일했을지도 모른다. 방금 이야기는 전 반장님을 탓하는 게 아니다. 어느 식당에나 메뉴판에 안 쓰인 요리는 있다. 우리 모두 우리보다 경험이 덜한 업무 대상자에게 그렇게 하지 않나. 전 반장님의 탓이 아니라 정보 비대칭의 결과 중 하나일 뿐이다.

문제는 정보 비대칭에서 모르는 자에 속하는 그

때의 나였다. 나는 폐허가 되어 뼈만 남은 나의 낡은 집 안에서 말 그대로 순식간에 생각하고 결정할 수밖에 없었다. 전 반장님은 해가 지기 전 집에 돌아간다. 시멘트는 하루가 지나기 전에 다 마른다. 공사 현장의 모든 게 타임어택이고 비용이다. 그 안에서 경험이 모자란 내가 기댈 수 있는 건 전 반장님과 나 자신의 엉성한 원칙뿐이었다.

집에 생명선을 개설하는 공사는 생각보다 금방 끝났다. 이번 공사는 내가 들인 비용과 고민의 무게에 비해 별로 티가 나지 않았다. 눈에 보이지 않는 인프라에 투자한 거니까. 눈에 보이는 건 분배기가 반짝반짝한 새것이라는 점 정도였다. 이래서 인프라 투자가 인기 없는 정책인 걸까… 생각하며 살짝 웃었다.

8 꿈의 부엌과 일렉트릭 미야모토 무사시

나는 예전부터 부엌의 구조에 큰 관심이 있었다. 상부장을 넣을까 말까, 덕트를 어떻게 할까, 화력이 강한 업소용 가스레인지를 써 보면 어떨까 등등. 필요한 설비가 잘 갖춰진 컴팩트한 부엌은 아직도 내 꿈의 설비 중 하나다. 자취를 시작한 이유 역시 내 부엌이 갖고 싶어서였다. 막상 살아 보니 처음 산 집에서는 환기가 도저히 안 될 것 같아 요리를 포기했지만. 이 집을 매입한 이유 역시 나의 부엌을 갖고 싶어서였다. 부엌 창문으로 비치는 동네 풍경을 바라보며 밥을 짓고 설거지를 하면 기분이 좋아질 것 같았다.

물길과 가스를 놓는 큰 결정을 하며 자연스럽게 결심했다. 내가 꿈꿔 오던 부엌을 이루리. 내가 원하는 냄비와 접시와 전자레인지 등등이 소꿉놀이 장난감처럼 착착 들어차 있는 공간을 만들리. 그 꿈의 부엌을 이루는 요소 중 하나는 '가스 없는 부엌'이었다. 가스레인지 대신 전기 인덕션 레인지를 두는 것이다. 집은 낡았고 그 사실을 부정하거나 숨길 생각도 없었지만 생활의 곳곳에는 신형 기기를 두고 싶었다. 인덕션 레인지는 내가 꿈꾸던 '신형 생활 기기' 중의 하나였다.

인덕션 레인지가 장착된 부엌을 어디서 처음 보았는지 기억나지는 않지만 나는 인덕션 부엌의 개념을 알게 되었을 때부터 마음에 들었다. 나는 구조가 간단한 게 좋은데 인덕션 부엌은 그 조건부터 충족시켰다. 인덕션 레인지를 깔면 배선 구조가 간단해질 것이었다. 요즘 어디든 전기가 들어가는데 인덕션 레인지의 에너지원은 전기다. 가스를 쓰지 않는다면 주방용 가스 배관이 줄어든다. 이 집은 큰 편이 아니기 때문에 구조적으로 단순해지는 거라면 뭐든 좋다. 이게 내 기본 방침이자 인덕션 레인지를 원하는 사상적 기반이었다.

    가스레인지 불로 활활 끓인 라면의 맛이나 기분 같은 걸 모르지 않는다. 인덕션 레인지 부엌을 꿈꾸기 전에는 강한 화력을 보장하는 업소용 가스레인지를 꿈꾸기도 했다. 그 정도로 '하이 스펙 부엌'에 대한 판타지가 있었다. 막상 내 비용을 들여 내 부엌을 차린다고 생각하자 생각이 달라졌다. 내가 얼마나 대단한 요리를 하겠다고 고출력 직화 열원이 필요할까. 그 열원에 맞춰 배기 시설도 만들어야 할 텐데 그 모든 걸 감당할 만한 가치가 있을까. 정 직화가 필요하면 옥상에서 숯불을 피우거나 휴대용 가스레인지를 써도 되지 않을까. 역시 인덕션이다. 그때의 내 생각은 늘 이런 식이었다. 자발적으로 인덕션에 세뇌되어 있었다.

    나는 인덕션에 세뇌되었기 때문에 어떻게든 쇼핑을 하고 싶어 정당화하는 사람처럼 인덕션의 장점만 계속 생각났다. 인덕션은 관리가 편했다. 아무리 예쁜 가스레인지라도 한 번씩은 부품을 꺼내 일일이 닦아야 한다. 아무래도 귀찮다. 인덕션은 행주로 싹 닦아 주면 그만이다. 인덕션 부엌은 시각적으로도 첨단 느낌이 날 게 확실했다. 낡은 집에 치수를 딱 맞춰 설치한 최신 설비가 있으면 정말 멋져 보인다. 그렇게 견고하게 설치된 인덕션 레인지를 생각만 해도 기분이 좋았다. 가스레인지에 비해 비싼 가격 같은 단점은 아예 눈여겨보지도 않았다. 오히려 인덕션은 내 안의 오랜 허세를 부추겼다. 어느 업체의 세일 코너에서 보았던 독일산 고급 인덕션 레인지만 계속 생각났다. '이 집에 그 인덕션 레인지가 있으면 진짜 좋겠다'는 환상이 봄날 낮잠처럼 달콤했다. 배관 공사가 끝난 뒤의 전기 공사에서 이 꿈이 깨졌지만.

전기 공사 역시 집의 인프라 공사에 속한다. 특히 전력은 요즘 집의 필수품. 전기 공사 역시 핏줄을 갈아 끼우는 정도의 의미 있는 공사라 할 수 있었다. 오래된 집에서 전선 교체 공사를 한번 하는 건 여러 모로 바람직한 일이었다. 집에 설치되어 있는 기존의 전선은 시간이 지나며 피복이 삭는 문제가 생길 수 있기 때문이었다(같은 이유로 오래된 차를 타는 사람들은 제대로 수리를 해야겠다 싶으면 차의 배선 작업을 새로 한다). 기왕 집을 싹 뒤집어 새로 만들기로 했다면 전선과 배선을 새로 갈아 끼우는 공사는 마땅히 할 만했다.

이 집의 전기 설비는 홍 부장께서 진행해 주셨다. 나는 홍 부장님의 이름도 모른다. 홍 부장님도 콩크 대표께서 알려 주셨다. 그는 매번 인테리어 관련 주요 인사를 성+직함으로 소개해 주었기 때문에 나도 으레 홍 부장님이라고만 불렀다. 부장이라고는 해도 홍 부장님은 자기 회사의 대표였다(그건 전 반장님도 마찬가지다). 나는 지난번 집을 공사하며 전기 기사님을 모실 때 전기 협객이라는 생각을 한 적이 있는데 이번에도 협객 같은 느낌이 있었다. 홍 부장님은 군살 없이 늘씬한 몸에 근육도 잘 붙어 있어서 더더욱 협객 느낌이 들었다. 일렉트릭 미야모토 무사시랄까.

집수리라는 대분야에 속해 있다 해도 전 반장님 같은 철거/공사 전문가와 홍 부장님 같은 전기 기사는 옷차림과 분위기 등 여러 요소가 달랐다. 일단 전 반장님의 일인 철거나 미장, 배관은 늘 가루와 함께 하는 일이다. 철거를 하면 반드시 먼지가 나고 시멘트 공사 역시 가루를 다루는 일이다. 그래서인지 전 반장님은 작업복이 확실했다. 전 반장님의 플라워 프린트 바지는 야구선수의 유니폼처럼 자신의 작업 중에만 입는 작업복이었다. 분위기 역시 철거나 배관 전문가는 여차 하면 바로 부숴 버리거나 뚫어 버릴 듯한 느낌이 있었다.

반면 홍 부장님의 일은 주로 자르고 이어 붙이는 일이다. 전기 공사라는 게 전선을 깔고 잘라 낸 뒤 주요 요소들을 이어 붙이는 거니까. 그래서인지 홍 부장님의 옷은 전 반장님의 옷에 비해 타이트했다. 무엇보다 홍 부장님은 자신의 주요 도구가 달려 있는 튼튼한 가죽 벨트를 매고 작업을 시작했다. 전 반장님이 망치라면 홍 부장님은 펜치 같았다. 현장에서 본 나는 그런 느낌을 받았다. 업무에 따라 도구와 복장이 달라지고, 이건 그들의 세계관에도 영향을 미칠 것이었다. 그런 사람들을 지켜보는 것도 집수리 현장에서의 재미 중 하나였다.

        그들의 이동수단 역시 각자의 특징을 반영했다. 철거를 하거나 배관을 설치하는 분들은 화물차, 픽업트럭, 대형 SUV처럼 짐이 많이 실리는 차들을 타고 왔다. 늘 자재가 많이 필요하고 도구도 덩치가 큰 게 많았다. 먼지와 함께 하는 사람들답게 차 안팎에는 늘 먼지가 묻어 있었다. 어떤 의미로든 작업용 자동차라는 사실을 확실히 느낄 수 있었다. 여러분도 나중에 집수리를 맡긴다면 전 반장님의 차와 비슷한 차를 볼 수 있을 것이다. 자동차의 장르를 뛰어넘는 공통점이 있다. 뒷좌석에 꽉 찬 짐, 조금 많이 쌓여 있다 싶은 먼지.

        전기는 이동수단도 다르다. 철거/공사에 비하면 훨씬 섬세한 느낌인 동시에 짐도 많이 필요 없다. 실제로 전에 살던 집에서 전기 공사를 해 주신 사장님은 스쿠터를 타고 어깨에 전선 뭉치를 숄더백처럼 걸고 왔다. 홍 부장님 역시 일반 승용차에 자기 짐이 충분히 들어갔다. 이들의 일은 공사가 된 곳에 주요 설비를 설치하는 일이고, 그를 설치하기 위해 대단한 대형 도구가 필요하지는 않았다. 특수한 경우가 아니라면 전선을 자르고 이어 붙이는 니퍼, 커터, 절연 테이프 정도가 그들의 주된 도구였다.

홍 부장님 역시 온 집안의 전선을 새로 까는 일인데도 간소한 차림으로 도착했다. 전 반장님과 달리 함께 일하는 사람도 없이, 전선 한 뭉치를 어깨에 멘 채 공구 가방만 하나 들었을 뿐이었다. 그는 들어와서 바로 음악을 틀고 작업을 시작했다. 음악을 틀다니. 역시 전 반장님의 작업 현장에서는 상상할 수 없는 일이었다.

    홍 부장님은 본의 아니게 나의 꿈을 깼다. 우리는 집에 쓰일 대략의 전력량을 계산하던 중이었다. 나는 오랫동안 품어 왔던 꿈인 인덕션 레인지 설치 계획을 이야기했다. 그런 걸 미리 이야기해야 싱크대 주변에 콘센트를 설치하는 등의 준비를 미리 할 수 있을 테니까. 홍 부장님은 내 이야기를 듣자마자 그건 안 될 거라고 했다. 건물이 오래되었기 때문이었다. 홍 부장님의 말에 따르면 건물이 오래된 만큼 건물로 들어오는 전력량의 한계치도 낮다. 인덕션 레인지는 순간적으로 전기를 많이 쓰는 설비다. 냉방수요가 높은 여름처럼 전력을 많이 쓸 때 인덕션 레인지로 인해 건물 전체가 정전될 수도 있다. 홍 부장님은 내 꿈을 깨뜨리는 이야기를 차분하게 전해 주었다. 분하지만 어쩔 수 없었다. 낡은 집을 고른 건 나니까.

    음악을 틀어 둔 홍 부장님의 전기 공사 역시 하루 만에 끝났다. 홍 부장님이 보이지 않는 곳에 있는 낡은 전선을 싹 빼고 자신이 가져온 새 전선을 갈아 끼운 뒤 낡은 배전반을 교체하는 작업을 완료하는 데에는 한 나절이 채 걸리지 않았다. 보이지 않는 전선을 교체한 공사인 만큼 이번 공사에서도 역시 눈에 보이는 변화는 없었다. 집 밖에 있던 낡은 배전반의 위치가 조금 바뀐 게 이번 공사에서의 육안상 변화 전부였다. 밑 빠진 독에 물을 붓는 기분이 이런 건가 했지만 그것도 잠깐, 기초를 잘 채우고 있다는 보람을 느껴야겠다고 생각했다.

9 코비드-19가 나의 창문에 미친 영향

지인 중 프로 건축가 몇 명이 있다. 잡지 등의 일로 취재를 하며 아는 사이가 되었다가 내가 건축에 관심이 있어 소소하게 가까워진 경우다. 그들 덕에 (그들의 작업 예산을 어깨 너머로 듣고) 알아서 건축가와 함께 집수리를 한다는 헛된 꿈을 버릴 수 있었다. 다만 내 주변 건축가들은 종종 나의 헌 집 프로젝트에 관심을 보였다. 그들의 뛰어난 인품 덕일 수도 있고 건축가들은 이런 이야기에 으레 관심을 보이는 듯하기도 하다. 건축현장의 실무를 모르는 아마추어가 이것저것 신경을 쓰니 애정 어린 조언을 해 준 거라고 생각한다.

아무튼 그들이 지나가며 해 주는 한두 마디가 내게는 〈삼국지〉 속 제갈량의 꾀주머니를 일컫는 금낭묘계였다. 그들의 꾀주머니 덕에 정해진 부분들이 있다. 대표적인 게 창문이었다. 창문은 가정집 인테리어 중 가장 덩치가 큰 공사 중 하나다. 나에게도 보통 일이 아니었고, 결과적으로 나에게 큰 기쁨과 깨달음을 주었으며, 그 기쁨과 깨달음에 닿기까지 꽤 난처하기도 했다.

"창문을 알루미늄으로 하세요."

이 집을 고칠 때 건축가가 건네 준 꾀주머니 중 하나였다. 이 메시지를 종이에 적고 비단 주머니에 넣어서 주지는 않았지만 나 역시 알루미늄 창호라는 말에 가슴이 뛰었다. 내가 한번쯤 해 보고 싶은 럭셔리라면 오래된 건물에 견고한 신품 하드웨어를 붙이는 일이었다.

출장으로 가 본 스위스에 이런 건축물이 많았다. 스위스의 시계 공장이나 서유럽의 오래된 건물 중에는 100년 넘은 건물을 헐지 않고 집요하게 증개축을 해서 쓰는 경우도 많다. 오래된 건물의 뼈대에 오늘날 만든 유리나 금속을 얹으면 그 조화가 아주 멋져 보였다. 그런 걸 보며 단순히 새 집이나 건물이 좋은 게 아니라 어떤 자세로 어떻게 그곳을 가꾸어 나가는지가 중요하다고 생각하게 되었다. 내 능력의 한계로 안 비싼 집에 살지만 싼 집에 산다고 모든 걸 싼 재료로 때우고 싶지는 않았다.
어차피 살면서 창문을 구입할 일은 많지 않을 것이다. 이번이 창문을 맞춰 넣어 볼 수 있는 기회라면, 그리고 내가 여유를 부릴 수 있다면 낡고 저렴한 집에 으레 하는 가성비 PVC 창문보다 조금 더 높은 사양의 하드웨어를 끼워 보고 싶었다. 그게 낭비라는 걸 알면서도.

  알루미늄 창의 경우에는 낭비를 하기도 쉽지 않았다. 모든 시장은 철저한 수요 공급이다. (나는 이 도식을 좋아하지 않으나 한국에 만연한 갑을관계로 설명하면) 비용을 지불하는 게 갑이 아니라 선택권이 많은 게 갑이다. 특히 주택 인테리어 시장에서는. 내가 PVC 창호 시장의 고객으로 들어갔다면 선택권이 많았겠지만 '소형 노후 주택에 끼우는 알루미늄 창호'라는 게임은 전혀 달랐다. 내가 아는 한 한국에 이런 시장은 거의 없다. 게다가 나는 인테리어 비전문가다. 이 시장에서의 나는 선택지가 적을 수밖에 없었다.

  돈을 떠나 알루미늄 창호를 어디서 봐야 하는지부터 알 수 없었다. 웬만한 가정용 인테리어 업체들은 네이버에 검색해 보면 그곳을 얼추 가늠할 수 있을 정도의 요소가 나온다(가격이나 사양 등은 잘 나오지 않지만). 그 과정에서 내가 한국어 인테리어 정보를 검색하며 가장 많이 본 게 각종 사업체 사장님들의 게시물 속 라인프렌즈 이모티콘이었다. 평생 볼 라인프렌즈 이모티콘을 거기서 다 본 것 같다. 하지만 알루미늄 창호를 검색하는 동안에는 라인프렌즈 이모티콘도 못 봤다. 관련 포스팅이나 업체가 그만큼 적었다.

겨우 찾아간 마포구 서교동의 모 업체는 나에게 큰 관심이 없었다. 알루미늄 창호는 보통 고급 주택 같은 고가의 현장에 쓰고, 나 같은 실 사용자가 제품을 보러 오는 것 같지도 않았다. 사실 나는 알루미늄 창호에 큰 지출을 할 결심을 했기 때문에 이 업체 홈페이지에 있는 '슬림 알루미늄 창호'를 문의하려 했다. 같은 사양의 맥북과 맥북 에어라면 더 얇은 맥북 에어가 더 비싸듯 보통 알루미늄 창호도 비싼데 슬림 알루미늄 창호라면 더 비쌀 것이었다. 나는 최고급 사양 맥북 에어를 (3개월 할부로) 구입하는 듯한 각오로 쇼룸을 찾았으나 막상 슬림 알루미늄 창호를 파는 쪽에서는 내게 슬림 알루미늄 창호를 팔 마음이 별로 없어 보였다. 판매자가 권하지 않는 걸 사고 싶지는 않아서 집으로 터덜터덜 돌아왔다.

처음에 알루미늄 창호를 권한 꾀주머니 건축가로부터 겨우 알루미늄 창호 업체를 소개받을 수 있었다. 첫 통화부터 쉽지 않았다. 이 분들은 내게 바로 창문 치수가 표기된 도면을 물어보았다. 이 업체도 나 같은 아마추어 실사용자와 일하는 경우가 거의 없다는 의미였다. 내 사정을 전하자 창호 업체에서는 '네 고객님' 같은 분위기가 아니라 거의 '너의 수요를 우리가 받아 준다'는 분위기로 일을 진행했다. 구매 조건 역시 내게 유리하지 않았다. 납기 소요 시간은 일반 PVC 창호의 두세 배다. 정확한 납기일은 장담할 수 없다. 원래 붙어 있던 창호는 내가 떼어 내야 한다. 창호를 떼어 낸 자리가 울퉁불퉁하다면 그 미장도 내가 해야 한다.

        인테리어 시장이 까다롭긴 해도 돈 쓰겠다는 사람들에게 친절한 시장이긴 하다. 그 면에서 봤을때 나는 인테리어 시장의 회색지대에 들어와 버린 셈이었다. PVC 창호 사장님들에 비해 알루미늄 업체 사장님은 확실히 고자세였으니까. 인테리어 경험이 있는 내 주변 사람들은 봉기 수준의 분통을 터뜨렸다. 뭐 그런 데가 다 있냐, 그런 게 어디 있냐 등등. 그럴 만도 했다. 알루미늄 창호는 PVC 창호보다 두 배 이상 비쌌다. PVC 창호 가격에는 기존 창호 철거비 및 관련 인건비가 포함되어 있었으니 내가 써야 할 비용을 생각하면 더 비싸질 것이었다. 나중에 사정을 들어 보니 알루미늄 창호 업체의 입장에도 일리가 있었다. 이 곳은 애초부터 한두 개짜리 가정집 물량을 받아 주는 곳이 아니었다. 내 입장에서야 초조하지만 업체 쪽에서 봤을 때 이 일은 작고 번거로운 일일 뿐이었다.

어쩔 수 없었다. 나는 철거를 마친 전 반장님을 한번 더 모셔야 했다. 이러이러한 사정으로 창문을 철거해야 한다고. 반장님은 역시 특유의 약간 서글퍼 보이는 미소로 일을 하러 오셨다. "그런 데 별로 없는데…."라는 말과 함께. 그래도 전 반장님은 친절하고 깔끔했다. 낡은 목재 창문 프레임을 뗀 뒤 울퉁불퉁해진 표면에 미장까지 깨끗하게 해 주고 가셨다. '이 낡은 집에 대체 뭘 하고 있는 거야?' 같은 표정을 한 번씩 지으시면서.

역설적으로 나는 이 집에서 느낀 첫 매력 포인트를 내 손으로 떼어 낸 셈이기도 했다. '요즘 세상에 나무 창문이라니 멋지군'이라고 생각하며 집을 계약했지만 막상 내가 살 거라 생각하니 멋진 나무 창문 사이로 들어올 뒷산의 바람이 두려웠다. 다시 보니 이 창문을 멋지게 하기도 쉽지 않을 듯했다. 단순히 낡은 게 멋진 게 아니라 낡은 걸 잘 손질해야 멋진데, 낡아 덜컹거리는 창문을 어디서부터 손봐야 멋이 날지도 생각하기 쉽지 않았다. 다만 50년 넘은 창문 고재는 귀하다고 생각해서 전 반장님께 부수지 말아 달라고 부탁드리고 따로 빼 두었다.

전문 기업과 함께 창문을 맞추는 일은 장단점이 명확했다.■ 단점. 상대적으로 어렵고 복잡하고 시간이 많이 걸렸다. 유리를 몇 겹 끼우느냐, 끼운 유리에 적외선 차단

■ [부록] 창호에 대하여 → 344

코팅을 하느냐 마느냐(하게 된다면 몇 개의 유리에 할 것이냐), 유리 사이에 내열 성능이 있는 가스를 채우느냐 마느냐 등에 따라 가격과 납기가 계속 달라졌다. 공부 수준으로 새로 알아야 할 게 많았다.

장점도 있었다. 내가 원하는 게 확실하기만 하다면 구현할 수 있는 게 훨씬 많아졌다. 적외선 차단 성능을 확 높일 수도 있고 색도 내 마음대로 할 수 있었다. 시간과 돈이 더 들 뿐이었다. 그래서 색을 고를 때 조금 고민했다. 가장 흔한 색 네 개 중 하나를 고르면 2주가 걸리고, 그 외의 색 열여섯 개 중 하나를 고르면 3주가 걸린다고 했다.

내 눈에 가장 좋아 보이는 색은 3주 걸리는 밝은 회색이었다. 당시 건물 외벽의 색과 비슷한 베이지색도 마음에 들었다. 하지만 인테리어는 시간 싸움이다. 한 시라도 빨리 창문을 달아야 한다. 특히 이 집은 창문을 해체한 상태니 더 시급했다. 창문이 없다면 그건 이미 실내가 아니다. 나는 조금 진해 보인다 싶은 진한 회색을 골랐다. 한 주라도 벌고 싶었다.

창호 업체는 계약 전까지는 조금 까탈스러웠지만 계약을 하고 나자 감탄할 만큼 프로페셔널했다. 계약을 하고 난 뒤에는 창문 사이즈 실측을 위해 실사를 할 차례였다. 이 낡은 15평짜리 집을 보기 위해 세 명이 왔다. 나를 담당하는 영업사원, 어딘가 엔지니어의 풍모가 있는 설계 담당자, 그리고 그의 부하 직원까지. 그 셋이 와서 모든 치수를 재고 갔다. 창문의 치수는 단순히 가로세로 몇 센티가 아니었다. 미닫이인가 여닫이인가? 미닫이라면 좌우 공간 분할을 얼마나 할 것인가? 여닫이라면 여닫기만 되는가 기울이기(틸트)까지 되는가? 나는 전반장님과 집의 여러 가지를 정할 때와 마찬가지로 쩔쩔매며 현장에서 창문의 여러 요소들을 정해 나갔다.

  화장실 창문이 문제였다. 너무 면적이 커서 어떻게 하는 게 좋을지 쉽게 떠오르지 않았다. 옵션은 굉장히 다양했다. 유리벽과 다름없는 통창을 낼 수도 있고 여닫이나 미닫이를 낼 수도 있다. 여닫이를 할 경우 경첩을 세로 방향으로 배열할 수도 있고 가로 방향으로 배열해 환기만 시킬 수도 있다. 나는 너무 많은 가능성 앞에서 딱 하나만 생각하기로 했다. 낼 수 있는 한 가장 큰 창을 낸다. 이 결정이 초래할 리스크는 생각도 못 한 채 일단 빨리 결정해야 했다. 창문 전문가 3인이 내 말만 기다리고 있었으니까. 그래도 내 기호와 상황에 맞춰 창문의 레이아웃을 그리는 건 상당히 신나는 일이었다.

  화장실 창문에 비하면 북향으로 난 창 세 개는 결정을 내리기 쉬웠다. 여기는 상대적으로 창문 크기가 작았기 때문에 모두 한 장짜리 단창을 쓰기로 했다. 상대적으로 작다고 해도 폭 1미터가 넘는, 웬만한 회화보다 큰 사이즈다. 이게 단창이 된다면 바깥 풍경이 온전히 한 장의 그림처럼 들어오게 된다. 그 가능성이 마음에 들었다. 세 개의 창 중 상대적으로 컸던 창고방(가장 작은 방은 처음부터 창고로 쓸 거라 생각해 그때부터 창고방이라 불렀다)과 침실은 안전상의 이유로 전부 열지 않고 기울일 수만 있도록 했다. 이건 나중에 조금 후회했지만 어차피 이 집에서 후회한 게 한둘이 아니다.

가장 곤란했던 건 공사 기간이었다. 업체에서 나에게 알려 준 공기는 전혀 맞춰지지 않았다. 업체는 2주, 늦으면 3주를 예상했지만 실제로 창문을 설치한 시점은 내가 나무 창틀을 떼어 낸 때를 기준으로 2개월이 훌쩍 지난 후였다. 그때는 코비드-19 창궐 초기라 전 세계에 일시적으로 원자재 물류 흐름이 막혔다. 아울러 경기부양을 위해 시중에 막대한 자금이 돌며 건설 물량이 엄청나게 늘어났다. 원자재 물류 흐름이 나빠지니 창문을 만들 알루미늄 공급에 차질이 생기고, 건설 물량이 늘었으니 창문 발주도 늘어났다. 속이 타들어 가는 기분이었다.

가정용 공사를 하는 곳이라면 항의라도 해서 약간의 보상이나마 기대할 수 있었을지도 모른다. 창문의 프로인 이쪽 업체와는 그게 불가능했다. 덩치 큰 영업 담당 부장님과 나중에 가까워져서 이야기를 들으니 원래 이곳은 한 번에 창문이 수백 개씩 들어가는 대형 물량을 받는 곳이었다. 내 작업이 늦어진 이유도 제주도의 타운하우스에 들어갈 창문 물량 전체의 제작 일정과 겹쳐서라고 했다. 손님인 내 입장에서는 당연히 내 물건이 빨리 준비되길 바란다. 반면 이제 상품(내 경우에는 정제된 정보나 원고)을 파는 입장이 되어 보니 대형 물량에 먼저 신경을 쓰는 저 업체의 마음도 이해가 되었다. '늦는 게 없는 것보다는 낫다'라고 생각하기로 했다. 내가 딱히 마음이 넓어서가 아니라 마음을 넓게 쓰는 것 말고는 방법이 없었다.

   다만 일정이 틀어짐에 따라 문제가 계속 발생했다. 공사가 늦어져 나의 월세방 이사 일자와 공사일을 맞추지 못하게 된 건 기본이었다. 더 큰 문제는 공사를 예상하고 창문을 떼어 놓았다는 것이었다. 즉 엄밀히 말해 지금 이 집은 실내가 아닌 일종의 정자였다. 지붕만 있고 밀폐 창문은 없었으니까. 안에는 창문 공사를 완료하면 쓰려던 건자재도 남아 있었다. 비라도 오면 그 건자재들이 비바람에 젖거나 손상될 위험도 있었다.

   내 물건만 손상되면 다행인데 잠재 문제는 더 컸다. 주변에 하소연을 했더니 무시무시한 이야기를 들었다. "창문이 설치되어 있지 않은 집에 비가 들이쳐 물이 고이면 집이 상하거나 물이 아래층으로 새어 내려갈 수도 있다."는 것이었다. 가능성이 없지 않은 공포의 시나리

오였다. 공사 현장을 보면 종종 창문을 합판으로 막은 곳들이 있는데, 왜 그렇게 해 뒀는지도 알 수 있었다. 그렇다고 전 반장님을 또 모실 수도 없고. 그 사이에 시간만 흘러 심지어 동네 새가 집 안으로 날아들어와 둥지를 틀었다. 근심만 커졌다.

근심만 해서는 아무것도 변하는 게 없다. 최소한의 시늉이라도 한다는 생각으로 창문을 막았다. 지인과 함께 비닐을 사서 테이프로 얼기설기 붙이는 식이었다. 지금 생각하면 조금만 센 바람에도 다 날아가 버릴 정도의 미약한 처리였지만 그렇다고 아무것도 하지 않을 수도 없었다. 비가 오지 않기를 바랄 수밖에. 아니면 비닐이 막아주거나. 기도하는 마음으로 벽에 비닐을 붙였다. '이 공사 대체 어디로 가는 걸까…'라는 생각이 멈추지 않았다.

창문은 한참 뒤에 왔다. 2021년 3월에 철거를 시작했다. 2021년 5월에 월세방에서 이사를 나갔다. 그 해 5월 중순 창문 철거를 완료했고 그 며칠 뒤 시공팀에서 창문 치수를 쟀다(창문을 철거해야 제대로 치수를 잴 수 있다). 내가 이미 임시 거처로 옮긴 6월 말 드디어 창문이 들어왔다. 나의 야속한 마음과 가슴앓이를 알 리 없는 창문은 말 그대로 공장에서 갓 나온 듯 깨끗했다. 생각해 보니 신차를 사 본 적도 없기 때문에 이렇게 깨끗하고 완전히 새것인 대형 금속 구조물을 구입한 건 그때가 처음이었다. 표현하기 어려울 만큼 초조했던 마음이 창문을 보자 모두 사라졌다.

창문 설치를 보는 일도 상당히 흥미로웠다. 나는 창문 유리 사이에 가스를 주입하는 절차가 있어서 조립된 완제품 창문이 오나 싶었는데 그게 아니었다. 프레임 따로 유리 따로 배달되길래 나는 참지 못하고 창호 영업 부장님에게 경위를 물었다. "원래 프레임과 유리는 따로 온다. 현장에서 유리를 조립하고 가스를 투입한다. 어떻게 조립하는지는 보면 안다."는 말이 돌아왔다. 실제로 보니 그 말대로였다. 금속 프레임을 벽에 접착제로 붙인다. 거기 맞춰 창틀을 끼운다. 창틀이 끼워지고 나면 유리를 끼우고 가스를 주입한 뒤 실리콘으로 마감한다. 말하자면 창틀을 끼워 두고 유리를 붙인 뒤 창문을 닫으면 완성되는 과정이었다. 이 낡은 집에 신형 알루미늄 창문이 붙자 선진국 수준의 리노베이션을 하는 듯한 기분이 들었다. 돈과 시간 낭비에 대한 아까움과 초조함이 한 번에 사라졌다. 집수리는 재미있는 일이었다.

나는 이 창문을 설치하기 위해 여러 대가를 치렀다. 이 창문 때문에 모든 공사 일정이 꼬이고 말았다. 가격도 꽤 비싸서 그간 살아오며 지출한 가장 큰 품목 중 하나이기도 하다. 하지만 이 집의 알루미늄 창호야말로 이 집수리의 방향성을 상징하는 물건이었다. 인프라에 제대로 투자해 하이엔드급 기반을 갖춘다. 내가 하고 싶던 일이었고, 나와의 약속을 지킨 것이기도 했다. 끝으로 창호 기술자들은 방어적이었을 뿐 아주 훌륭한 전문 기술자들이었다. 아무 문제도 생기지 않았고, 겨울에도 따뜻했다.

10 집수리의 인터미션

공사는 여기서 잠깐 멈추고 만다. 크게 세 가지 이유가 있었다.

> ① 공사 일정 차질
> ② 나의 새로운 일 시작
> ③ 향후 기획 부재

① 공사 일정 차질
상기한 변수들로 창문 공사 완공이 예정보다 2개월이나 늦어졌다. 나는 부자가 아닌데 인테리어가 늦어져 여러 분야에서 돈을 낭비해야 했다. 줄어드는 잔고를 보며 내 마음도 쥐어짜지는 듯 속상했지만 시간이 갈수록 내 마

음은 체념에 가까워졌다. '안 되는데 어쩌겠어. 완성만 해도 좋아. 없는 것보다 늦는 게 낫지'라고 생각하게 되었다. 2021년 6월 말에야 창문이 완성되었다.

② 나의 일

그동안 나의 일과 커리어가 격랑 속으로 밀려 가고 있었다. 살던 집을 떠나 공사를 준비하고 있을 때 나는 잠깐 무직 상태였다. 코로나 원년이던 2020년 9월 매거진 〈B〉를 만들던 회사를 그만두었다. 나 자신의 일들을 마무리 짓고 싶다는 마음이 컸다. 마감 일정이 늦어진 책을 쓰고 이사를 준비하고 집 공사를 빨리 하려 했다. 때마침 업계 선배가 6개월짜리 일자리를 소개시켜 주셔서 다행히 생활 면에서도 큰 문제가 없었다. 그때 나온 책이 이 책의 전편 격인 〈첫 집 연대기〉다. 그 책을 내고 약간의 저자 활동을 진행하며 집수리와 이사를 마무리하는 게 나의 계획이었다.

      그러다 갑자기 취업 제안이 왔다. 〈첫 집 연대기〉가 출간된 뒤 이사를 준비하던 무렵에 온 연락이었다. 직무는 에디터. 회사는 〈매거진 B〉처럼 기업 의뢰로 매거진 형태의 책을 만드는 디자인 에이전시. 해 오던 일과 큰 차이가 없었으니 나쁘지 않다고 생각했다. '슬슬 회사를 다녀 볼까' 싶던 때였다. 나는 일을 좋아하고, 직업 경력이 이어지는 게 중요하다는 사실도 깨닫고 있었다. 입사를 결정하고 출근을 시작하자 새 회사에 적응하느라 공사에 신경 쓸 시간이 줄어들었다.

새로운 프로젝트까지 시작되고 있었다. 2023년 〈모던 키친〉이라는 제목의 책으로 나올 한국 식품업계 현장 취재 콘텐츠였다. 원래 그 책은 배달 플랫폼 요기요의 뉴스레터 콘텐츠로 시작되었다. 2021년은 기업 뉴스레터가 유행하던 때였고, '식품 생산의 현장을 취재 원고와 사진으로 보여주는 콘텐츠를 만들자'는 제안이 들어왔다.

나로선 거절할 수 없는 제안이었다. 이 의뢰는 내가 하고자 하던 피처 콘텐츠의 이상과도 같았으니까. 나는 현장 취재 기반의, 사진 등 이미지 요소와 함께하는, 스트레이트보다 긴 텍스트 페이지, 그런 걸 만들려고 잡지계에 들어갔다. 멋진 피처 페이지를 만들고 싶다는 꿈으로 원치 않는 일들을 하다 매체사가 아닌 〈매거진 B〉까지 흘러갔다. 떠내려가듯 보내온 시간 속에서 깨달았다. 어느 회사든 사정이 있으니까 내가 원하는 걸 원하는 대로 할 수는 없다. 내가 하고자 하는 피처 콘텐츠는 한국 시장에서 시장성이 증명되지 않았다. 최소한의 시장이 만들어지지도 않았고, 수준 이상의 피처 콘텐츠를 만들어 내는 사람들이 확보되지도 않았다. 그런 상황에서 내가 원하던 피처 콘텐츠를 기업의 예산으로 할 수도 있다니. 거절할 수 없는 게 당연했다.

이상적인 일은 바로 성사되지 않았다. 회사의 새로운 프로젝트였으니까 실제로 진행되기까지 시간과 절차가 필요했다. 담당자가 몇 달간 노력한 끝에 현장취재 뉴스레터 진행이 확정되었다. 그런데 그 프로젝트에 전념하려면 입사한 지 얼마 되지 않은 에이전시를 그만둬야 했다. 나는 고민 끝에 (이번에도 길게는 아니었다) 디자인 에이전시 회사를 그만두기로 했다. 어차피 한국 패션잡지계의 피처 에디터는 생긴 지 얼마 되지 않은 직업인데 이미 인원 수가 줄어들고 있다. 남이 간 길이 내키지 않는다면 내가 내 길로 가 볼 수밖에 없었다. 어떻게든 되게 해야겠다는 마음으로 회사를 그만두고 프리랜서가 되어 뉴스레터 총괄을 맡았다.

결과적으로 좋은 결정이었다. 이 뉴스레터 프로젝트를 진행하면서 얻은 것과 배운 것이 무척 많았다. 요기요 뉴스레터는 2년 이상 롱런하며 업계에서 나름의 인지도를 다지고 좋은 평가를 받았다. 나도 여러 식품 제조 현장을 취재하는 과정에서 아주 많은 걸 깨달았다. 콘텐츠와 현장뿐 아니라 내가 가져야 할 태도와 방향에 대해. 그 덕에 〈모던 키친〉이라는 책도 나올 수 있었다.

문제는 하나뿐이었다. 이 모든 걸 해 나가느라

중단된 집수리. 내가 취재를 한다고 전국을 도는 동안 내가 들어가 살아야 할 낡은 아파트는 창문만 설치된 채 공사 현장으로 방치되어 있었다. 요기요 뉴스레터는 격주간이다. 격주간 마감은 생각보다 빠르다. 그리고 취재 현장은 여러 번 갔어도 식품 취재 현장은 처음이었다. 예상했던 것보다 노동량이 컸다. 핑계다. 그때 내가 조금 더 부지런했다면 프리랜서라도 주중이나 주말 시간을 활용해 공사를 마무리지을 수 있었다.

③ 향후 계획 부재

그럴 수 있었음에도 공사를 하지 못하는 이유가 하나 더 있었다. 사실 이 이유가 가장 컸다. 청사진이 없었다. 창문을 단 다음부터 어떻게 해야 할지에 대한 결심이 도저히 서지 않았다. 신나게 철거했다. 배관과 전기를 깔았다. 창문도 큰 맘 먹고 새로 바꿨다. 그다음에는? 이 질문에 대한 답이 부족했다.

기반 공사를 다 했으니 이제 포장 같은 공사를 하면 인테리어가 마무리된다. 벽과 천장을 마감하고 바닥을 깔면 이론적으로 입주가 가능한 상태가 된다. 바로 거기서부터가 문제였다. 구체적으로 벽과 천장.

이 집의 벽에는 50년짜리 시간이 겹겹이 겹쳐 붙은 벽지라는 형태로 딱딱하게 굳어 있었다. 내가 이 위로 벽지를 붙이는 시공을 하지 않는 이상 이 벽지를 다 떼야 했다. 문제는 '벽지 떼는 전문 인력' 같은 건 없다는 점이었다. 내가 이 벽지를 떼기 위해서는 내 손으로 다 떼거나 내가 직접 사람을 고용해야 했다. '벽지 떼는 사람 고용' 같은 걸 내가 해 본 적이 있을 리 없고, 벽지 떼어 주시는 분을 어떻게 찾을지도 알 수 없었다. 몇 번 떼어 보긴 했지만 당연히 잘 떼어지지 않았다. 나중에 보니 벽에 단단히 붙은 벽지를 뗄 때 쓰는 스팀 기기가 있던데, 그때는 그런 물건이 있는 줄도 몰랐다.

  천장도 곤란했다. 나는 층고를 조금이라도 높이고 싶어 기존 천장을 다 뚫어 버렸다. 이 천장을 어떻게든 해결해야 했다. 1) 완전히 노출 천장으로 둔다. 2) 약간의 단열재를 설치하는 등 최소한의 공사를 한다. 뭐가 되든 이런 공사는 목공의 영역이므로 목수를 모셔야 한다. 목수부터는 내가 구해야 했다. 다만 어디서 누구를 모셔야 할지도 전혀 생각나지 않았다. 어떤 모습의 천장을 만들어야 할지도.

  내 인테리어 원칙은 '모든 걸 그대로 둔다'였다. 그에 맞춰 할 수 있다면 이렇게 하고 싶었다. 1) 벽지 전부 제거 → 2) 천장에 최소한의 단열재 설치 → 3) '플라스터'라 부르는 회칠로 마무리. 내 생각엔 이게 가장 간단한 과정이지만 현실적으로는 이 공정에 예상 외로 많은 금액과 자원이 필요했다.

　　　　1) 벽지를 전부 제거하려면 인건비를 써서 사람을 모셔야 한다. 비용도 비싸겠지만 더 큰 문제가 있다. 일을 도와줄 사람을 찾아서 직접 현장 진도를 보며 일을 지휘해야 하는데, 내 경험치를 생각했을 때 그게 보통 일이 아니었다. 벽지를 손으로 다 떼어 내도 2) **천장 단열재 설치**가 문제였다. 별도 단열 공사 전문가 등 새 인원을 찾아야 했다. 3) **플라스터 회칠**도 난처하기로는 비슷했다. 단열재 설치와 플라스터 회칠은 업체가 둘일 테니 공사를 진행할 경우 5층으로 자재를 올리고 내리는 양중비도 두 배로 들 것이었다. 가장 간결해 보이는 처리를 위해 상당히 복잡한 절차를 거쳐야 한다는 역설이 있었다.

　　　　내게는 복잡한 공사 절차와 내가 처음 해 보는 프리랜서 뉴스레터를 만들다 보니 머리가 멈춰 버렸다. 나도 나름 찾아보았다. 천장 단열공사 회사, 플라스터를 전문으로 하는 페인트칠 회사. 그런 곳들 중 내가 검색할 수 있는 곳은 (창문 사장님처럼) 모두 중대형 건설작업에 특화된 곳뿐이었다. 이를테면 플라스터 회칠을 하는 페인트 업체의 포트폴리오는 대형 마트 지하주차장 같은 것이었다. 상담을 시도해도 창문팀과의 대화처럼 맞지 않는 게임이라는 사실만 확인했을 것이다. 실제로 상담을 해 봐도 납득할 만한 결과를 받지 못했다.

공사가 멈춘 집을 마음의 짐처럼 두고 나는 당장 할 수 있는 걸 찾기 시작했다. 다행히 내가 할 수 있는 일이 있었다. 각종 인테리어 자재 고르기. 나는 당시의 내가 할 수 있는 유일한 일을 하러 떠났다. 학동역으로.

인터미션

11 학동역의 헨젤과 그레텔

국산은 을지로, 수입은 학동역.

지난 번 월셋집 인테리어를 준비하며 들은 계시 같은 말 중 하나다. 을지로 3가부터 5가까지는 아직도 타일이나 변기, 수전 등 인테리어 관련 업체가 많다. 나도 처음에는 아무것도 모른 채 그곳에 가서 상담을 받거나 물건을 구경했다. 구경을 하다 보니 내 안의 허세가 고개를 치켜들고 나에게 묻기 시작했다. '왜 국산밖에 없지? 수입품은 없을까?' 그래서 사장님들께 여쭈었더니 돌아온 대답이 열두 글자의 잠언이었다. '국산은 을지로, 수입은 학동역.' 인테리어를 일로 하시는 분들은 미리 알았겠지만 나는 인테리어 초보였으니 이런 곳에서 하나씩 듣는 수밖에 없었다.

아울러 지난번 집수리에서 깨달은 점이 있다. 첫째. 한국에는 고급 건축 자재가 많이 들어와 있다. 생각보다 굉장히 많이. 둘째. 그중 안 팔리고 있는 것도 꽤 된다. 그 역시 아주 많이. 셋째. 그렇다면 내 집 하나쯤 채울 좋은 건자재가 어딘가에서는 싸게 팔리고 있을 수 있다. 건자재는 보통 공동주택을 채울 만큼 큰 단위로 거래되는 것 같은데 나는 혼자 살 작은 집 하나만 채우면 되기 때문이다. 이 사실을 알고도 지난번 집에서는 공사를 미흡하게 한 면이 있었다. 내 경험도 모자랐고 공사 시간도 모자랐으며 무엇보다 내 집이 아니었으니.

하지만 이제는 다르다. 내 집이다. 나의 꿈의 건자재(그런 게 있다면)를 얼마든 구해서 설치할 수 있다(예산만 맞으면). 나는 이런 마음에 부풀어 조금씩 인테리어 예산을 모아 두고 있었다. 창문은 설치했지만 공사를 진행할 정신이 없던 그때가 적기였다. 미지의 학동역에 진출할 때. 투탕카멘의 미이라처럼 어딘가에 내가 원하는 유물 같은 건자재가 잠들어 있지 않을까…라는 생각을 하자 벌써부터 기분이 좋아졌다. 망상이 내 삶의 낙이다.

그런 생각으로 코비드-19가 기승을 부리던 2021년 6월 나는 학동역 건자재 상가 구역에 발을 디뎠다. 학동역 자체는 전에 다니던 잡지사 근처였기 때문에 익숙한 동네였다. 다만 이제 나가는 출구가 달라졌다. 전 회사는 학동역에서 을지병원 사거리 쪽에 있었는데 인테리어 잠재 소비자가 된 나는 방향을 돌려 옛날 출근길의 반대쪽에 있는 건자재 상가 쪽으로 향했다. 학동역 사거리를 기준으로 사거리 전체에 골고루 크고 작은 건자재

매장들이 있었다. 나는 별다른 목적지도 없이 하나씩 가 봐야겠다는 생각으로 출구를 나섰다.

내가 원하는 게 지금 한국에서 전개하는 브랜드의 신제품이라면 이럴 필요가 없다. 지금 전개하고 있는 고급 브랜드는 검색하면 취급점이 다 나오고, 거기에 가서 상담받고 주문하면 된다. 대신 그런 건 상당히 비싸다. 세면대나 수도꼭지 같은 품목 중에는 의류처럼 저가 제품과 고가 제품 가격 차이가 20배씩 나는 것도 있다.

당연히 그런 건 내가 원하는 게 아니었다. 내가 원하는 건 사람들의 관심을 떠난 악성 재고 중 만듦새가 좋은 것, 말하자면 유명세를 타지 않은 (앞으로도 안 탈 듯한) 빈티지였다. 그런 건 누가 정리해 둘 리 없다. 정리해 두었다면 그 역시 나름의 큐레이션을 거쳐 상품화했다는 이야기고, 그 모든 상품화 과정이 가격에 반영된다. 나는 상품화되기 전의 물건을 원했으니 시간을 쓰는 수밖에 없었다. 유명한 가게부터 시작해 하나씩 보고 다니기 시작했다.

몇 바퀴 돌다 보니 뭔가가 보였다. 팔리지 않아 몇 년째 학동역 어딘가의 쇼룸에 먼지가 쌓인 채 처박혀 있는 물건들이. 시작은 독일제 듀라비트 변기였다. 유럽의 고가 변기 회사들은 스타 디자이너들과 합작 모델을 낼 때가 있다. 듀라비트는 제품 디자이너 필립 스탁과의 합작 모델을 출시했다. 듀라비트도 비싼데 필립 스탁과의 합작 모델이니 더 비쌀 거고, 그래서인지 잘 안 팔린 모양이었다. 바로 그 변기가 학동역의 변기 가게에 있었다.

    내게는 그 변기가 핸젤과 그레텔에 나오는 빵 조각 같은 느낌이었다. 어딘가의 길로 통하는 빵조각이 보이기 시작한 느낌이랄까. 저게 있다면 다른 것, 더 오래된 것도 있을 거라는 기분이 들었다. 어디에 있는지 모를 뿐이었다. 물어본다 해도 알려 주지 않을 가능성이 높아 보였다. 경험상 상인들은 돈을 쓰지 않는다면 쓸모 있는 정보를 알려 주지 않는다. 조금 저렴한 걸 판매하신다면 몇만 원짜리라도 사면서 말을 걸며 물어볼 수 있을 텐데 건축 자재상에서는 그런 방법을 쓸 수 없었다. 그저 걸어다녀야 했다.

    몇 바퀴를 돈 결과 드디어 찾아냈다. 학동역과 바로 붙어 있는 건물의 지하상가였다. 옛날 수입품상가 느낌이 나는, 상가 자체가 낡았지만 내 상식을 벗어난 곳에서 좀 큰 단위의 돈이 돌고 있을 법한 곳이었다. 상가 옆에는 자리가 300개는 될 듯한 대형 호프집이 있었는데 코비드-19 기간이라 장사가 되긴 되려나 싶었다. 건물 1층에는 지금은 사라진 맥도날드 학동역점이 있었다. 맥도날드 학동역점 지하에 이런 곳이 있다니. 늘 지나다니면서도 전혀 예상하지 못했다.

그때 내심 찾고 있던 게 또 하나 있었다. 이탈리안 비데. 이탈리안 비데는 나의 꿈의 인테리어 요소 중 하나였다. 첫 이탈리아 출장 때 숙소 화장실의 비데를 보고 '이게 뭐지'라고 생각했다가 사용법을 알았을 때의 그 기쁨을 잊을 수 없다.

개인 기호지만 나는 여전히 화장실에 간 뒤 씻어낼 대 이탈리안 비데가 최고라고 생각한다. 방법 면에서의 그 확실함. 구조 면에서의 그 단순함. 그를 위한 공간 낭비가 상징하는 럭셔리까지(럭셔리의 근본이자 궁극은 결국 사치와 낭비다). 이번 집은 화장실이 세로로 길었기 때문에 이탈리안 비데를 놓을 공간도 있다고 생각했다. 역시 비용이 문제였다. 비데나 변기 등의 도기류는 무겁기 때문에 개인이 직수입한다면 배송비가 상당하다. 그러나 그 이탈리안 비데를 악성 재고로 둔 곳이 학동에 하나쯤은 있지 않을까 싶었다.

그런데 그곳이 정말로 있었다. 학동역 바로 앞 지하상가의 가게 한 편에. 심지어 그 가게에는 이탈리안 비데뿐 아니라 내가 찾던 게 너무 많았다. 내가 찾던 건 서유럽이나 일본 등 당시 선진국의 1990-2000년대 재고였다. 주요 수전과 변기 회사들이 글로벌 그룹이 되기 직전인 1990년대의 물건들이다. 그 이전 물건들은 너무 앤티크 느낌이고 한국에서는 구하기도 힘들다.

나는 고가 제품과 생활양식을 구경하는 걸 직업의 일부로 삼는 남성 잡지사 피처 에디터로 살았다. 내 일상과는 영 다른 경험을 하며 언젠가 깨달았다. 1990년대가 프리미엄 소비재의 백악기다. 여러 가지 이유로 이때의 프리미엄 제품이 오늘날의 제품군보다 공예적 완성도가 높은 경우가 있다. 고가 손목시계도 자동차도, 이때 프리미엄 제품은 지금의 프리미엄 제품과 다르다. 이건 앞서 말한 것처럼 전체적 완성도라기보다는 공예적 완성도의 문제다.

　　지금 말한 물건의 완성도에 대한 증거는 여러 종류의 물건에서 두루 찾을 수 있다. 이를테면 1990년대에는 벤츠 C 클래스의 상위 버전에도 원목 스티어링이 들어갔지만 지금은 S 클래스의 최상위 버전에서나 원목 스티어링을 찾을 수 있다. 그런 식으로 소소한 원가절감이 이루어지며 프리미엄이 점차 이미지로만 남는 것이 21세기다. 그 시기에는 프리미엄 공산품에 정말 즉물적 공정이나 재료가 더해졌다. 그 정점이자 마지막 시기가 1990년대다. 1990년대의 손목시계들이나 의류들이 '네오 빈티지'라는 이름으로 다시 각광받는 데에는 이러한 사정과 실질적 제품 완성도가 있다.

　　놀랍게도 혹은 놀랍지 않게도 수전이나 변기 등 제품들도 크게 다르지 않았다. 이 집 이사를 준비하며 알게 된 건데 2000년대 이후 세계의 변기업계는 거대 그룹 두세 개로 통합되었다. 그 전에는 다양한 기업이 자신들의 세계관에 따라 개성이 확실한 변기나 세면대를 만들었으나 요즘은 다르다. 지금 나는 옛날 물건이 좋고 요즘 물건이 나쁘다는 이야기를 하려는 게 아니다. 변기든 손목시계든 전반적인 품질이 상향평준화된 것은 확실하다. 평균적 품질과 완성도가 높아졌고 그에 비해 가격 인상폭은 줄어들었다. 다만 그 과정에서 각자의 개성이 조금씩 옅어졌다. 효율이 좋아진다는 건 그런 것이다. 효율과 개성은 제로섬 관계다. 둘 중 하나가 줄어들어야 다른 하나가 도드라진다. 둘이 양립할 수는 없다.

그 개성이 남아 있던 1990년대의 물건이 학동역 지하상가에 있었다. 지금은 찾아볼 수 없는 선명한 색으로 마감한 일본 토토 도기 세면대. 스위스에서 만든 라우펜 세면대 등. 이런 게 내 눈앞에 있다니 보고도 믿을 수 없었다. 코비드-19 기간이라 마스크를 써야 집 밖에 나갈 수 있었는데, 그 마스크 덕에 기쁨 가득한 내 표정을 가릴 수 있어서 다행이었다. 가게에 계신 분께서 내 기쁜 표정을 눈치챘다면 조금 더 비싸게 팔았을지도 모른다.
그 가게에서 보고 내가 처음 원한 세면대는 독일 듀라비트의 아키텍트 에디션 세면대였다. 전체적으로 좁고 긴 형태라 역시 폭이 좁고 긴 내 화장실에 잘 어울리는 모습이었다. 내가 세면대에 수박을 담궈 둘 것도 아니니까 세면 볼이 작아도 상관이 없었다. 다만 작은 세면대의 수요가 많지 않을 테니 역시 이 세면대도 잘 팔리지 않았던 모양이었다. 가격도 해외 판매가보다 저렴한 건 물론 내가 구입할 수 있을 정도로 적절했다.

그 사이에서 구경만 하면 됐는데 근처에 계속 눈길을 끄는 세면대가 하나 있었다. 그 세면대는 그곳에 있던 다른 모든 세면대와 달랐다. 내가 살면서 봐 온 어느 세면대와도 달랐다. 모양은 삼각기둥 위에 타원 반구를 엎어둔 모습이었다. 표면은 더욱 달랐다. 내가 본 세면대는 보통 흰색이거나 드물게 색이 더해진다. 이 세면대는 표면에 표범 무늬처럼 자잘한 무늬가 묻어 있었다. 한쪽 면에 '핸드메이드'라고 쓰인 걸 보니 잭슨 폴록의 그림처럼 물감을 손으로 뿌려서 만들어 낸 패턴인 듯했다. 반대편에는 제조사의 로고가 붙어 있었다. 라우펜. 나의 꿈의 세면대 브랜드였다.

이 외에도 그 가게에는 한국에서 좀처럼 보기 힘든 변기와 세면대가 가득했다. 역시 1990년대에 나온 듯한 일본 토토의 프리미엄 라인업 세면대가 있었다. 비전문가인 내 눈으로 봐도 곡면 마감이나 색의 깊이가 달랐다(내 집에 깔기엔 너무 크고 색도 너무 튀어서 구입하지는 않았다). 한국에 이런 물건이 있었구나 싶은 라우펜의 변기도 몇 종류씩 있었다. 화장실이 작은 서유럽에 맞춰 폭이 좁은 사이즈는 할 수 있으면 내 집에 깔고 싶었다(이 변기도 고민했지만 변기가 고장나면 내부 부속 고치기가 애매할 듯해서 포기했다). 내 눈엔 보물과 다름없는 이런 물건들은 그냥 그 가게 바닥에 놓여 있었다. 사장님도 이런 물건을 판매하는 데에는 큰 관심이 없는 듯했다. 누구신지 모르는 사장님은 그 자리에 나타나지도 않았다.

　　　　세면대 근처에서 멀뚱멀뚱 서 있으니 덩치가 큰 남자가 마스크를 쓰고 내게 다가왔다. '손님이 왔으니 응대를 하긴 하는데 이런 곳에 온 당신은 누구시오.' 같은 느낌이 마스크 바깥까지 새어 나왔다. 하지만 막상 이야기를 시작하자 그는 정말 세면대 전문가였다. 그 업체는 한국에 더는 수입되지 않는 스위스, 오스트레일리아, 독일, 스페인 등의 수전과 세면대를 다량 보유하고 있었고, 나를 응대한 사람은 그 회사의 부사장이었다.

　　　　그는 이 물건들이 다 오래 되었지 좋은 물건이라고 여러 번 이야기했다. '얘는 누구길래 별로 돈도 없어 보이는데 뭘 사러 왔나?'라고 생각하는 듯한 인상도 지우지 않았다. 내가 눈길을 뗄 수 없던 얼룩무늬 세면대에 대해서도 딱히 정보를 주지 않았다. 옛날 수입품이라는 설명과 별로 비싸지 않은 가격이 그가 전해 준 정보의 전부였다.

내가 찾아보니 이 세면대는 대단한 물건이었다. 적어도 나에게는. 이건 라우펜이 국제적 세면대 그룹에 인수되기 직전에 만든 물건, 말하자면 세면기계의 네오 빈티지였다. 이 세면대의 모든 것이 남달랐다. 삼각기둥 위에 타원형 반구를 얹은 전위적 디자인 역시 콜라보레이션의 산물이었다. 1990년대 라우펜은 디자인 회사인 포르쉐 디자인에게 디자인을 맡긴 상품을 출시했다. 포르쉐디자인은 회사 창립자 페르디난트 포르쉐의 차남 부치 포르쉐가 만든 디자인 회사다. 말하자면 이건 라우펜×포르쉐디자인 콜라보레이션 세면대다. 심지어 포르쉐디자인과의 협업은 라우펜 역사상 최초의 외부 디자이너 협업이다. 그 세면대가 내 눈앞에 있었다.

내가 본 세면대는 그 특별한 세면대 중에서도 특별했다. 얼룩무늬 핸드페인팅이 들어가 있었으니까. 가까이서 보니 실제로 잭슨 폴록의 그림처럼 무작위로 직접 뿌린 흔적이 선명했다. 요즘 세상의 대량생산 상품에서는 상상하기 힘든 공예적 면모다. 그런데 이 세면대가 생각보다 굉장히 저렴했다. 1990년대 출시 당시 이미 100만 원 이상 하던 물건인데 사장님이 나에게 제안한 가격은 그 삼분의 일도 안 되는 가격이었다. 내가 보기엔 세계 세면대 역사에 남을 명품인데. 나는 못 이기는 척 사장님께서 제시한 가격에서 5만 원을 깎아서 샀다.

인터미션

문제는 이 세면대를 어디에 설치하냐였다. 집은 넓지 않다. 화장실에는 이미 설치하기로 한 세면대가 있다. 이 세면대를 사긴 샀는데 어떻게 해야 하나. 그때 나는 전 반장님이 떠올랐다. 현관에 이 세면대를 설치할 수 있도록 급수 라인을 만들어 달라고 하는 건 괜찮지 않을까? 마침 그때는 코비드-19 기간이라 한반도 역사상 최고로 손씻기 캠페인이 융성하던 때였다. 현관 앞에 세면대를 놓는다는 생각은 위생 면에서도 합당했다.

다행히 그렇게 공사를 하면 손이 많이 가지도 않았다. 현관의 한쪽 벽 뒤편이 바로 화장실이었기 때문에. 사실 현관의 반대편에 수도를 놓으면 더 좋을 듯했지만 그러면 수도관이 길어지고, 수도관이 길어지면 파내야 하는 벽의 면적도 늘어난다. 전 반장님이 허락해 주지 않을 것 같았다. 이런 것 역시 인테리어 디자이너와 함께 하지 않는 초보 건축주의 한계였다. 그러나 이건 내가 집 수리 중 느꼈던 아주 많은 한계 중 하나에 불과했다.

그러나 한계는 늘 쓸모 있다. 나는 몇 년 후 그 사실을 다시 한번 깨달았다. 서울이 아닌 파리에서. 이 결정을 하고 나서 2년 뒤인 2024년 초에 나는 잡지사로 돌아가 에디터 자격으로 파리 출장에서 까르띠에의 헤리티지 디렉터 피에르 레네로를 만나 인터뷰를 진행했다. 그때 그가 한 말이 있다. "예술은 제한에서 태어나 자유에서

죽는다."

그 말대로였다. 나는 내가 맞닥뜨린 수많은 한계 앞에서 잔머리를 굴려 가며 집수리를 해 나갔다. 기본적으로 내가 좀 멍청해서이기도 하다. 나는 기분 좋은 요소가 있으면 다른 건 다 잊는 성격이다. 성격이라기보단 침착함 기능 부족이라고 해야 할 것 같지만. 아무튼 그런 성격 덕에 당시의 나는 기쁨밖에 없었다. 내 집에 이렇게 역사적인 세면대를 설치할 수 있다니.

내가 학동역을 헤매던 당시의 연희동 현장에는 겨우 창문이 들어오고 있었다. 세면대를 산다 해도 보관할 곳이 없었다. 내가 한 건 그저 덩치 큰 사장님과 계약서를 쓰고 대금을 납부한 것뿐이다. 그 결과 이 세면대는 나의 것이 되었다. 비밀 던전 같은 학동역 바로 앞 건물 지하 1층을 나오자 내가 뭘 본 건가 싶었다. 슬슬 더워지는 공기 속에서도 유독 상쾌해하던 그때 내 모습이 아직 기억난다.

그 세면대를 실제 공사에 사용하고 또다른 난관에 부딪힌 건 약 3년 후다. 물론 그때의 나는 이 세면대들을 언제 설치할 수 있을지도 가늠하지 못했다. 나는 그저 기뻤다. 내가 좋아하는 물건을 구했다는 생각에, 그 물건을 저렴하게 가져왔다는 생각에. 그저 기뻐하던 내가 모르던 사실이 있었다. 세면대는 집수리의 거의 마지막 단계에 설치하는 거라고. 설치하려면 벽에 수도관이 깔리고, 관이 묻힌 벽을 다듬어 주는 공사를 하고, 그 공사가 끝나고 바닥을 덮어야 한다. 그게 끝난 집수리의 최종 단계에서야 세면대처럼 사람 손이 직접 쓰이는 요소를 설치할 수 있었다. 하긴 이런 절차를 몰랐으니 확확 살 수 있었던 건지도 모른다.

12 마루와의 조우

앞서 말한 유럽산 세면대와 함께 이 집을 고칠 때 아주 강하게 바란 요소가 몇 있었다. 나무 바닥.* 나는 나무 바닥을 간절히 원했다. MDF에 무늬목 시트지를 붙인 '강화마루'도, 합판에 무늬목 시트지를 붙인 '강마루'도 처음부터 원치 않았다. 기왕 비용을 들여 집을 꾸민다면 가성비 아이템 같은 건 하나도 집어넣고 싶지 않았다. 그 면에서 가성비가 좋은 무늬목 시트지 마감 자재는 내 집으로의 비자를 영원히 받을 수 없었다. 인쇄된 대량생산 가짜 나무 무늬를 집안에 들이고 싶지 않았다. 그렇다고 나무 필름에 가까운 1밀리 두께 무늬목을 얹은 '온돌마루'

■ [부록] 꿈의 마루와 현실의 마루 → 345

도 원치 않았다.

이번 집에서 깔고 싶은 마루는 딱 하나였다. 두꺼운 무늬목을 쓴 마루. 한국 마루 업계에서 '원목마루'라 부르는 것. 무늬목 두께가 3밀리는 되는 마루만. 다른 건 원치 않았다. 이유는 그걸 놓고 싶다는 것뿐이었다. 이런 이유였으므로 대안은 없었다. 비용을 지불하더라도 내가 원하는 스펙의 마루를 깔고 싶었다.

비용을 지불할 의사가 있던 이유는 비용을 줄일 여지도 있기 때문이었다. 변수는 유행이었다. 한국은 대세나 유행을 타면 모든 게 비싸진다. 그 바깥으로 밀려난 모든 게 저렴해진다. 유행이나 대세를 벗어난 물건들이 품질과 관계없이 저렴해지는 걸 많이 봤다. 특히 건자재처럼 의식주 중 '주'에 해당하는 물건들은 더욱 그랬다. 건자재는 옷이나 신발처럼 모두 사용하긴 하지만 모두가 구매하지는 않는다. 그러니 잘 팔리지 않는 것들은 할인 폭도 크다. 내가 가설적으로 찾던 물건들은 바로 그런 물건이었다.

마루를 찾을 때도 변수는 코비드-19였다. 공사를 시작하던 2021년에는 공사와 관련된 모든 결정과 조건이 코비드-19 시국을 벗어날 수 없었다. 창문의 경우엔 코비드-19로 인해 곤란해진 반면 마루를 찾을 때는 코비드-19의 덕을 보았다. 주요 인테리어 업체들이 건설 일정이 꼬였는지 건자재 재고 정리를 시작한 것이다. 업체들이 재고를 정리한다는 인터넷 광고를 돌리기 시작하던 때가 마침 내가 재고 마루를 찾을 때였다. 예전에는 행운이라 부르지만 요즘은 알고리즘이라 부르는 세상의 장치로 인해 언젠가부터 갑자기 내 SNS 피드에 인테리어 마루 광고가 뜨기 시작했다. 내 검색 기록이나 음성을 읽은 모양이었다. 그중 확연히 눈길을 끄는 브랜드가 있었다. 이탈리아 고급 마루. 이름부터 남달랐다. 가조띠.

이름부터 고급스러운 가조띠는 코비드-19를 비롯한 몇 가지 변수가 아니면 내가 만날 일이 없는 마루였다. 일단 나는 네이버 블로그를 통해 재고 마루를 파는 어느 마루 업자와 이야기를 나누고 있었다. 저번 집을 꾸밀 때 그 업자에게 선금을 주었는데 집주인 할머니가 내게 말 없이 장판을 깔아 버려서 내가 사용할 수 있는 선금이 남아 있었다. 그가 가지고 있는 재고 마루 중에서 무엇을 고를까 고민하던 차에 알고리즘 광고로 가조띠가 다가온 것이었다.

내가 원하던 마루도 확실했다. 한국에서 안 팔리는데 품질 자체에는 문제가 없어서 할인율이 높은 것. 마루 중에서도 그런 게 많았다. 찾아보니 마루의 세계도 엄청나게 다양했다. 개별 마루의 폭과 두께, 표면에 덮이는 나무의 종류와 각각의 표면 처리에 따라 상당히 변수가 컸다. 예를 들어 같은 오크(참나무)라도 코팅을 하느냐 마느냐, (낡은 느낌을 내기 위해) 톱질 자국을 남기느냐 마느냐, 수종은 어느 나라의 어떤 수종이냐 등에 따라 계속 미묘하게 가격이 달라졌다. 작은 집에는 폭 좁은 마루를, 큰 공간에는 폭 넓은 마루를 쓰는 등 나름의 규칙도 있었다. 나 역시 나름 마루의 단가를 이해하기 위해 액셀 표로 마루 함수표 같은 걸 만들어 두고 어떤 마루가 좋을지 생각해 보곤 했다.

내가 인테리어를 할 때쯤은 보통 짙은 색에 붉은 기운, 혹은 아주 진한 갈색 기운이 도는 마루가 유행이었다. 나는 반대로 밝은 걸 찾고 있었다. 어두운 색 마루가 고급스러워 보일 수는 있지만 이 집이 저렴하다. 고급스러워 보이는 마루가 의미 없을 것 같았다. 티크나 이로코 등이 아닌 오크 나무 중 싼 것이 있다면 마다할 이유가 없었다. 그런데 가조띠에 바로 그 나무 마루가 있었다. 이탈리아산 오크. 총 두께 10밀리, 무늬목 두께 4밀리. 마루의 신이 나에게 점지해 준 듯 내게 아주 잘 부합하는 마루였다. 가격도 저렴했다. 망설일 이유가 없었다. 신나게 예약을 잡았다. 위치를 보니 아니나 다를까 학동역. 역시 '수입은 학동역'인 것이었다.

가조띠 쇼룸에 가 보니 내가 세면대를 샀던 학동역 던전(같은 지하상가)의 뒷문 바로 맞은 편에 있었다.

인터미션

세면대가 학동역 던전이라면 가조띠 쇼룸은 마루의 파르테논 신전이라 해도 될 만큼 화려하고 깨끗했다. 학동역은 업자들이 많이 오는 업계 특성상 지하나 2층에 자리한 회사들도 많은데, 가조띠는 세를 과시하는 듯 새 건물의 큰 상가 1층을 차지하며 유리벽 가득 고급 마루를 전시하고 있었다. 나 같은 보통 사람이 지나가며 들르면 실례일 듯한 분위기였다. 나도 예약을 하지 않았으면 들어가 보지 않았을 것이다. 하지만 저 안에 나를 위한 악성 재고가 있다. 그런 생각으로 용기를 냈다. 큰 유리 문을 밀자 소리도 없이 문이 열렸다.

가조띠 쇼룸의 직원들도 나를 보고 약간 의외라 생각하는 듯했다. 개점 시간이 되자마자 마스크를 쓴 남자가 혼자 들어왔는데 어디를 봐도 고급 마루를 턱턱 살 사람처럼은 보이지 않았을 테니까. 하지만 가조띠의 직원들은 고급 마루의 프로이자 접객의 프로였다. 내가 사고자 하는 재고 마루를 이야기하자 친절히 세일 코너로 안내해 주었다. 세일 코너 옆에는 정말 고급스러워 보이는 원목 마루들이 켜켜이 걸려 있었다. 나는 나와 상관 없는 마루들을 지나쳐 세일 코너의 마루를 만져 보았다.

실제로 가서 보니 가조띠 마루가 고급품임을 이해할 수 있었다. 내 경험상 이제 서유럽의 웬만한 제품과 사양이 좋은 중국산 제품에는 품질 차이가 별로 없다.

마루 분야에도 중국산 목재 마루가 많이 출시된 걸로 알고 있고, 중국산 마루를 고르는 게 별로 나쁜 선택도 아니다. 다만 나는 가조띠 마루가 좋았다. 만듦새를 넘어서는 차이가 있기 때문이었다. 그 차이는 톤이다.

특정한 제품의 색깔 '톤'을 한 마디로 정하기는 애매하다. 색조의 명도나 채도, 소재가 번들거리는 정도, 나무 표면의 거친 부분을 얼마나 살리고 없애는지, 이런 터치에 따라 느낌이 미묘하게 달라진다. 이런 건 기술의 문제가 아니라 감각과 기호의 문제다. 이 부분에서만은 서유럽이 더 훌륭하다고 생각한다. 모두가 라이트룸이나 포토숍으로 사진의 톤을 보정할 수 있지만 프로 사진가는 고유한 톤이 있다. 그 톤은 따라할 수도 없고 따라해 봐야 의미도 없다. 소비재 제조업의 역량이 전 세계적으로 상향평준화되고 있으나 여전히 서유럽 사치품이 인정받는 데에는 이런 이유도 있다고 본다.

내가 사려던 가조띠의 오크 마루에도 바로 그 특유의 톤이 있었다. 특히 이탈리아인들은 헐어 보이는 가공에 굉장히 능하다. 골든 구스나 CP 컴퍼니의 워싱이나 닳은 듯한 표면 처리를 생각해 보면 이해할 수 있을 것이다. 가조띠의 오크 마루에도 바로 그 특유의 매력이 있었다. 너무 새것 같지 않으나 남루하지도 않을 만큼 가공된 느낌. 그게 한번 눈에 들어오면 다른 것들은 영 싱거워진다. 좋은 영화나 술을 봤을 때 필연적으로 덜 좋은 것 앞에서 김이 새는 것처럼. 내 오랜 꿈이었던 유럽산 나무 마루 앞에서 내가 역시 너무 과한 망상을 한 건지도 모른다. 다만 적어도 나는 가조띠의 마루에서 그런 걸 느꼈다. 나의 망상 가득한 표현을 지원하기 위해 가조띠가 내게 베푼 특혜는 없었다.

그렇게 좋은 물건의 가격은 왜 저렴했는가. 거기에도 이유가 있었다. 일단 앞서 말했듯 내가 봐 둔 제품은 색이 밝은 오크(참나무)였다. 원고를 작성하고 있는 2025년 현재는 조금 달라진 것 같으나 2021년의 한국 시장에서 밝은 색 나무 마루는 별로 인기가 없었다. 거기 더해 같은 나무 마루에도 급이 있다. 급의 변수는 옹이와 워터마크다.

원목의 세계에서는 옹이가 없는 표면을 깨끗한 면이라고 해서 비싸게 받는다. 마루뿐 아니라 우드슬랩 등 나무의 결을 보여주는 소재에도 옹이가 없을 수록 가격이 올라간다(뭐랄까 참 인간적인 사고방식이다). 이런 상식에 따르면 옹이와 워터라인이 전혀 없는 게 상등급이다. 옹이가 있으면 그 아래 등급이 된다. 그보다 낮은 등급도 있다. 가장 아래 등급 나무에는 '워터라인'이 있다. 참나무를 재단했을 때만 나오는 무늬로 튼살 자국처럼 보인다. 보기에는 조금 덜 깨끗할 수 있지만 나는 워터라인이 있는 게 더 좋았다. 정말 나무라면 마루마다 다 다른 게 당연하니까. 예쁜 무늬만 남겨둔다면 나무 시트지와 다를 게 뭔가 싶었다. 내가 가장 좋아하는 게 가장 저렴하다니 오히려 기쁜 일이었다.

가조띠가 고급품인 또 하나의 이유는 표면 나무의 두께였다. 한국 시장에서 쓰는 원목 마루는 '마루 한 장이 나무 한 토막'인 마루가 아니다. 합판처럼 원목층 아래에 다른 나무들이 적층된 구조다. 그렇다면 무엇이 한국에서 통용되는 원목 마루냐. 최상단의 표면 나무가 진짜 나무인 걸 '원목 마루'라 부르는 것 같다. 표면 목재의 두께는 밀리미터(mm) 단위다. 보통 표면 목재 두께가 2밀리 정도일 때부터 원목 마루라 부르는 듯하다. 가조띠는 4밀리. 전체 두께는 10밀리. 이 정도가 좋았다. 전체 두께가 14밀리쯤 될 정도로 두꺼워지면 오히려 한국식 바닥 난방 효율이 떨어지기 때문이었다. 나는 고민 없이 현장에서 바로 계약서를 썼다.

현장에서 융숭한 대접을 받은 뒤에는 실측 시간이었다. 가조띠의 부장님께서 가조띠 로고로 래핑한 스타렉스를 타고 나의 현장까지 오셨다. 고급 현장에 오시는 분답게 정장까지 입고 현장에 오셨는데, 내 현장을 보고 살짝 놀란 표정이 (코비드-19 시대의 상징인) 마스크 속에서도 느껴졌다. '이거 뭐야, 얘 뭐야?' 같은 눈빛이었다.

인터미션

하지만 실측을 하시는 부장님은 역시 프로였다. 그는 황망한 티를 금세 감추고 실측 작업을 진행하기 시작했다. 군인처럼 절도 있게 대형 줄자를 착착(실제로 착착 소리가 났다) 펴는 모습이 인상적이었다. 본인이 실측을 하고 그에 맞추어 마루 발주량이 결정되었기 때문에 공사를 맡기는 내 쪽에서 발주량을 고민할 필요도 없었다. 발주량 계산은 초보 인테리어 시공자 입장에서 무척 중요한 요소다. 많아도 문제고 모자라도 문제니까(타일을 발주할 때는 100퍼센트 내가 계산해야 했다. 그때는 발주부터 공사가 끝날 때까지 긴장할 수밖에 없었다). 그 면에서 가조띠의 발주량 계산은 무척 고마운 서비스였다.

꿈의 고급 가조띠 마루 역시 공사가 미뤄지며 약 1년 동안 받지 못하고 가조띠의 창고에 보관만 해야 했다. 이 과정에서도 가조띠는 역시 고급 업체였다. 친절하게 몇 달에 한 번씩 전화를 걸어 '공사에 문제라도 있는지?' 같은 내용을 문의해 주셨다. 나는 전화를 받을 때마다 꼭 공사를 마무리할테니 걱정 마시라고 대답했다. 가조띠에게 하는 대답인 동시에 나에게 하는 다짐이기도 했다.

13 타일계의 00년대 조르지오 아르마니

거칠게 보면 인테리어는 두 가지 방식으로 할 수 있다. 내가 원하는 모습을 떠올리고 거기에 맞는 자원을 찾거나, 아니면 내가 사용할 수 있는 자원을 기반 삼아 그에 어울리는 모습을 만들거나. 나의 집수리는 대체로 후자였다. 내가 (싸게) 살 수 있는 건자재들을 모으는 게 먼저고, 그것들을 어떻게 잘 설치하는지는 다음 이야기였다.

생각해 보면 이번 집을 고치기 전부터 후자의 방식으로 살아왔기 때문에 이번에도 크게 귀찮지 않았다. 나는 이른바 '좋은 것'이라는 게 무엇인지 늘 궁금했고, 생각할수록 좋은 것이 꼭 값비싼 것만은 아니라는 결론을 내렸다. 귀찮은 일들을 거치다 보면 내 형편에도 품질이 좋은 것들을 구할 수 있었다. 그러다 보니 한때 좋았으나 유행이 지난 것들, 사람들이 찾지 않아 먼지 쌓인 것들, 좋은 건 확실하나 상태가 낡은 것들을 곁에 두게 되었다. 내 주변 물건도 소도구도 모두 그랬다. 한심한 일들을 장르만 바꿔 가면서 계속 하고 있는 셈이었다.

타일을 찾을 때도 마찬가지였다. 지난번 집수리를 할 때 타일을 찾아보며 전국에 내 집 하나쯤 멋지게 꾸밀 수 있는 타일들이 있음을 알게 되었다. 다행히 내가 좋아하는 타일들은 이미 유행이 다 지나 있어서 가격도

인터미션

많이 저렴해져 있었다.

내가 좋아하는 타일은 이런 것이었다. 유약을 바르지 않고 구워서 표면에 광이 없고 미끌거리지 않는 것. 가장자리나 표면에 울퉁불퉁한 손맛을 준 게 아니라 딱딱 잘라낸 것. 말하자면 손으로 떼어 낸 수제비 같은 게 아니라 공장제 국수 같은 것. 스케이트보드처럼 크지 않은 것, 무늬든 진짜든 대리석이 아닌 것. 한 마디로 요약하면 딱 봐도 '구운 타일이다' 싶게 생긴 것. 나는 타일은 잘 만든 공장제 타일처럼 생긴 게 좋았다.

그런 타일 역시 한국에서 찾아보기 어려웠다. 이미 유행이 지난 모양이었다. 그건 단점이었지만 일단 있을 경우에는 아주 저렴했기 때문에 마냥 불평할 수도 없었다. 성숙한 시장은 좋은 물건이 유행에 관계 없이 비싸다. 반면 모든 게 바뀌는 다이나믹 코리아의 서울에서는 품질이 아니라 유행이 가격을 결정지었다. 나 같은 사람에게는 절묘하게 장단점이 섞인 시장이었다. 나는 서울의 장점을 잘 활용하기로 했다.

그 결과 내가 찾아낸 타일은 1990-2000년대 이탈리아산 모자이크 타일이었다. 요즘에는 잘 쓰지 않는 가로 세로 10센티 크기의 정사각형 타일. 건축업계에서는 '100각 타일'이라 부르는 것이다. 100각 타일도 디테일 따라 변수가 아주 많았다. 우리가 흔히 생각하는 반들거리는 흰색에서 시작해 거기에 각종 색을 입힌 뒤 반들거리게 만든 것. 주로 요즘 스페인이나 이탈리아에서 많이 수입하는, 표면과 실루엣이 약간 직선에서 벗어난 것(가정식 파스타집 느낌이 난다) 등. 그중에서 인터넷을 샅샅이 뒤져 요즘 잘 없는 스펙의 단색 100각 타일을 찾아낼 수 있었다.

원치 않는 타일 사이에서 내가 원하는 타일을 찾은 건 운명 같은 일이었다. 홈페이지가 너무 낡아서 '이 페이지가 운영은 하나, 결제는 되나' 싶은 모 회사의 타일 아웃렛 페이지 안에 그 타일이 있었다. 제품 사진만 봐도 20년은 된 재고 같으나 내가 원하는 바로 그 톤이었다. 이탈리아 사람들이 잘 쓰는 미묘한 톤. 회색이라기엔 좀 누런 기가 돌고 노란색이라고 하기엔 회색인 색. 조르지오 아르마니나 브루넬로 쿠치넬리의 니트 색 같은 오묘한 색이었다. 모니터로만 봐도 좋을 게 확실했지만 실물 타일을 한번 받아 보고 싶었다. 주소를 찾아보니 그 역시 학동역이었다. 한국 인테리어 업계를 관통하는 경구, '수입은 학동역'을 생각하며 전화를 걸었다. 샘플을 부탁하자 며칠 후 금방 샘플이 왔다. 보자마자 이거다 싶었다. 이 색, 이 견고함, 90년대 분위기. 더 볼 것도 없었다. 나는 이 타일을 선택하고 대금을 지불했다.

이 집에 타일이 들어갈 부분이 하나 더 있었다.

부엌 벽. 부엌 타일은 화장실 타일과 다른 걸 쓰고 싶었다. 화장실 타일에 유약을 바르지 않은 무광 타일을 쓴 데에는 미적 이유 뿐 아니라 기능적 이유도 있었다. 무광 타일을 쓰면 자연스럽게 표면이 거칠어져 미끄러지지 않는다. 부엌 타일은 다른 미덕이 필요하다. 요리의 찌꺼기나 기름때 등이 타일에 묻을 가능성이 높다. 이런 곳에는 유광 도기 타일이 더 낫다. 상대적으로 더 잘 닦이니까. 그런 이유로 부엌 타일로는 번들거리는 유약 타일을 찾았다.

마침 이런 타입의 타일도 내가 찾은 타일 아웃렛에 있었다. 이 타일 아웃렛은 다른 곳에서는 거의 찾아볼 수 없는 수입 타일을 갖춰두고 있었는데, 내 마음에 든 건 일본산 타일이었다. 일본산 타일 특유의 파스텔톤 유광이랄까, 빛을 은은하게 반사시키며 각도에 따라 조금씩 빛의 색이 달라져서 묘하게 공예적인 느낌이 들었다. 온 벽이 저렇다면 조금 과하겠지만 부엌 벽에는 구조적으로 직사광선이 들어오지 않는다. 부엌 벽 하나만 쓰기에는 오히려 좋은 포인트가 될 거라 판단했다.

화장실에는 이탈리아산 타일에 부엌에는 일본산 타일이라니 실로 사치스럽고 호사스러운 조합이었다. 이렇게 호사스러운 선택을 할 수 있는 이유는 내가 많이 벌어서가 아니라 이 집의 타일이 워낙 저렴했기 때문이었다. 이 집의 타일이 저렴하다는 건 그만큼 오랜 시간 동안 팔리지 않고 재고로 남아 있었다는 의미다. 2017년 첫 집을 수리할 때도 아주 오래된 재고 수입 타일을 사서 썼다. 그때 이 타일을 본 타일 공사 사장님이 "어디서 이런 걸 사 왔냐"고 물어본 적도 있다. 이렇게 오래된 타일은 처음 본다면서. 하긴 2021년에 내가 구입하기로 결정한 타일은 2017년에도 재고로 남아 있었으니 내가 본 재고 기간만 4년인 셈이었다. 저렴할 만하다.

그러든 말든 나는 만족했다. 타일은 시간이 지나도 품질이 변하지 않는다. 박물관에 가 보면 몇백 년 된 타일도 많지만 여전히 몇 년만 쓴 듯 빛깔이 그대로다. 뉴욕처럼 물가 비싸고 다양한 고가품이 있는 도시에서는 20세기 초 뉴욕 지하철역에 붙어 있던 타일을 떼서 인테리어용으로 팔기도 한다(엄청나게 비싸다). 이 모두가 타일의 품질이 변하지 않으므로 생기는 일들이다. 변하는 건 우리의 눈과 생각뿐이다.

적어도 내 기호와 관점은 몇 년 동안 크게 변하지 않았다. 바닥은 오크의 밝은 누런 색. 화장실 타일도 그에 맞춰 미묘한 누런색. 사용 가능한 소재로 겨우겨우 만들어 가는 인테리어 치고는 맞아들어가는 게 많은 편이었다. 이미 공사 일정은 엉망이 되었고 나의 주거 조건도 미궁 속으로 들어가고 있었지만(임시 거처에 사느라 생활이 조금 번거로워져 있었다) 타일을 볼 때만은 마음이 편했다.

다만 오래된 재료로 인테리어를 하다 보면 늘 문제가 생긴다. 인테리어 자체에 작은 의사결정이 워낙 많이 필요하기도 하다. 내가 점찍은 부엌용 일본 타일이 그새 사라져 있었다.■ 누군가가 나보다 앞서 사 간 모양이었다. 이때 능동적으로 적절히 대응해야 했는데 그러질 못해 나중에 상당한 문제가 생기게 된다.

나는 미래의 내가 어떤 곤란한 상황에 처할지도 모르고 아쉬운 대로 이탈리아 타일을 발주했다. 누군가 먼저 가져갈까 싶어 대금도 100퍼센트 모두 지급했다. 다만 이 타일 역시 이렇게 발주해 놓고 공사가 1년쯤 지연되었다. 여기저기 나의 자원들이 묶인 셈이 되었다. 역량에 넘치는 일을 벌인 나의 한계였다.

14 흐린 기억 속의 변기

내가 집수리를 하던 때는 나름 내 커리어의 분기점이기도 했다. 나는 사회생활을 시작한 때부터 직업을 바꾼 적이 없다. 업황이 점점 나빠져 직장은 여러 번 바꾸었어도

■ [부록] 탈락한 타일들 → 347

잡지 에디터라는 직업은 어떻게든 해 나갔다. 이 일을 그만큼 좋아했다. 그래서 이 일 말고 다른 걸 생각하기가 어려웠다. 시간이 지나 보니 이 둘의 인과관계가 닭과 달걀처럼 앞뒤를 매길 수 없게 되었다. 그러다가 이름에 '매거진'이 붙어 있지만 사실은 매거진이 아닌 〈매거진 B〉에서 일하며 월간지 업계의 리듬과 다른 삶을 살게 되었다. 2020년 그 회사를 그만둔 뒤 잠깐만 프리랜서를 하려던 게 생각보다 길어졌다. 일이 계속 들어왔기 때문이었다.

    미묘한 상황이었다. 혼자 일하는데도 일이 들어오는 건 기분 좋고 감사하고 재미있는 일이다. 아울러 책을 조금 출간해 두고 나름 열심히 산 덕분에 누구나 할 수 있는 프리랜서 일이 아니라 박찬용 에디터의 뭔가를 보고 맡기는 프리랜서 일이 들어왔다. 그게 정말 중요했고, 그렇기 때문에 멈출 수 없었다. 다만 직장인들은 알 텐데 직장인이라는 공적 자아에는 수명이 있다. 특정 연차일 때 뭔가를 해 주거나 어딘가에서 버텨야 할 필요가 있다. 나는 프리랜서/에디터로의 경력이 쌓이는 동시에 직장인의 경력에서 멀어지고 있었다.

    그때 나는 종종 멍하니 생각했다. '이렇게 프리랜서가 되는 건가' 혹은 '이렇게 내가 속한 업계와 멀어져 내 길을 가게 되는 건가'. 안 해 본 직업적 판단과 함께 안 해 본 집수리를 해야 했다. 안 해 본 집수리를 하는 동안 잠깐 살 곳을 찾아야 했으니 안 살아 본 곳에서도 살아가야 했다. 삶의 기반이라 생각하던 것들, 기반인 것이 당연해서 미처 생각해 보지도 않았던 것들이 모두 흔들리고 있었다. 그 흔들림 사이사이에 마감들이 계속되었다. 나는 온갖 곳에서 랩톱 컴퓨터를 열어 기획을 하고 원고를 만들어 마감을 계속 해 나갔다. 그럴 수밖에 없었다.

집수리와 관계 없는 이런 이야기를 잠깐 한 이유는 이런 과정 속에서 집수리의 여러 요소들이 튀어나왔기 때문이다. 이를테면 한창 미래를 고민하면서 거리를 걷고 있던 2021년 여름 나는 내 인생의 변기를 만나게 된다. 그때 내 안에서는 늘 대여섯 개의 프로젝트가 돌아가고 있었다. 그중 하나가 집수리였다. 정신 없이 지내던 중 나가 한번쯤은 써 보고 싶던 바로 그 변기가 말 그대로 내 눈앞에 나타났다. 월세방에서 쫓겨나듯 빠져나와 잠시 호텔에 살 때의 일이다.

'잠깐 호텔에 산다'고 하면 무슨 대작가 같은 이야기지만 역시 실상은 달랐다. 이 역시 코비드-19의 나비효과였다. 월셋집을 떠나던 당시 나는 공사가 길어질 거라는 생각은 전혀 하지 않았다. 공사가 끝날 때까지 머무를 수 있는 제3의 집 같은 것도 전혀 생각하지 않았다. 그런데 이사를 가던 날의 내 집 상태는 창문도 없는 폐허였다. 말 그대로 당장 살 곳을 알아봐야 했다. 마침 코비드-19가 한창이었다. 시내 호텔의 공실률이 90퍼센트에 이르고 명동의 호텔들이 줄줄이 매물로 나오던 때였다. 그때 반짝 생겼던 서비스가 호텔 장기투숙이었다. 시내 오피스텔 월세와 비슷한 비용으로 서울 명동의 호텔에서 지낼 수 있었다. 넘어진 김에 쉬어 간다는 생각으로 명동에서 몇 달을 보냈다.

명동에서 한 블록만 걸어 내려가면 을지로다. 서울 건자재의 법칙인 '국산은 을지로, 수입은 학동역'의 그 을지로. 나는 어느 날 그 을지로를 걷고 있었다. 바로 거기서 믿을 수 없는 현수막을 봤다. 토토 변기 폐업 세일. 내 꿈의 변기를 을지로에서 만난 것이다.

나는 전부터 토토 변기를 써 보고 싶었다. 한국에서 파는 로얄 토토(현 로얄, 1980년대 토토와 기술제휴를 맺은 후 현재 자신의 길을 가는 회사) 말고, 오리지널 토토를 내 집에 깔아 보고 싶었다. 강렬한 욕망이 그렇듯 토토를 향한 내 욕망 역시 되짚어 보면 비합리적이고 이유도 별로 없다. 어릴 때 우리 집보다 잘살던 친척집이 있었다. 그 집 변기가 토토였다. 어릴 때도 TOTO라고 적혀 있던 그 폰트의 균형감이 남달라서 쳐다보던 기억이 난다. 기억은 힘이 세다는 말은 변기에도 적용되는 모양이다. 시간이 흘러 내가 살 집 화장실을 고칠 때까지 그 기억이 이어졌다.

인터미션

토토에 대한 호감은 나이가 들수록 더 강해졌다. 일본 여행이나 출장을 다니면 곳곳에 토토가 있다. 고급스러운 공간에도 일상 공간에도. 단순히 고급품이 아니라 다양한 상황에 대응하는 회사라는 점도 마음에 들었다(일본 회사 중에는 이런 곳이 많다. 브랜딩이나 마케팅 기반이 아닌 제조업 기반이라서 그럴 것이다). 그래서 첫 집을 고칠 때도 토토를 찾아봤다. 한국의 토토 변기는 상당히 비쌌다. 비싼 것들만 들어오는 모양이었다.

게다가 제조업이 글로벌 사이즈가 되면서 토토의 진입장벽이 점점 높아지고 있었다. 요즘 토토 제품은 일본산이 아닌 중국산도 많다. 일본에서 생산하는 토토는 〈스타트랙〉에 나올 법한 공상과학적 비데 일체형 최고급 변기다. 아닌 게 아니라 최고급 토토는 정말 우주에서 떨어진 거대 달걀처럼 생겼다. 가까이 가면 변기 별에서 온 변기 성자가 나를 반기듯 소리없이 뚜껑이 열린다. 무안해서 내 엉덩이와 마주하게 할 수나 있을까 싶은 그 고급 변기 가격은 약 600만 원. 내가 그런 고급 토토는 못 가져도 언젠가 다른 토토는 한번 가져 보고 싶었다. 그 '언젠가 다른 토토'가 어디에 있는지는 몰라도.

그나저나 왜 '국산은 을지로, 수입은 학동역'의 공식을 벗어나 을지로에 토토가 있는 걸까. 이건 도시의 젠트리피케이션과 관계가 있는 듯했다. 을지로3가는 현대 서울 100여 년의 혼란과 역동을 한몸으로 보여주는 중이다. 이곳이 청계고가도로의 종점 근처이던 시절에 있던 공구상가나 인테리어 상가가 지금까지 상당 부분 남아 있다. 그 사이로 젊은이들이 좋아하는 가게들이 들어섰고, 구형 상가와 젊은이풍 가게를 감싸는 형태로 대형 사무실이나 주거 재개발이 이루어진다. 그 사이에서 많은 업체들이 오늘도 가게를 비우거나 채우며 업종을 바꾸고 있다.

그중 어느 욕실자재 업체가 폐업을 하며 기존 자재를 싸게 정리하고 있었다. 수십년 동안 을지로의 창고에 남아 있던 옛날 재고가 태풍이 밀어 올린 바닷속 잔해처럼 올라왔다. 약 20년쯤 전에 일본에서 생산되어 한국으로 건너온 뒤 팔리지 않고 을지로 어딘가의 창고에 있던 그 변기들이. 바로 그 잔해를 내가 지나가다 보게 되었다. 코비드-19와 젠트리피케이션과 흔들리는 나의 인생 등이 조합되어 우연히 성사된 만남이랄까. 물론 그때는 이렇게까지 깊이 생각해 보지 않았다. 그저 빈티지 변기 팝업 스토어를 찾은 마음으로 신나게 들어가 보았다.

매장 안은 마치 변기의 앙코르와트랄까. 내가 찾던 토토 변기들이 즐비했다. 내가 찾던 토토 변기는 특유의 원피스 변기였다. 변기는 구조적으로 크게 원피스

■ [부록] 욕실 도기의 변수 → 348

와 투피스로 나뉜다. 물 내리는 통이 따로 붙어 있는 게 투피스, 물통과 변기통이 일체형으로 붙어있는 게 원피스다. 토토 변기는 변이 흘러나가는 곳의 기울기를 조절해 유속을 빠르게 해서 적은 물로도 소음 없이 강하게 변을 밀어 내린다는 설명을 본 적이 있다. 가슴 뛰는 하이테크다. 바로 그 원피스 변기들이 있었다. 나는 이제 그 변기의 코드명도 안다. C406. 1980년부터 생산된 토토 변기의 스테디셀러다. 내가 본 건 C406의 마이너 체인지인 CS406. 2005년작이지만 주요 구조는 C406과 거의 같다. 변기계의 살아 있는 화석 같은 물건이다.

    이 좋은 변기가 왜 안 팔렸는지도 알 수 있었다. 색이 너무 다양했다. 보통 한국 시장에서 변기 표준으로 쓰이는 흰색 변기는 이미 다 팔려나간 것 같았다. 현장에는 색색깔의 변기가 남아 있었다. 연두색, 자주색, 일본 특유의 도자색이 생각나는 짙은 파란색 등. 수입품이었으니 보통 변기보다 비쌌을 텐데 색깔까지 남다르니 팔리지 않은 것이 당연했다. 가끔 남성복 할인매장에 가 보면 모양도 멀쩡하고 만듦새도 좋은데 색깔이 굉장해서 크게 할인하는 물건들이 있다. 핫핑크 재킷 같은 것. 이 매장의 토토 변기들이 그거였다. 변기계의 고급 핫핑크 재킷들이 시간의 먼지를 어깨에 쌓아 둔 채 손님들을 기다리고 있었다.

나는 기쁠 뿐이었다. 일단 이런 식으로 온갖 이유를 거쳐 저렴해져야 내가 살 수 있게 된다. 이미 상황에 맞춘 인테리어를 하고 있었으니 거부감도 없었다. 심지어 화장실 벽을 위해 미리 사둔 모자이크 타일 색과 거의 흡사한 색의 변기까지 있었다. 쓸데없는 짓을 하느라 고민할 일만 쌓아 가는 내게 모처럼 인테리어의 신이 복을 내린 걸까 싶을 정도였다. 나는 당장이라도 변기를 살 기세였는데 가게에 아무도 없었다. 하긴 변기는 30킬로그램씩 나가니 자리에 없다고 누가 훔쳐갈 수 있는 물건이 아니다. 한참을 부르고 기다리고 있으니 역시 마지 못해 마스크를 쓴 듯한 사장님께서 나오셨다.

　　사장님은 젊은 시절부터 평생을 을지로3가 욕실용품 상가에서 보낸 듯 숙련된 상인이었다. 원래 되게 좋은 건데 물건이 오래되고 폐업하는 거라 싸게 판다는 외교적 수사를 간결히 말씀해 주셨다. 실질적으로 중요한 가격 역시 생각보다 저렴했다. 변기 가격은 무명 중국산 - 덜 유명 국산(브랜드만 국산이고 거의 중국 생산이다. 성능 차이가 거의 없다) - 유명 국산 - 대중형 외산 - 고급형 외산 순으로 올라간다. 토토는 고급형 외산 그룹에 들어가 있어서 내가 평소에는 엄두를 낼 수 없다. 그런데 사장님께서 말씀해 준 토토 CS406의 가격은 유명 국산 제품과 큰 차이가 없었다.

인터미션

거기 더해 사장님은 신기한 옵션을 알려 주었다. 내부 부속에 따라 가격이 달라진다는 말씀이었다. 변기의 물탱크 안에는 변기의 물을 내려 주는 부품 뭉치가 있다. 물탱크를 열어 주는 동시에 다시 물을 채워 넣는 장치다. 그 장치는 요즘 모두 플라스틱이다. 플라스틱 부품 뭉치도 요즘 생활에서 사용에 전혀 문제가 없다. C406의 시대는 그렇지 않았다. 구동 부품이 모두 황동이었다. 황동이라 녹이 슬지 않고 플라스틱보다 기대수명이 훨씬 길고 무엇보다 봤을 때 멋지다.

'누가 변기 뚜껑을 열어서 제품을 보나'라는 생각은 이미 럭셔리가 아니다. 최고급 손목시계들은 시계의 엔진 역할을 하는 무브먼트에도 정밀한 표면가공을 한다. 그리고 그렇게 가공한 시계 무브먼트가 보이지 않는 금속 백케이스로 마무리한다(생색의 시대인 21세기에는 이런 시계가 거의 없긴 하다). 나는 물속에 잠겨 있는 황동 변기 부속을 보면서 바로 그 생각을 했다.

변기 사장님의 프레젠테이션 기술도 치명적이었다. 그는 변기의 성능을 보여준다며 나를 2층 창고로 데려갔다. 거기에는 놀랍게도 사용하지 않는 쇼룸용 변기가 있었다. 하나는 플라스틱 부속, 하나는 오리지널 부속. 그는 두 변기의 물을 번갈아 내려 주었다. 플라스틱 부속 쪽이 물을 내릴 때의 소리가 조금 더 컸다. 물을 내릴 때의 느낌도 황동 부속이 조금 더 스무드했다. 그 느낌을 위해 내가 추가로 지불해야 하는 돈은 5만 원. 나는 망설임 없이 브라스를 택했다.

    이렇게 여러 의미를 품은 나의 토토 변기 역시 공사가 지연되고 있으니 갈 곳을 잃었다. 다른 자재들은 자사 창고가 있어서 보관을 부탁할 수 있었지만 이 변기 업체는 곧 폐업하니 빨리 가져와야 했다. 이번에도 다행히 답이 있었다. 비슷한 시기에 인테리어 공사를 하던 친구와 변기를 같이 구매했다. 고맙게도 그 친구가 자기 창고에 오랫동안 변기를 보관해 주었다. 부피가 상당히 컸는데 싫은 소리 한번 없이 보관해 주어서 아직도 고마워하고 있다.

    나는 이렇게 집을 이루는 부품들을 조금씩 모았다. 내가 종종 진절머리 내던 서울의 특징이 오히려 나에게 유리하게 작용하고 있었다. 아니면 내가 평생 서울에서 살았으니 나도 모르게 서울의 여러 가지 특징을 활용하고 있었는지도 모른다.

    반면 집은 계속 답보 상태였다. 전기까지 마무리한 뒤 어떻게 해야 할지 생각이 잘 나지 않았다. 여전히 내 고민은 벽지가 몇 겹씩 붙은 벽을 처리하는 방법에서 멈춰 있었다. 몇 번 가서 떼 보려고 시도하기도 했지만 일이 있는 개인이 하기엔 무리라는 생각이 들 뿐이었다. 오래된 벽지 떼는 일을 누구에게 부탁할지, 벽지가 다 떼어지면 다음 벽면 처리는 어떻게 해야 할지, 어떤 기준으로 누구를 찾아 무슨 일을 맡겨야 할지, 이런 업무를 맡길 때의 적정 가격은 얼마일지. 이 모든 질문에 가설을 구하고 판단을 하는 게 당시의 나에게는 막막했다.

그 사이에서 감사하게도 일이 계속 들어오고 있었다. 일이 없었다면 며칠이 걸리든 집으로 가서 맨손으로 벽지를 떼었을 것이다. 하지만 때는 코비드-19 기간, 온갖 마케팅 예산이 내수 시장으로 몰렸다. 그때에 맞춰 나에게도 마케팅 예산을 활용해 콘텐츠를 제작하고 싶다는 기업의 의뢰들이 들어오기 시작했다. 기업 입장에서는 마케팅 콘텐츠였으나 내 입장에서는 잡지 기획과 다를 바 없는 양질의 기획들이었다. 오히려 잡지 기획보다 더 참신하거나 취재 자유도가 있는 경우도 많아서 기꺼이 기쁘게 해 나갔다. 모든 일이 재미있게 흘러가는 중 집수리만 멈춰 있었다. '해결할까 → 모르겠다 → 일해야지 → 그런데 언제 해결할까 → 모르겠다 → 마감이네 → 마감 끝났다. 이제 해결할까 → 모르겠다…'의 상태가 계속 반복되고 있었다.

이 반복이 깨진 건 코비드-19가 엔데믹을 향해 가던 2022년 하반기였다. 어느 여름 날 모르는 번호로 전화가 왔다. 남성 패션 잡지 〈아레나 옴므 플러스〉의 편집장이었다. 이 잡지의 피처 에디터로, 그중 팀장 격인 피처 디렉터로 일해 보지 않겠냐는 제안이었다. 그 전에도 취업 제안을 몇 번 받은 적이 있었지만 몇 가지 이유로 고사했다. 남성지는 달랐다. 이해하는 사람이 많을 듯하지는 않으나 잡지 에디터 세계에서, 적어도 나에게 남성 잡지 피처 디렉터는 상당히 상징적인 의미가 있다. 어릴 때부터의 꿈이랄까, 이 일을 하면서 한번은 도달하고 싶던 지점이랄까. 제안을 받고 잠시 생각한 뒤 금방 결정했다. 나는 큰 결정을 할 때 길게 생각하지 않는다. 피처 디렉터라는 게 되어 보기로 했다.

  그 결정 때문에 집의 시간이 다시 빨리 흐르게 되었다. 내 취업 절차가 마무리된 건 2022년 9월. 최대한의 협의를 거친 나의 첫 출근일은 그해 12월 1일. 내가 얻어 낸 말미는 약 세 달. 그 때까지 어떻게든 집을 마무리 지어야 한다. 새로운 목표가 생겼다.

3부. 입주

15 고양이버스를 닮은 집수리 전문가

2022년 9월 나는 전혀 생각하지도 못한 전개로 남성 패션 잡지계에 돌아오게 되었다. 제안을 받아들인 이유 중에는 '이 제안을 받아들여 내게 숙제를 만든 후 빨리 집수리를 마무리하자'라는 생각도 있었다. 이유가 뭐든 이제는 뭐든 잘해야 하는 나이나 연차이기도 했고, 그런 상황이기도 했다. 내 주변에서 흔들리던 지반들을 내가 스스로 다시 고정시키고 싶었다. 그래야 할 때였다.

우리 업계에서는 '마감은 마감이 한다'는 말이 있다. 수동적인 말이라 조금 부끄럽긴 하나 실제로 일을 해 보면 이 말이 정말일 때가 많다. 이런저런 마감을 하면 할수록 '내가 마감을 했다'라기보단 '어 마감이 끝났네' 같은 느낌이 든다. 나는 압박 앞에서야 컴팩트한 선택을 하는 종류의 인간인 모양이고 부끄럽지만 그게 나다. 부끄러운 나는 나의 실무적인 문제로 돌아갔다. 벽을 어쩌지. 벽지가 덕지덕지 붙어 있는 벽을. 나는 그제서야 결론을 내렸다. 내가 할 수 없는 일이다. 다른 사람을 찾자. 사실 처음부터 정해진 답이었다. 그 생각으로 돈을 조금씩 모아 두기도 했었고.

전부터 사람을 찾자는 생각은 했다. '누구를 어디서 어떻게 찾냐'는 후속 질문을 회피했을 뿐. 누구에게 맡겨야 할까? 보통 이럴 때는 누군가에게 소개받거나 인터넷 카페에서 누군가를 찾는다. 지금의 내게는 둘 다 여의치 않았다. 소개를 받았다고 해도 그분이 만족스러울 가능성이 낮다. 혹시 소개받은 분이 마음에 들지 않는다면 소개해 주신 분과도 껄끄러워질 수 있다. 셀인과 인기통은 전에 적은 것처럼 처음부터 생각하지 않았다. 일을 좀 하다 보니 인터넷 카페에 자기 결과물을 올리지 않아도 일이 끊어지지 않는 사람들과 일하는 게 좋다는 걸 알게 됐다. 문제는 다시 제자리로 돌아왔다. 그런 사람을 소개도 받지 않고 어디서 찾지?

아울러 나 역시 이번 집과 지난번 집 공사 발주를 하며 뭔가를 깨닫게 되었다. 남을 평가할 수 있게 되었다는 게 아니라 나 자신에 대해 깨달았다. 돌아보니 나는 싸거나 비싸거나, 친절하거나 안 친절하거나 이런 걸로 뭔가를 결정하지 않았다. 가격이나 친절은 내 선택에 큰 영향이 없었다. 내가 원한 건 정보와 논리였다. 100원이면 이게 왜 100원인지 알려 주는 사람이 좋았다. 일을 하다 보면 한번 슥 둘러보고 '이건 얼마에 해 드릴게요'라고 말하는 사람들이 있다. 견적 산정은 귀찮은 일이니 그 마음 이해한다. 이해하기 때문에 귀찮은 일을 할 줄 아는 현장 인력과 일하고 싶었다. 그래야 나에게 설명해 줄 수 있으니까. 나는 이해할 수 있는 걸 원했다. 비싸고 싸고는 다음 문제였다. 나는 이유가 없는 게 싫었다.

그 조건에 맞는 분들이 계신 곳이 있을 거라 생각한 곳이 있었다. 서울시 집수리닷컴. 서울시에서 운영하는 집수리 정보 제공 페이지다. 책에 정보를 더하기 위해 찾아보니 2016년부터 시작된 제도라고 한다. 요즘 헌 집은 무조건 '헐리고 새로 지어서 차익을 노릴 잠재 자산' 취급받는 분위기지만 그런 분위기와 상관없이 각자의 사정으로 오래된 집에 사는 사람들이 있다. 집수리닷컴은 그런 사람들을 위해 교육과 상담은 물론 융자까지 지원하는 곳인 듯했다. 다만 이곳에서 제공하는 서비스 중 내가 원했던 건 하나도 없었다. 내 관심은 따로 있었다. 이 홈페이지에 등재된 시공업체.

이분들이 더 잘할 거라거나 서울시의 인증을 받았다거나 잘 안 되었을 경우 서울시가 책임을 져 준다거나 그런 건 전혀 없었다. 그런 제도가 있다면 훨씬 쓸모 있을 거라 생각하지만 나는 관료 조직에 대한 기대치가 낮다. 그런데도 내가 이 페이지에 등재된 업체를 찾아야겠다고 생각한 이유가 있었다. 이들이 서울시에 등록된 시공업체라면 서울시라는 관료 조직이 요구했을 이런저런 서류 심사에 통과했다는 뜻이다. 그 말이 증명하는 건 시공 실력이 아니다. 문서 작성과 제출 실력이다. 나는 바로 그걸 원했다.

고민이 길었지 실행은 간단했다. 내가 이 홈페이지를 통해 시공업체를 찾아봤을 때만 해도 100개 넘는 업체가 등록되어 있었다. (출간을 앞둔 2025년 9월 현재 329개로 늘었다). 그러나 어차피 공사해 주시는 분은 한 분이다. 이 중 한 분만 잘 고르면 된다. 나는 집수리닷컴의 목록 중 우리 동네에서 활동하시는 업체를 검색했다. 다섯 업체쯤 나왔다. 그중 우리 집에서 가장 가까이 있는 곳에 전화를 걸었다. 목소리가 나긋나긋한 남자가 전화를 받았다.

전화 속 그는 친절하되 무조건적으로 친절하지는 않았다. '나를 어떻게 알고 전화를 걸었냐'는 분위기가 있었는데 왠지 그 분위기가 마음에 들었다. 이것 말고도 다른 일이 돌아가고 있다는 의미 같아서. 마음먹고 속이려면 세상에 못 속일 사람이 없지만 일단 나는 믿어 보려는 편이다. 날을 잡아서 현장에서 만나기로 했다.

며칠 뒤 만난 사장님은 〈이웃집 토토로〉의 고양이버스를 닮았다. 인상은 40대 중반쯤. 조금 통통했고, 그만큼 얼굴의 폭도 조금 넓었다. 고양이버스처럼 미소를 잘 짓는 표정이었지만 역시 고양이버스처럼 늘 웃고 있는 느낌은 아닌, 뭔가 신비로운 표정을 하고 있었다. 이런 현장에서 만날 수 있는 인테리어 사장님과는 조금 분위기가 달랐다. 무조건 싸게 해 주겠다는 가격 경쟁력형 사장님 느낌도, 유행하는 걸 잘해 주겠다는 멋쟁이형 느낌도 아니었다. 어디에도 속하지 않는 듯 자기 보폭으로 밤길을 달리는 고양이버스 같달까.

나는 그와 이야기를 나눌수록 믿어 볼 만한 사람이라고 생각하기 시작했다. 현장을 많이 다니는 분답게 옷에는 먼지가 조금 묻어 있었지만 말씨도 일반 현장 사장님들과 달랐다. 커피숍이나 미용실 혹은 뭔가 상담 직군을 했어도 잘하셨겠다 싶을 정도로 섬세하고 이야기의 앞뒤에 조리가 있었다. 이런 사람이라면 서울시 집수리닷컴에 등록하는 귀찮은 행정 절차도 혼자 해냈을 듯한 느낌이 들었다.

이야기의 내용은 처음 전화 통화에서 받은 느낌대로였다. 요약하면 이랬다. 이 공사를 할 수는 있으나 내가 지금 일이 있어 당장은 못 한다. 나에게 안 해도 좋으니 몇 명 물어보고 결정해라. 그때의 나는 취업과 마감이 급했다. 취업 전에 마무리해야 할 프리랜서 일들도 있었고, 취업할 잡지사와의 일도 이미 해 나가기 시작했다. 괜찮다 싶은 분이라면 굳이 다른 후보들을 찾아서 물어볼 시간과 정신적 여유가 없었다. 이 사장님과 진행하는 걸로 하고 먼저 견적서를 받아보기로 했다.

견적서 이야기까지 나온 김에 내가 원하는 것과 고민하는 것도 이야기했다. 공사가 멈춘 현장에서 만났으니 이야기하기도 쉬웠다. 나는 나의 고민인 천장과 벽 이야기를 꺼냈다.

- 천장은 보가 드러나도 좋으니 최대한 층고가 높았으면 한다. 그런데 천장 처리를 어떻게 해야 할지 모르겠다. 꼭대기 층인 만큼 단열 층 하나 대지 않고 층고를 올리는 방식으로만 마무리할지도 고민이다.
- 벽 역시 계속 고민했다. 나는 구조가 간단한 게 좋아서 벽지를 다 걷어낸 뒤 표면이 거친 회칠 같은 마무리를 생각하고 있다.

사장님은 내 제안을 경청한 뒤 오히려 역으로 제안했다. 벽지를 그대로 두고 나무로 가벽을 세우자고. 그의 논리는 이러했다.

벽지를 떼는 일은 생각보다 노동집약적인 일이라 비용과 시간이 많이 든다. 거기에 페인트칠까지 하면 또 비용과 시간이 추가될 것이다.

그러느니 목수에게 모든 걸 맡기는 식으로 공사를 진행하면 어떻겠느냐. 천장 공사를 할 때 나무로 가벽도 세우는 것이다. 어차피 천장 공사는 목수가 한다. 거기 더해 화장실 천장까지 공사해야 하니, 목수 실장님께서 며칠 진행하는 게 오히려 효율적인 공사가 될 수 있다. 벽

앞에 나무 가벽을 세우면 벽 하나당 2-3센티 두께의 공간 손실이 있을 테니 그걸 감수하시라.

나는 아주 감탄했다. 1년 동안 고민하던 게 이렇게 끝나다니. 바로 동의했다. 거기 더해 나도 의견을 제안했다. 그럴 거라면 벽 마감을 아예 다 판재로 해도 될는지. 합판 위에 벽지를 또 붙이는 게 아니라 아예 벽을 다 나무로 마감하는 게 가능할지. 집 벽을 (무늬목 필름 같은 게 아닌) 실제 나무로 마감하는 것도 오랫동안 품어 온 나의 거주 판타지였다. 방법이 막막했을 뿐이다. 그런데 이제 목수를 동원할 수 있는 인테리어 사장님이 오셨으니 오히려 내 꿈을 구현할 수 있게 된 것이었다. 사장님 역시 그 정도는 가능하다고 했다. 어차피 목수 사장님은 현장에 계시니까. 오히려 그게 벽지 기술자들을 부르지 않아도 되니 더 효율적일 수 있다고 맞장구를 쳐 주었다. 나는 거듭 감탄했다. 이래서 사람들이 컨설턴트를 고용하고 인테리어 디자이너와 일을 하는 건가. 바로 찬성했다.

이날 나눈 이야기는 만약 이 집의 수리 과정 연표를 적는다면 따로 표시를 해야 할 정도로 중요한 의미가 있었다. 벽면 처리의 방법론이 확정되었기 때문이었다. 벽면 처리의 방법론을 확정하는 동시에 내 머릿속에는 이 집의 모든 인테리어에 대해 확고한 이미지가 생겼

■ [부록] 혼자 하는 수리 vs. 디자이너에게 맡기는 수리 → 350

다. 집 하나를 이루는 주 소재를 모두 통일하기로. 내가 쓰고 싶던 벽면 소재는 자작나무 합판이었다. 자작나무는 밝은색이고 합판 중에서는 많이 쓰는 라왕보다 비싸서 잘 쓰지 않는다. 하지만 나는 전부터 자작나무 특유의 단정한 결과 밝은 색을 좋아했다. 원목보다 저렴하고 튼튼한 합판의 합리성도, 단면에서 보이는 샌드위치 같은 적층도 좋아했다.

밝은 색 자작나무 벽 역시 생각할수록 좋았다. 기존에 발주해 둔 가조띠의 오크 색과 약간 누런 회색 빛 타일 색과도 잘 어울릴 것이었다. 인테리어 중에는 어두운 색 마루에 흰색 벽을 쓰는 곳도 많지만 나는 집 안에 색이 많은 게 별로 내키지 않았다. 벽에 페인트칠을 할 때도 마루 색에 맞춰 베이지색이나 아이보리색을 생각했을 정도니까. 나는 적당한 톤 온 톤(tone on tone)을 좋아한다. 이 아이디어대로라면 이 집이 그렇게 될 듯했다.

벽에 대한 생각을 마무리하고 바닥과의 조합을 상상해 보니 가구에 대한 생각도 한번에 마무리되었다. 나는 몇 가지 이유로 이 집의 가구는 의자나 몇 소품을 빼면 모두 맞춰야겠다고 생각하고 있었다. (이유는 가구 편에서 자세히 설명하겠다.) 그때도 모든 맞춤 가구를 자작나무 합판으로 하면 근사할 듯했다. 벽 소재와 가구 소재가 같다면 집 한 채가 잘 조립된 가구 안에 들어와 있는 느낌이 들지 않을까. 그 정도 일관성이 있다면 전문 인테리어 디자이너를 모시지 않아도 나름 의도한 인테리어 같은 느낌이 들지 않을까. 벽 소재가 정해지자 집 전체의 방향성이 정해진 것이다.

며칠 후 견적서가 카카오톡으로 왔다. 내가 궁금해서 알길 원하던 각종 세부 견적들이 두루 정리되어 있었다. 각종 자재비. 소요 인건비. 기업 이윤이라 표시된 사장님의 순익까지. 그걸 보고 나니 딱히 내가 더 붙일 말이 없었다. 이분과 진행하기로 했다. 의심 많은 사람이라면 각종 자재 내역서를 보며 '이 가격에 뭔가 커미션이 붙어 있지 않나' 같은 생각을 할 수도 있다. 그 정도까지 의심이 많다면 자기가 자재를 발주하는 일부터 해야 한다고 생각한다. 나는 이 사장님과 이야기를 나누고 몇 가지 서류를 주고받은 뒤 이분을 믿기로 했다.

기억 나는 장면이 있다. 나는 전 반장님과 공사를 할 때도 꽤 많은 시간을 반장님과 함께 보냈다. 내가 바로바로 결정할 게 있기도 했고 반장님 비롯해 고생하시는 현장 분들께 초코파이라도 사 드리는 게 내 일이라고 생각했다. 이번에 함께한 고양이버스 사장님께도 앞으로 현장에 자주 있을 거라고 말씀드렸다. 현장 공사 하시는 분들 중에는 현장에 내가 있는 걸 별로 안 좋아하시는 분들도 있다. 내심 귀찮고 감시하는 기분이 드는 것 같아서 등등. 나도 내 나름의 현장에 손님들이 오는 게 내키지 않을 때가 있으니 이해한다.

그러나 이런 공사에는 나의 할 일도 있다고 생각한다. 이런 공사라 함은 여러 가지가 제한된 소규모 공사다. 거기 더해 살면서 내가 내 집이 고쳐지는 걸 볼 날이 얼마나 있겠나. 돈이 더 많아지면 시간이 모자랄 테고 시간 여유가 많아진다면 이런 공사를 진행할 돈이 없을 것이다. 내 삶의 마지막이 될 수도 있는 공사 참관 현장에서, 이번에도 초코파이라도 조금 사다 드리고 싶기도 했다. 고양이버스 사장님은 내가 현장에 자주 올 거라고 하자 싱긋 웃으며 말했다. "친해지고 좋겠네요." 공사를 시작해 보기도 전에 이분과 하길 잘했다는 생각이 들었다.

16 아름다움과 본능

집수리는 약간 해 봤으나 프로 인테리어 공사 사장님께 일을 맡겨 진행해 보는 건 처음이었다. 수리를 진행하며 깨달았다. 이건 애초부터 내가 하기에는 무리인 일이었다. 생각보다 신경 쓸 일이 너무 많고, 미리 알고 지내야 하는 각 분야의 전문 인력이나 주요 자재 거래처가 너무 많았다.

그 과정에서 나는 내 나름대로 집수리의 종류에 대한 정의를 내리게 되었다. 변수는 둘. 디자인 예산과 소재 단가. 디자이너 등을 모시는 디자인 예산이 많이 책정되어 있느냐, 그와 별개로 소재에 얼마나 예산을 쓸 것이냐. 이에 따라 집수리의 운명은 네 가지로 갈라질 수 있다. 디자인과 소재에 모두 예산을 쓴다면 멋지고 호화로운 게 나온다. 디자인과 소재 모두 절약한다면 집수리의 필수에 충실한 결과물이 도출된다. 만약 예쁜 게 좋은데 예산이 모자란다면 디자인에 예산을 쓰고 소재에서 절약할 수 있다. 나름 합리적인 결정이다.

각자의 수리 방향성을 식당이나 음식에 비교하면 이해가 쉽다. 비싼 소재에 디자인도 좋으면 파인 다이닝. 디자인과 소재에서 모두 아끼면 필수 영양소. 디자인이 좋은데 소재가 저렴하면 유행 지향성 프랜차이즈 식당. 디자인에 힘을 빼고 소재에 집중하면 소고기를 파는 정육식당.

내 경우엔 정육식당형 집수리인 셈이었다. 소재에 돈을 쓰고 디자인에 돈을 아끼는 결정을 했으니. 내 분수에 안 맞을 정도로 값나가는 소재들을 어떻게든 이 집에 끌어모았다. 그러느라 디자인 전문가를 모실 수 없게 되었다. 그 결과 현장의 고양이버스 사장님 등의 분들

인테리어 소재 단가 / 디자인의 상관관계

X축 → 디자인 예산
Y축 → 소재 단가

고단가 소재
노 디자인

정육식당형 집수리

고급 소재에 예산을
집중하는 결정.
그에 따른 디자인적 한계.

고단가 소재
인테리어 디자인

파인 다이닝형 집수리

값비싼 소재와
고급 디자인.
그에 걸맞게 치솟는 예산.

저단가 소재
노 디자인

필수 영양소형 집수리

저렴한 소재와
최소한의 디자인.
그에 걸맞게 절감되는 비용.

저단가 소재
인테리어 디자인

프랜차이즈형 집수리

눈앞의 예쁨에
투자하는 의사결정.
그에 따른 예쁜 디자인과
짧은 수명.

과 머리를 맞대고 이야기해 가며 눈에 보이는 부분들을 마무리해야만 했다. 전문 디자이너를 모시면 당연히 이보다 더 효율적이고 아름다운 마무리가 가능했을 것이다. 내 품도 덜 들었을 거고. 하지만 이 과정과 이 결과가 나의 특성이자 한계였다.

나의 일인 에디터 경험 덕에 더 이해하기 쉬웠다. 내 업무인 정보 편집물 제작도 특히 요즘 세상엔 누구나 할 수 있다. 다만 효율적인 업무 진행 순서를 알고, 기획부터 제작실무와 디자인까지의 주요 담당자와 소통하며 결과물을 수월하게 만드는 건 조금 다른 이야기다. 이 분의 일을 보니 인테리어 일도 마찬가지였다. 내가 진행하는 정육식당형 집수리를 에디터 일에 대입하면 클라이언트가 에디터 없이 직접 페이지 제작 실무자들을 섭외해 페이지를 만드는 식이었다. 가능은 하지만 효율이 떨어지고 시행착오가 많아질 수 있다. 내가 이 집에 하고 있는 게 바로 그런 것들이었다.

실제로 내가 나름대로 해 뒀다고 생각했는데도 집수리의 단계는 한참 남아 있었다. 고양이버스 대표님과 함께한 공사 순서는 대략 이렇다.

— 기존 쓰레기 철거 및 자재 올림
— 단열 공사

— 벽체 공사

— 타일 공사

— 벽체 페인트칠 공사

— 마루 공사

— 조명, 스위치 등 설치

— 청소 후 입주

이 집은 자재를 올리는 일부터가 별도의 업무였다. 엘리베이터가 없는 건물의 꼭대기 층이기 때문이었다. 사다리차가 진입할 수 있도록 주민 양해도 미리 구해 놔야 했다. 그런 일을 거친 뒤 2022년 10월쯤 드디어 실질적인 공사의 자재들이 올라가기 시작했다. 천장 단열재, 벽체 구조재와 마감재. 그런 것들이 사다리차를 통해 한참 올라갔다. 순간순간 '내가 무슨 짓을 하고 있는 거지'라는 겁이 나기도 했다. 그러나 이번에도 어쩔 수 없었다. 그동안 번 돈을 인테리어 선금으로 지불했다. 첫 출근일도 하루하루 다가오고 있었다.

고양이버스 사장님은 고양이버스답게 세련된 태도로 해야 할 말을 다 하는 사람이었다. 그런 그가 했던 말 중 기억에 남는 것이 있다. 공사하는 사람들이 가장 싫어하는 게 남이 하던 현장에 들어가는 거라고. 일을 하는 모든 사람이라면 이해할 수 있을 법한 이야기다. 이 현장이 바로 그런 현장이었다. 배관과 전기까지는 되어 있으나 인수인계는 받을 수 없고 그다음부터 해야 하는 상황. 고양이버스 사장님은 잠깐 난처한 기색을 표했을 뿐 역시 다정하게 하나씩 해결해 나가기 시작했다. 실제로 이 사장님과 일을 진행하니 여러 고민들이 한번에 해결되었다.

대표적인 고민이 천장이었다. 실내 천장 마감 문제는 물론 화장실 천장도 고민이었다. 화장실은 습기가 있는 곳이기 때문에 일반 천장과는 조금 달리 접근해야 한다. 실내 천장 역시 이 집이 꼭대기 층이기 때문에 다른 층보다 단열에 더 유의해야 한다. 사장님은 둘 다 간단히 해결했다. 실내 천장은 단열재를 많이 붙이기로, 화장실 천장은 습기에 강한 목재를 쓰기로. 그래서 천장고가 조금 낮아지긴 했지만 기능적으로 어쩔 수 없는 선택이었다.

이런저런 이야기를 나누고 뭔가를 결정해 가면서 이 집을 매입한 뒤 수년 만에 처음으로 제대로 된 공사가 순조롭게 진행되기 시작했다. 자재를 올린 뒤 폐자재를 내리고. 필요한 자재를 한곳에 모아 둔 뒤 천장 단열 공사부터 시작하고. 벽체를 붙이고. 벽체를 붙인 뒤 필요에 따라 합판으로 마무리하고. 이런 일들이 유려한 음악처럼 끊김 없이 이어졌다. 진작 이런 결정을 내려서 일을 빨리 진행하지 못한 내가 한심할 정도였지만 이미 스스로가 한심함을 너무 잘 알고 있던 터라 더 한심해할 기력도 없었다.

공사를 진행하며 이분들께 크게 감탄한 부분이 있다. 나는 사장님의 성실성과 그와 함께하는 각 전문가의 친절에 우선 크게 감사했다. 일을 하다 보면 결이 비슷한 사람들과 일하게 되는 모양인지 고양이버스 사장님과 함께 하는 주요 전문가들은 모두 친절하고 열의가 있었다. 마르고 얼굴이 타서 현장 장인 느낌이 나는 목수 선생님과 덩치 큰 보조 목수로 구성된 목수팀도, 왠지 학구적인 느낌이 나는 타일팀도 모두 인상이 좋았다. 인상이 좋은 만큼 일도 열심히 해서 무척 감동했다. 어느 팀에서든 좋은 분들께서 오셔서 이렇게 열심히 해 주시다니 인테리어의 신(혹은 나의 마감을 돕기 위한 잡지의 신)의 가호가 아닌가 싶을 정도였다.

인터넷이나 오픈마켓에서 공사 전문가를 찾아 일을 진행하면 이런 느낌을 받지 못할 때도 있다. 나도 무안했던 경험이 몇 번 있다. 경험 끝에 내가 내린 결론은 '누구의 잘못도 아니다'다. 보통 인터넷으로 맺어진 공사 인력과 발주자는 한 번 만나고 다시 안 만날 사람들일 확률이 높다. 발주자는 사람을 찾을 다른 방법을 몰랐기 때문에 인터넷을 찾았을 것이다. 그런 사람이라면 공사에 대한 기대치가 높으나 공사 자체에 대한 정보값은 낮을 확률도 있다(내가 그랬다). 공사 전문가 입장에서 이런 손님은 귀찮은 손님이다. 공사하는 입장에서는 한 번 보고 말 귀찮은 손님에게 열의 있게 할 만한 동기가 마땅치 않다.

고양이버스 사장님과 함께하는 분들은 다르다. 이들은 나의 현장을 공사하지만 계약은 고양이버스 사장님과 진행한 분들이다. 고양이버스 사장님과 일을 계속하기 위해서라도 열의 있게 일할 가능성이 높았다. 이래서 믿을 수 있는 프로듀서를 찾는 건가…라는 생각을 공사하는 동안 많이 했다.

친절보다 더 놀란 게 있다. 이 분들께서 내 나름의 미적 고집을 충분히 함께 구현하려 노력해 준 것이다. 그게 구현된 부분은 내가 아는 한 크게 세 부분이다. 욕실 천장. 걸레받이와 천장 몰딩. 그리고 나무 벽.

욕실 천장은 은근히 신경 쓰이는 곳이다. 보통 천장과는 달리 욕실은 늘 습기가 낀다. 그러므로 실내의 다른 천장 소재와 같을 수 없고, 보통은 플라스틱 소재를 많이 쓴다. 나는 이 집 욕실 천장에 왠지 플라스틱 소재를 쓰고 싶지는 않았는데 그렇다고 딱히 대안도 없었다. 이때 사장님이 답을 주었다. 사장님은 이른바 '동네 공사'를 많이 하시는 분이었다. 잡지에 나오는 부자들의 집처럼 인테리어 디자이너와 함께 아주 대단한 뭔가를 만드는 분이 아니었다. 나처럼 미적 요소에 예산을 쓰고, 온갖 수입 자재나 소품을 고집하는 손님은 별로 겪어 본

적이 없는 것 같았다. 나를 이해하지 못하거나 한심하게 여겼더라도 충분히 그럴 수 있다 생각하나 그는 역시 숙련된 고양이버스답게 그런 티를 낸 적이 없다. 욕실 천장을 정할 때는 사장님께서 내 성격을 읽었는지 먼저 목재를 쓰자고 하셨다. 히노키 루버를 쓰면 색도 잘 맞고 좋은 나무 냄새도 날 거라고. 그거다 싶어 바로 진행했다. 실제로 화장실 천장의 히노키 루버는 이 집에서 내가 무척 좋아하는 부분 중 하나다.

내가 공사를 진행한다면 구현해 보고 싶은 또 하나의 디테일이 걸레받이와 천장 몰딩이 없는 집이었다. 한국에서 걸레받이와 천장 몰딩은 각각 벽의 바닥 부분과 천장 부분에 있으나 기능은 같다. 집의 벽, 바닥, 천장을 공사하다 보면 벽과 바닥이 닿는 곳에서 틈이 발생할 수 있다. 그 단차를 덮어서 안 보이게 해 주는 장치가 걸레받이와 천장 몰딩이다. 공사를 하기 전엔 몰랐지만 막상 내 현장에서 공사를 지켜보니 단차는 자연의 일부였다. 단차의 발생과 몰딩으로 그를 막는 것도 모두 이해할 수 있었다.

다만 나는 할 수 있다면 가능한 그 단차를 줄이고 싶었다. 모처럼(아니면 살면서 처음이자 마지막으로) 비용을 들여서 진행하는 집수리 공사다. 평면과 입면이 꺾여 접히거나 돌아들어가는 부분에 몰딩이라는 시각적

저항 요소를 두고 싶지 않았다. 대단한 가구 같은 걸로 인테리어를 하는 게 아니라 눈에 거슬리는 (그리고 기능적으로도 나태한) 것들을 없애는 인테리어를 하고 싶었다.

  문제는 이 공사의 난도였다. 현장에서 보니 걸레받이와 몰딩이 없도록 공사하는 건 생각보다 훨씬 더 공이 많이 가는 일이었다. 온갖 몰딩으로 집의 각 모서리를 발라 둔 인테리어 마무리도 왜 그랬는지 이해가 갔다. 그런데 현장의 목수 사장님은 이 일을 아주 성실하고 말끔하게 진행해 주셨다. 그 덕에 입면과 평면이 깔끔하게 접힌 듯한 모양새의 실내공간을 만들 수 있었다.

  가장 감동한 부분은 나무 내벽이었다. 한국에서 기성품으로 파는 합판은 보통 가로 1220 세로 2440밀리미터 치수다. 그러니 층고가 2.4미터를 넘어가면 합판 한 장으로 벽을 막을 수 없게 된다. 합판을 눕힌다 해도 마찬가지다. 가로 벽이 2.4미터를 넘어간다면 어차피 합판 한 장으로 깔끔하게 벽을 마감하는 건 불가능하다.

  나도 그 정도는 알고 있었다. 상관없었다. 나는 결과뿐 아니라 과정에서도 간결한 걸 원했다. 재단 없이 합판을 턱턱 붙이고, 남는 부분이 생기면 치수에 맞춰 잘라 붙이면 된다고 생각했다. 르 코르뷔지에의 마지막 집으로 유명한 레만호의 집도 비슷하게 마감했다. 합판을 그대로 붙이고 별다른 마감을 하지 않았다. 내가 대단한 집에 사는 것도 아니니 이 정도면 내게 충분하고 넘친다고 생각했다. 같은 폭의 패턴이 이어지는 것도 멋지다고 여겼다. 세로로 깔아 둘 경우 폭 1220밀리미터짜리 패턴이 이어지는 셈이다. 그렇다면(합판을 세워서 벽에 붙일 경우) 각 벽의 폭이 1220밀리의 배수가 아니라면 필연적으로 자투리가 생긴다. 벽의 길이가 다 다를 테니 자투리도 다 다를 것이다. 나는 상관 없었다.

    그런데 사장님이 이 생각을 막았다. 벽 길이가 다른데 재단 없이 원장을 턱턱 붙일 경우 집이 아주 안 예뻐질 거라는 것이었다. 옆에 있던 목수 사장님도 동의했다. 왜 비싼 돈 주고 나무 사서 그렇게 하냐고.

    그들이 제시한 대안은 상당히 공예적이었다. 목수 사장님이 현장에서 계산해 나무 폭의 비례를 맞추겠다는 것이었다. 모든 방과 벽의 폭을 계산해 방과 벽마다 벽지 역할을 하는 나무 합판의 크기를 조금씩 다르게 하되 육안으로는 거의 비슷해 보일 거라는 논리였다. 비효율적인 제안이었다. 내가 생각한 공정 최소화와 모듈 최대화에 맞지 않았다. 그런데 반대하려니 인테리어 사장님과 목수 사장님의 요청이 아주 강력했다. 내 말을 따르면 빨리 끝낼 수 있는 일에 알아서 시간을 더 투입하신 것이다. 나는 내 의견 수용 여부를 넘어 큰 감동을 받았다. 현장 당사자들께서 '더 예쁜 것'을 이유로 업무를 자처했기 때문이었다.

　　　　나중에 〈아레나〉에서 일하던 중 2024년 4월에 원로 건축가 김태수를 인터뷰했다. 그는 젊은 건축가에게 건축 여행을 보내 주는 기금을 30년 동안 운영해 왔다. 본인에게 인상적인 건축 여행지를 물었을 때 그는 기원전 5천 년에 지은 이집트 사카라 지역과 그 건물이라 답했다. 그가 말한 건물은 7천여 년 전에 지어져 아직 남아 있으니 현존 인류의 건축물 중 가장 오래된 것에 속한다. 그는 그곳에서 당시 사람들의 아름다움에 대한 고민을 보았다고 했다.

　　　　"뭔가 지을 때부터 그냥 짓지 않고 아름답게 지어 보겠다는 욕심, 그게 건축이에요." 김태수는 사카라의 건축을 이런 말로 표현했다. 나는 그 말을 들으며 나의 낡은 현장을 떠올렸다. 세상에는 훌륭한 고급 인력이 값비싼 인건비와 자재비를 들여 지은 건물이 많을 것이다. 내 집이 그런 공간과 다를 바 없다고 우길 생각은 전혀 없다. 하지만 나의 현장에서 아름다움에 대한 인간의 본능을 느꼈다. 아름다움을 위해 성의를 다하겠다는 본능. 내 손으로 만들 수 있는 한 가장 아름다운 걸 만들겠다는 본능.

　　　　사람들 중에는 아름다움을 추구할 수 있는 능력이나 자격 혹은 역량이 있는 사람이 따로 있다고 생각하는 사람이 있다. 내가 일하는 쪽 곳곳엔 자신들만 아름다움을 향한 특수한 능력이나 자격을 갖췄다고 생각하는 사람들도 있다. 생각이야 각자의 자유지만 나는 그렇지 않다는 걸 알고 있다. 미감과 미를 향한 본능은 시간과 공간을 뛰어넘어 누구에게나 있다고 생각한다. 이를테면 동네 집수리를 해 주시는 보통 사람들에게도. 그 본능을 내 눈앞에서 본 건 상당히 감동적인 일이었다. 일해 주신 분들이 그리 생각해 준 게 내 입장에서 아주 감사했던 것도 물론이다.

이렇게 공사는 궤도에 오른 항해처럼 순조롭게 나아가고 있었다. 그 과정에서 나의 이런저런 고민들이 해결되었다. 물론 공사로 인해 생긴 짜릿한 문제도 있었지만.

17 늘 좋을 수는 없으니까

작은 일 하나를 하더라도 내 마음대로 되는 건 많지 않다. 나름 많고 적은 사람들과 함께 책이나 잡지 같은 걸 만들다 보니 깨달은 사실이다. 이 사실을 인정하지 않으면 아무것도 아닌 일에 필요 이상의 충격을 받을 때도 많다. 공사할 때도 마찬가지였다. 더하면 더하지 덜하지 않았다. 마음처럼 되지 않을 이유는 너무 많았다. 공사는 농사처럼 날씨의 영향을 받는다. 공동주택에서 이루어지는 공사다 보니 다른 집을 신경 써야 할 때도 있다.

무엇보다 이 공사는 인테리어 공사의 측면이 있음에도 건축주와 현장 공사 소장 사이에 있어야 할 인테리어 디자이너/프로듀서 역할을 할 사람이 없었다. 집수리 고객인 나와 공사 현장 소장 역할을 하는 고양이버스 사장님이 서로 잘 챙기는 수밖에 없었다. 고양이버스 사장님은 최대한 잘 챙겨 주었지만 내 탓 혹은 어쩔 수 없는 상황 탓에 마음 같지 않은 부분들이 몇 개 생겼다.

입주한 지 조금 지나 책을 마무리하는 지금까지도 생각나는 '마음처럼 되지 않은 것들'은 크게 네 가지다. 콘센트, 타카 자국, 타일, 번들거리는 벽. 이 모든 건 내 감정을 떠나 이 공사를 상징하는 면이 있다고 보기 때문에 오래 기억에 남았다.

1) 콘센트. 나무로 벽을 하나 더 짜서 마감하는 모양새가 되었으니 콘센트 위치도 상당히 자유롭게 바꿀 기회가 생긴 셈이기도 했다. 그러나 준비된 자가 기회를 잡는 법. 나는 콘센트를 어디에 두어야 할지에 대해 확실한 방향이 없는 상황이었다. 내 방향성이 없어도 공사

는 진행되어야 한다. 나무에 구멍을 뚫고 그 뒤에 전원선을 연결해 전기 공사를 할 때 콘센트를 설치해야 한다. 그때 제대로 생각해 두지 않았기 때문에 지금 전원 사용에서 약간 성에 안 차는 부분이 있다. 이번 집수리를 진행하며 가장 반성한 부분 중 하나다.

꼭 해야 하는 일에 큰 생각이 없었으니 자연스럽게 고양이버스 사장님이 권한을 갖게 되었다. 그는 그간 인테리어 공사를 진행한 자신의 경험을 활용해 집 곳곳에 콘센트 위치를 잡았다. 부엌 역할을 할 곳에서는 어디어디 몇 개, 창고는 창고니까 하나만… 같은 식으로. 나도 의견을 보태긴 했다. 침대 위치를 정해 두고 그에 맞춰 근처 머리맡 부분에 콘센트를 둔다거나, 세탁기 주변에 콘센트가 하나 필요하니 그쪽에 연결할 수 있도록 선을 하나 빼 달라거나. 당시에 더 자세한 고민을 해야 했다는 걸 나중에 살아 보고 깨닫게 된다.

확실한 디자인 현장 책임자나 도면이 없어서 생긴 일도 있었다. 목수 사장님께서 열심히 일하시다가 콘센트 구멍을 예정보다 한 개 더 판 것이었다. 이건 곤란했다. 이 집은 벽지가 따로 없이 자작나무 합판이 벽지 역할을 하는데 그 합판에 구멍을 내 버렸으니 고칠 수가 없었다. 결과적으로 기둥 모양을 한 세 개의 입면에 콘센트가 하나씩 있어서 일종의 전기 충전 터미널 같은 모습이 되었다. 이런 부분을 막아 주는 플라스틱 커버가 따로 있지만 그 역시 자국이 남는 건 마찬가지다. 고양이버스 사장님은 이 상황에선 나를 설득했다. 실수로 뚫리긴 했지만 어차피 살아 보면 전기는 많을수록 좋으니 많이 뚫으면 어떻겠느냐고. 그 말씀에도 일리가 있어서 수긍했다.

      수긍한 이유는 '전기가 많을수록 좋다'는 말씀에 일리가 있었기 때문만은 아니다. 이런 실수가 생긴 근본적인 원인이 나라는 사실을 알기 때문이었다. 보통 집 수리보다는 모양새에 조금 더 신경을 쓰는데, 미리 만들어진 도면이나 현장에 상주하는 디자인 책임자가 없으니 현장에서 잔실수는 확률적으로 있는 게 당연하다고 볼 수도 있었다. 아무튼 나의 디테일이 모자라다 보니 콘센트 위치를 잘 생각하지 못해서 아직도 애매한 자세로 쓰고 있는 가전제품들이 좀 있다. 그때의 판단 때문에 지금 본의 아니게 거실을 가로지르는 연장선을 이어 두고 컴퓨터 전원을 쓰고 있다. 괜찮다. 별일 아니다. 그리고 나는 공사 당시에는 다른 걸 신경 쓰고 있었다. 타카 자국이다.

      2) 타카 자국. 내가 현장에서 가장 신경 쓴 요소이자 요즘 내가 꼽는 한국 인테리어의 가장 치명적인 특징이다. 타카는 영어 태커(tacker)를 공사 현장에서 부르는 말이고, 태커는 우리가 아는 스테이플러의 공사 현장용 대형 버전이다. 네일건처럼 공사 현장에서 못 같은 걸

쏴서 고정시키는 걸 모두 '타카'라고 부르는 것 같다. 나는 벽처럼 보이는 곳에 타카를 쓰고 싶지 않았다. 기왕 무리한 비용을 들여서 평생 다시 시도하지 못할 수도 있는 러시아산 자작나무 합판을 붙이는데, 거기에 타카를 쓰고 싶지 않았다. 시침질로 마무리한 정장을 보는 기분이랄까. 소재에 어울리지 않는 마감 방식이라는 기분을 떨칠 수 없었다.

      결론적으로 타카를 벗어날 수 없었다. 타카를 쓰지 말자고 제안도 해 보고 조르기도 해 보고 물어보기도 했다. 그러나 이번에 함께 한 팀의 기술력으로는 타카만큼 효율적인 대안이 없었다. 타카를 쓰지 않고 깨끗하게 벽을 마감하려면 타카 이상의 공정이 필요했다. 이를테면 안쪽 판과 바깥쪽 판에 각각 암수 클립을 설치한 뒤 그걸 체결하면 타카 자국 없이 깨끗한 벽이 만들어진다. 서양에서 원목 벽 마감을 하는 경우 그렇게 하곤 한다. 그러나 여기는 서울. 서양이 아니다. 집에서 고생해 주시는 이 팀도 그런 것까지 해 본 경험은 없다. 정 구현하고자 했으면 내가 미리 클립 등 관련 부자재를 찾아 리스크를 감수해야 했다. 나 역시 그런 여유나 지식은 없었다.

      타카 자국이 싫다면 타카 말고 다른 걸 박아도 된다. 이를테면 나사를. 주머니 끄트머리에 리벳이 드러난 청바지처럼 나사를 노출시켜 벽을 마무리할 수도 있다. 이 역시 조금 터프한 느낌을 내고자 하는 서양 인테리어에서 구현된 적이 있다. 이건 나도 고집을 부려서 구현할 수 있었다. 나사 정도는 쉽게 살 수 있으니까. 그러나 나는 더 이상의 난동은 피우지 않기로 했다. 이미 현장에서 일하시는 분들께 충분히 유별난 사람으로 보였을 것이다. 그렇지 않아도 '내 취향 그까짓 게 뭐라고 이분들께 몇 번씩 일을 더 시켜야 하나?' '내가 그렇게 중요하고 의미 있는 걸 추구하고 있나? 이분들께서 먼짓밥을 더 먹고 관절이 더 상할 만큼?' 같은 생각을 많이 하던 차였다.

무엇보다 현장에서 최대한 성의를 다해 주었다. 고양이버스 사장님은 인테리어 초심자라고밖에 할 수 없는 나의 의사를 최대한 존중했고, 내가 원하는 모든 것을 잘 구현하기 위해 최선을 다해 주었다. 뭐든 결제하면 바로바로 진행되고 새벽에 배송되는 한국에서는 이게 별일 아닌 것처럼 보일지도 모른다. 현장에서는 하던 패턴의 일과 조금만 달라져도 해야 할 일들이 생각 이상으로 늘어난다. 이건 내 직업 현장에서도 겪은 일이고, 내가 본 이들의 작업 현장에서도 마찬가지였다. 그렇기 때문에 더 고마운 면이 있었다. 고양이버스 사장님은 나의 타카 혐오를 들은 뒤 '최대한 간격 맞춰서 박겠다', '최대한 비스듬하게 박아서 안 보이게 하겠다'고 말했고, 목수 사장님 역시 신경 써서 나와의 약속을 지켜 주셨다.

여담이 있다. 그 후 실내 벽을 나무로 마감한 서울의 건물들을 눈여겨보게 되었다. 나무로 마감했다고 해도 멀리서만 나무 무늬고 MDF에 나무 무늬 시트지로 마감한 곳이 태반이었다. 생선을 닮은 어묵에 등푸른생선 필름을 붙인 뒤 생선구이라고 보여주는 듯한 일이다. 무늬목 시트지를 붙인 게 아니라 정말 합판으로 마무리한 곳도 물론 많았다. 다만 상당히 신경을 썼다는 곳에 가 봐도 타카 자국이 없는 나무 마감은 본 적이 없다.

물론 무늬목이나 타카 자국은 악이 아니다. 모든 현장이 그럴 필요는 없다. 다만 멋을 꽤 부린 곳에서 타카 자국을 찾으면 조금씩 웃음이 나왔다. 온갖 곳에 타카 자국을 내 놓고 멋을 부리고 있는 거야…? 같은 느낌이랄까. 한국의 멋쟁이들에 대해 갖고 있는 나의 편견이 있는데, 그 편견은 시간이 지나고 그들을 직접 만나 봐도 잘 사라지지 않는다.

3) 공사가 진행될수록 마음 같지 않은 마감들도 점점 늘어 갔다. 목공이 끝난 뒤 타일 공사를 할 때도 곤란한 순간이 이어졌다. 앞서 언급한 것처럼 나는 타일에 상당한 집착이 있었다. 고생 끝에 결국 원하던 것과 비슷한 타일을 구했다. 겨우 타일을 구해서(이 사연은 너무 길어 다음 편에서) 현장에 가져다 드렸을 때의 기쁨도 잠깐. 타일 공사가 마무리될 때쯤 나는 '이걸 그냥 넘어가야 하

나' 고민할 정도로 상심에 빠졌다. 시공 완성도가 마음에 들지 않았다.

내가 구매한 타일은 각 변의 길이가 10센티미터인 정사각형 타일, 한국 업계 용어로는 '100각 타일'이라 부르는 타일이었다. 이 타일의 멋은 타일 자체에서 오기도 하지만 높은 완성도로 잘 만들어졌을 때 정말 멋있다. 각 변의 길이가 10센티이니 이걸 한 벽 가득 붙이면 벽은 일종의 모눈종이 모양을 띠게 된다. 벽과 바닥에 100각 타일을 함께 쓰면 폭 10센티 그리드를 가진 3차원 모눈종이 같은 게 된다. 다만 실물 3차원 모눈종이 같은 게 되려면 각 벽과 바닥의 선이 모두 잘 맞아야 한다. 그렇게 벽과 바닥의 그리드가 딱딱 들어맞는 게 내 바람이었다. 그게 잘 되지 않았다.

이것도 현장에서 이유를 확인하고 이해할 수 있었다. 일단 벽의 크기부터가 문제였다. 10센티짜리 타일이 남김 없이 붙으려면 벽의 사이즈 자체가 미리 계산되어야 한다. 계산되지 않았으니 당연히 타일의 맨 끝 부분에 나눗셈의 나머지 같은 여분이 생길 수밖에 없다. 크기뿐 아니라 각도도 계산하지 못했다. 벽체가 평평하지 않았을 뿐만 아니라 원래 화장실 벽은 물이 흘러 내려가도록 약간의 경사도 필요했다. 이 집에도 물론 그게 있었다. 이 결과들이 모여 벽의 그리드와 바닥의 그리드가 모두 조금씩 뒤틀렸다. 내 판타지도 그만큼 뒤틀렸다.

  나는 이럴 때의 답을 머리로는 알고 있다. 현장을 더 몰아붙이면 된다. 현장에서 더 면밀히 계산해 달라고 하고, 더 독하게 '이게 아니면 안 된다, 지금까지 작업한 게 마음에 안 드니 떼어 내고 다시 해 주시라'고 고집을 부렸다면 어떻게든 내가 원하는 걸 더 구현할 수 있었을 것이다. 하지만 나는 원래 현장을 못 몰아붙였지만 현장에 자주 가 본 입장에서 그렇게 하기가 더 힘들어졌다. 일단 디테일의 완성도 때문에 재공사를 맡기면 공기가 길어진다. 그러면 결국 내 돈이 더 나간다. 서로 손해를 보는 셈이었다.

  내가 현장에서 뵌 전문가들의 일정과 기분을 생각해도 내가 참는 게 나았다. 타일 사장님이나 목수 사장님을 비롯한 현장 전문가들은 이 공사 안에서 고양이버스 사장님께 재하청을 받는 구조다. 즉 이들은 다른 사장님 혹은 고객과의 다른 일정이 있을 수 있다. 내가 여기서 (그 분들 보기에) 작은 콘센트나 타일의 비례감 같은 걸 따지면 이 분들의 그날 일정에 차질이 생기고, 그 차질은 다른 스케줄의 차질로 이어진다. 거기다 나무든 타일이든 이미 열심히 붙여 뒀는데 거기에 수정을 요하면 작업자의 사기가 떨어질 것도 분명했다. 나는 나름 사회 생활을 하며 '현장 사람들의 노고를 모르면 안 된다'는 삶의 원칙이 생겼다. 이 현장도 마찬가지였다. 내가 대단한 건축물을 짓는 게 아니다. 뭐든 예뻐야 해서 남을 행주 쥐어짜듯 하는 사람도 아니다. 이 정도면 됐다고 생각했다.

    4) 그러나 주저앉고 싶을 정도로 충격을 받은 적도 있긴 했다. 충격은 점점 커져서 나무 벽 마감(타카 자국+너무 많은 콘센트 구멍)에 이은 타일(약간 삐뚤)에 이어 벽을 칠할 때 정점에 이르렀다. 고양이버스 사장님은 나무 결이 보이는 나무 벽이라 해도 투명 페인트로 표면을 처리해야 한다고 했다. '자작나무 원목 그대로 마무리하면 공사 중의 먼지도 그대로 남을 뿐 아니라 뭐가 묻었을 때도 취약하니 표면을 칠해야 오래 간다. 대신 발주자인 당신은 나무 색을 좋아하니 투명으로 칠하자'는 이야기였다. 나는 나무가 나와 시간을 보내며 빛 바래는 게 좋았고, 그 면에서 봤을 때 조금 쉽게 더러워지더라도 표면 마감을 최소화하고 싶었다. 하지만 경험 많은 고양이버스 사장님의 뜻을 신뢰하고 승낙했다. 응하며 조건을 말씀드렸다. 나는 무광이 좋다. 꼭 무광으로 해야 한다. 사장님도 고개를 끄덕였다.

    마침 벽을 칠하는 날 나는 서울을 비워야 해서 그 중요한 현장에 함께할 수 없었다. 당시 진행하던 취재를 위해 동해 묵호항에 가야 했다. 새벽 4시에 묵호항에서 출항하는 문어잡이 배를 함께 타는 취재가 예정되어 있었다. 심야에 출발해 새벽에 도착하면 배까지 타야 하는데 너무 무리일 것 같아 전날 저녁 동해에 도착했다. 스탭들과 함께 치킨집에서 저녁을 먹는 중 고양이버스 사장님에게 오늘 작업 결과물 사진이 왔다. 그 사진을 보자 치킨을 뜯다 말고 주저앉을 뻔했다. 공들인 자작나무 벽이 광으로 번쩍이고 있었다.

그날 동해 앞바다의 숙소에서 밤새 뒤척였다. 분명 무광으로 해 달라고 했는데 이게 무슨 일인가. 드디어 사장님과 한번 다툴 때가 된 건가. 내가 현장에 있었다면 이렇게 번쩍거리는 걸로는 안된다고 기필코 뜯어 말렸을 텐데. 이 마감으로는 도저히 안될 것 같은데 어떻게 해야 하나. 돈과 시간을 더 들여 목수 실장님을 다시 모셔서 이 위로 합판을 한층 더 붙여야 하나. 그나저나 곧 새벽에 배를 타야 하는데 어쩌나. 이런 생각을 하다 배를 타야 하니 겨우 잠이 들었다.

이것도 사장님의 과실이 아닌 아마추어의 실수였다. 전문 인테리어 디자이너나 건축가에게 들어보니 벽체의 칠 같은 건 미리 검토 과정을 거친다고 했다. 특정 소재에 몇 개의 도료를 샘플에 발라서 말려 본 뒤 상온이나 직사광선에 며칠 두고 결정하는 게 상식이었다. 그 이야기를 듣자 오히려 모든 상황을 납득하게 되었다. 전문가들은 여러 변수까지 생각하고 실험해 주기 때문에 그에 맞는 보수를 청구한다. 나는 미적 요소까지 고려하는 전문가와 함께하지 않고 공사에 특화된 현장 사장님과 일하는 걸 택했다. 즉 몇몇 디테일에서 한계가 생기는 건 누군가 관련자의 문제가 아니라 필연이었다.

    고양이버스 사장님 역시 무신경한 사람이 아니었다. 내가 다음 날 광이 좀 세다고 의견을 표하자 그가 해 준 답도 일리가 있었다. "시간이 지나면 광은 줄어든다. 그리고 이렇게 해야 변색이나 때에 강하다. 이렇게 칠을 해도 시간이 지나면 나무 색 역시 조금씩 바래게 된다. 걱정할 필요 없다." 이 때는 이 말을 믿을 수 없었다. 나무는 호박 속의 꿀벌처럼 생생하게 결이 남아 있었고, 나는 나무에 가해질 칠을 최대한 약하게 마무리해서 시간 경과에 따른 더 극적인 변화를 보고 싶었다. 하지만 굳이 말하자면 내 책임이었다. 내가 더 자세히 설명하지 않았으니까. 기호의 영역은 정답이 없다. 기호를 더 확실히 밝히지 않은 내 실수였다.

    이런 상황을 겪을 때마다 건축가 구마 겐고의 에세이를 떠올렸다.[■] 내가 구마 겐고의 건축을 평할 순 없겠지만 구마 겐고의 글은 정말 훌륭하다. 남달리 깊은 자신의 메시지를 쉽고 재미있게 전한다. 그 역시 본인의 재능을 아는지 여러 권의 일반인 대상 에세이를 냈는데, 그중

■ [부록] 집수리를 하는 과정에서 읽은 책 일부 → 344

본인이 여러 번 강조한 에피소드가 있다. 중국에서 일을 받아 건물을 만들던 때다. 일본은 시공 품질이 높아 건축 자재의 폭을 몇 센티미터로 잘라 달라고 하면 모두 그 사이즈에 맞춰 주는데, 중국은 그게 안 되더라고. 그래서 그냥 그대로 했더니 그것에도 멋이 있더라고.

그 에피소드가 내게도 계속 힘이 되었다. 내가 비용을 더 들여 대단한 디자이너를 만났거나 현장의 악마처럼 기술자들을 몰아붙였다면 디테일이 조금 더 좋아졌을 수는 있다. 그러면 오늘날 서울의 시공 품질을 초월한 뭔가가 나왔을 수도 있다. 하지만 오늘날 서울의 평균을 초월했다면 이미 그것은 서울의 것이 아닌 것처럼 느껴졌을 것 같다. 이 집은 뭐가 됐든 당대 서울의 여러 요소가 그대로 반영되어 있으며, 그건 내가 이 집을 고치며 나름 원했던 바이기도 하다.

그렇게 생각하니 마음이 편해졌다. 아울러 현장의 악마가 되지 않은 덕에 인테리어 사장님과도 계속 좋은 관계를 유지하고 있다. 신뢰할 수 있는 집수리/인테리어 사장님은 도시 생활의 보물이다. 타카로 박은 벽은 물론 광이 나는 나무 벽과도 기꺼이 바꿀 수 있다.

이런 것들이 쌓이며 집이 완성되고 있었다. 아직 갈 길이 멀었다.

18 사라진 타일

가장 곤란했던 일은 따로 있다. 이 일 하나가 앞서 적은 모든 일보다 훨씬 더 곤란했다. 그 때를 생각하면 지금도 가슴을 쓸어내리곤 한다. 이 때의 일 때문에 이 집의 인상이 완전히 바뀌게 된다. 분야는 역시 타일이었다.

  시간을 잠시 뒤로 돌려 본다. 공사가 한창 진행되던 중이었다. 이번 공사는 내가 원하는 방향이 조금씩 있었으므로 내가 미리 준비해 둔 건자재도 있었다. 그랬기 때문에 내가 보통의 집수리 의뢰인보다 사장님에게 드려야 하는 자재도 더 많았다. 대표적으로 타일과 마루가 그랬다. 목공이 끝나갈 때쯤 타일 공사 순서가 왔을 때였다. 사장님이 타일이 필요하니 이제 타일이 올 때라고 일러 주었다.

  나는 이때다 싶은 마음으로 타일 회사인 상아타일에 연락했다. 미리 대금을 전부 지불하고 타일을 구매했으니 연락이 늦은 일에 대해 아쉬운 소리를 좀 듣고 화물택배나 용달로 적당히 물량을 받으면 된다고 생각했다. 돌아온 답은 아쉬운 소리 정도가 아니었다. 타일이 없었다. 그들의 설명은 이랬다. 창고를 정리하던 중 악성 재고를 모두 폐기시켰다. 그중 내가 샀던 타일도 있다. 하늘이 타일 모양이 되어 그 타일이 무너지는 것 같았다.

왜 나에게 돈까지 다 받아놓고 연락 없이 타일을 폐기시켰나? 이 역시 각자 입장을 생각하면 이해할 수 있는 일이었다. 해당 타일은 2000년대 타일이다. 내가 구입했을 때가 2021년이었으니 이미 20년은 된 재고. 들고 있는 게 용한 제품이다. 그리고 그들은 상아타일이라는 대형 타일 업체라서 내 발주 금액 정도야 아무것도 아닐 것이다. 내게 미리 연락해서 '곧 폐기하니 제품을 어떻게든 가져가시라'라는 말을 할 여력이 없었을 것이다 (상황은 정확히 모르지만 말 없이 폐기했으니 이렇게 짐작을 할 수밖에 없다). 저쪽은 큰 회사, 나는 소량 발주 개인이다. 내가 아무리 항의를 한다 한들 초소형 개인 발주자의 진상 클레임 이상이 될 수가 없었다. 결정적으로 나는 항의를 잘 못한다.

상아타일 역시 타일의 명가답게 나름의 노력을 했다. 그들은 할 수 있는 한의 사과를 했다. 대응책으로 같은 사이즈와 비슷한 색깔의 타일로 대체해 주겠다고도 했다. 하지만 그건 사이즈가 같은 10센티 모자이크 타일일 뿐 내가 원한 게 아니었다. 내가 사려던 풀 보디도 아니고, 내가 구매를 결정한 이유인 이탈리아 특유의 미묘한 색감도 아니었다. 흰색 타일 위에 색을 칠해 구운 중국산 타일일 뿐이었다. 이 타일의 품질을 비난하는 건 아니지만 내가 사려던 타일과의 개성과 완성도와는 비할 수 없다. 나는 오늘 주문하면 내일 들어오는 중국산 모자이크 타일을 사려고 빠듯한 예산의 상당 부분을 욕실 타일에 할애한 게 아니었다.

문제는 그게 아니었다. 공사일이 다가오고 있었다. 내가 그때 여유만 있었다면 비용과 시간을 감수하고 일본 같은 곳에서 타일을 직수입했을 것이다. 일본 건축 시장의 타일 다양성과 정보의 양은 한국과 비교도 되지 않는다. 다만 그때는 코비드-19가 끝나지 않았을 때라 일반인이 일본에 갈 수 없었다. 무엇보다 타일 공사 시점이 일주일 정도밖에 남지 않았다. 어떻게든 방법을 찾아야 했다. 공사 방법을 바꾸거나 어떻게든 타일을 구하거나. 공사 방식을 바꾸는 건 생각도 하지 않았다. 최적의 타일을 최대한 빨리 찾아야 했다.

지금까지 해 온 것처럼 방법은 한국어 인터넷 쇼핑몰 검색뿐이었다. 뻔한 물건을 피하기 위해 온갖 관련 검색어를 써 봤다. 100각 타일. 수입 타일. 수입 모자이크 타일. 인테리어 타일. 이탈리아 타일, 일본 타일. 하나하나 다 가격과 인터넷상 재고 여부를 파악했다. 그 사이에서도 내가 원하는 수입 타일은 나오지 않았다. 내가 검색 과정에서 진절머리를 내던 한국 시장 친화적 수입 타일들만 있었다. 실루엣이 미묘하게 구불구불하거나 면 처리가 오돌토돌하거나 아니면 타일 자체에 그림이 있거나. 그래서 결과적으로 그런 타일들은 이탈리아 화덕피자집이나 빠에야 전문점 같은 느낌이 들었다. 그 느낌을 비난할 생각은 전혀 없다. 내 집에 넣고 싶은 풍이 아니었을 뿐이다.

절망과 초조가 뒤섞인 채 인터넷 쇼핑몰의 페이지만 계속 넘겨 보던 중 기적 같은 일이 일어났다. 바로 그 브랜드의 타일이 있었다. 내가 계약했다가 폐기되어 사라진 바로 그 타일과 똑같은 브랜드, 똑같은 사이즈의 타일이 인터넷에 올라와 있었다. 타일의 신이 나를 도운 걸까 싶었다.

타일의 신은 나를 도와주되 내가 원하는 모든 걸 주지는 않았다. 이 타일의 문제라면 색이었다. 내가 원래 화장실에 쓰려던 색과 전혀 달랐다. 앞서 적었듯 내가 이상적으로 생각했던 색은 조르지오 아르마니풍 은은한 누런 회색(혹은 잿빛 누런 색)이었다. 반면 이 타일 색은 서유럽 여름 하늘처럼 청명한 연파랑, 맨체스터 시티의 유니폼 색, 관점에 따라서는 그 유명한 '티파니 블루'로 부를 만한 색이었다. 나는 이런 색을 내가 고치는 집에 넣을 거라고는 한 번도 생각해 본 적이 없었다. 그러나 나는 하나를 택해야 했다. 이 브랜드의 이 타일을 써야 하는데 방법이 이 색 뿐이라면? 나는 이 타일을 사기로 결정했다.

구매를 결정한 뒤 판매자 위치를 보았다. 가까우

면 그날 바로 주문해서 받으려고. 확인해 보니 이 타일을 취급하는 업체는 전라남도 광주에 있었다. 그것도 곤란했다. 서울이나 경기라면 내가 가서 괜찮은지 보고 올 텐데 광주든 대구든 부산이든 업체가 멀다면 내가 가서 확인해 볼 수가 없다. 방 하나 분량의 타일을 주문하면 용달차를 불러야 하는데 먼 거리에서 오면 운송비도 더 든다. 내가 원하는 만큼의 재고를 갖고 있는지도 파악할 수 없다. 그러나 당시 한국 인터넷 유통망 안에서 내가 찾아낼 수 있는 최선의 결과물은 그것뿐이었다. 전화를 걸었다. 전라남도 광주임을 증명하는 듯 남도 억양을 쓰시는 여성께서 전화를 받았다.

> "ㅁㅁ 타일을 ㅇㅇ평 정도 하려 해서요, N개의 박스 있나요?"
> "그 정도는 있어요잉."

그 말을 듣고 바로 구매를 결정했다. 다행인지 불행인지 상아타일에서의 가격보다 훨씬 저렴했다. 새옹지마라는 게 이런 걸까 싶었다.

상아타일은 악성 재고를 처리하며 재고를 모아둔 아울렛 인터넷 쇼핑몰 자체를 없애 버렸다. 그러니 상아타일에서 사기로 했던 부엌 타일도 사라졌다. 부엌 타일은 유광을 원했기 때문에 찾기가 조금 더 수월할 거라 생각했으나 구하기 어려운 건 마찬가지였다. 10센티 정사각형 일본 유광 타일이 내가 원한 조건이었으나 2021년 당시 그걸 찾기가 쉽지 않았다(책을 마무리하는 지금은 모자이크 타일 다양성이 오히려 훨씬 늘어났다. 레트로 유행 때문일까). 겨우 찾은 건 내 바람과는 달리 표면이 조금 울퉁불퉁했다. '수입 타일이란 보통 타일보다 아무래도 확 달라야 하는 모양일까…'라고 생각한 것도 잠시, 나는 뭔가를 여유 있게 고를 상황이 아니었다. 타일 공사가 시작되기 전 물량이 들어와야 했으니까. 또다시 학동역 어딘가를 찾아가 서둘러 구매했다.

    구매해야 했던 타일이 하나 더 있었다. 현관 타일. 원래 현관 타일은 이 집에 처음 깔려 있던 타일을 쓰고 싶었다. 지층처럼 깔려 있는 타일들을 살살 쳐서 걷어내면 첫 타일층이 나오니까. 사장님의 의견은 달랐다. 기왕 하는 거 다 새걸로 하자고. 실제로 드러난 타일 층을 보니 딱히 매력적이지 않아서 새 타일을 써도 될 듯했다. 그럼 무슨 타일을 쓸 것인가? 바닥에 좋은 타일이 무엇인가? 앞선 두 타일이 확 새것 같아 보였으니 바닥 타일은 조금 헌 듯한 느낌이 나도 좋을 것 같았다.

    그때 하던 일에서 힌트를 얻었다. 타일 공사를 할 때는 입사가 코앞이던 때다. 그때 회사 분들과 손발을 맞춰 보기 위해 회사에서 기사를 하나 진행해 보라는 제안을 했다. 그때 당시 문을 닫기 직전이었던 힐튼호텔에 대한 페이지를 기획했다. 힐튼호텔 건축가 김종성의 회고록을 참고해 호텔 곳곳의 오래된 소재나 실루엣을 촬영하고 코멘트를 붙였다. 그때 힐튼호텔 바닥에 트래버틴 타일을 썼다는 걸 알았다. 여담이지만 힐튼호텔에 쓰인 석재들은 당시 한국 기준으로는 상당한 고급 소재다. 지금 기준으로 봐도 그 정도의 고급 석재를 쓴 건물이 많지 않다. 김종성의 회고록에 따르면 그 건물에 쓰인 석재는 미스 반 데어 로에의 시그램 빌딩에 쓴 석재를 납품한 석재상에게 발주했다고 한다.

그런 대단한 트래버틴 타일 역시 한국에서는 별로 비싸지 않았다. 한국은 뭐든 유행해야 비싼데 트래버틴 유행이 아니라서였을까. 이번에도 '국산은 을지로 수입은 학동역' 속설과 달리 터키산 트래버틴 타일을 파는 곳이 을지로5가 훈련원공원 길 건너에 있었다. 그곳에서 10센티 정사각형 트래버틴 타일을 4종이나 판매했다. 마음에 들었던 색이 따로 있었는데 사장님이 그 색은 빠른 발주를 원한다면 내줄 수 없다고 했다. 그 색은 지금 서울에 없고 창고에 있는데 그걸 찾는데 시간이 걸린다면서. 별 수 없이 그냥 있는 걸 있는 대로 구매했다. 별 것 아닌 우연들이 지금의 모습을 만들었지…라고 스스로를 달래면서.

그런 우연들이 모여 이 집의 곳곳이 채워지고 있었다. 시멘트 벽에서 나무로, 시멘트 바닥에서 타일 바닥으로. 현관 타일이 깔리자 정말 이 집에서 살 수 있겠다는 실감이 나기 시작했다. 그 전까지는 '과연 이 집에서 내가 살 수는 있을까'라고 생각했다는 의미이기도 했다.

19 철물의 시간

타일을 설치하고 마루를 깔고 나니 이제 집에 들어갈 때 신발을 벗을 수 있게 되었다. 이 집을 철거한 지 2년만에 얻은 쾌거였다. 물론 보통 집수리 인테리어에 비하면 말도 안 되게 늦었지만 나는 마음 편하게 살기 위해 그저 어제의 나와 비교하기로 했다. (마루 설치는 앞서 일어난 일들에 비하면 너무 원활하게 이루어져 별 드라마가 없었을 정도이므로 분량 관계상 생략한다. 결과적으로도 아주 훌륭해서 굉장히 만족스러웠다는 정도로만 말해 둔다). 신발을 벗고 들어갈 수 있다는 건 집의 표면이 마무리되었다는 뜻. 이제 신발을 벗는 걸 넘어 집을 사용하기 위한 도구들을 끼울 차례였다. 세면대와 철물 같은 것들

말이다.

　　　　세면대 이야기는 전에 한참 했고 수전 역시 내가 강한 집착을 갖고 있던 종목이었다. 현실과 미묘한 괴리가 있는 내 직업 때문일 것이다. 내가 해 온 잡지 에디터 일의 일부는 고가품에 대한 이런저런 페이지 제작이었다. 각종 고가품에 대한 이런저런 소식이 무심코 내 곁에 있었다. 그러다 보니 평균적인 사람들은 물론 평균의 밥벌이도 겨우 하는 나 자신과도 괴리된 가격 감각을 갖게 되었다.

　　　　거기 더해 나는 10년 넘게 고가 손목시계를 담당했다. 경우에 따라 1천만 원이 넘는 가격인데도 '합리적인 가격 설정'이라는 표현이 가능한 품목이다(세공이나 정밀금속가공 면 등 제조업 측면에서 그리 볼 요소가 있다). 그러다 보니 보통 국산 수도꼭지가 5만 원 안팎이라는 사실은 나에게 중요하지 않았다. 나는 기왕 하는 거 선진국에서 만든 멋진 디자인 고품질 수전을 원했다. 단순히 예쁜 게 아니라 특정한 맥락이 있는 걸로. 이 역시 한국이 선진국이 아닌 상태에서 유년기를 보낸 내 안의 사대주의일 것이다. 그 사실을 내 자신이 알거나 말거나 나는 어린 시절과 다름없는 나 자신을 만족시키고 싶었다.

　　　　지난번 집을 고칠 때도 이 생각을 했다. 그렇기 때문에 나는 세상에 100만 원짜리 수도꼭지가 있다는 것도 알고 있었다. 지난번에는 월세방에 까느라 100만 원에 육박하는 수도꼭지는 구경만 하고 말았지만 이번에는 달랐다. 내 집인데. 평생 쓴다면 100만 원짜리 수전이라도 깔 수 있지 않나. 지난번에 못 해 본 고가 수전을 사 볼까. 내가 파텍 필립은 못 사도 수도꼭지계의 파텍 필립 같은 건 살 수 있지 않을까. 시계도 금속이고 수전도 금속인데 최상급 수전은 현대의 대량생산 금속공예품의 정점 같은 것 아닌가. 실제로 기백만 원을 호가하는 고급 수전은 선이나 각을 사용한 부분에서 보통의 물건과 다른 아우라가 있었다.

제품 사진에서도 배어 나오는 아우라를 한참 구경하다가 나는 조용히 생각을 접었다. 일단 나는 값비싼 걸 좋아하지 않는다. 더 구체적으로 말하면 비싸지기 위해 값비싼 터치를 해서 결과적으로 값비싸진 걸 좋아하지 않는다. 말이 좀 이상해 보일 수도 있지만 오늘날 소비재 고가품은 상당 부분 이런 사고방식으로 출발한 물건이다. 아울러 그리 비싼 물건이 이 낡고 좁은 집에 어울릴 리가 없다. 낡은 집에 5성 호텔급 수도꼭지를 쓰는 일도 우스워 보인다. 아울러 내가 정한 원칙인 '값이 저렴해진 악성 재고를 쓴다'는 원칙에서도 벗어난다. 검색창 속의 나는 나의 본분으로 돌아왔다. 악성 재고를 찾기로 했다. 처음 생각한 악성 재고는 한국에도 많이 들어와 있는 독일산 그로헤였다. 그로헤는 한국에 들어와 자리잡은 지가 한참인지 악성 재고가 상당히 많았다. 선택의 폭이 넓어서 무엇을 골라야 하나 싶을 정도였다. '수입은 학동역'의 학동역에 처음 갔을 때도 대형 인테리어 자재상 한 켠에 재고로 쌓여 할인하는 그로헤가 한 무더기 있을 정도였다. 빨리 판단해 그때 샀으면 좋았을 텐데 그때 다 사지 못해 사이버 구천이라 할 만한 인터넷을 떠돌고 있었다.

    악성 재고 중에서 고르려다 보니 당연히 한계가 명확했다. 이 집에는 총 세 군데의 수전이 들어간다. 세면대 둘, 샤워실 하나(부엌 수전은 별도의 장르라 생각해 한참 나중에 샀다). 이 수전이 모두 한 가지 라인업으로 맞아 들어갔으면 했다. 이를테면 그로헤도 큰 회사니까 여러 가지 컬렉션이 있다. 나이키라 치면 맥스, 포스, 조던, ACG가 있는 것처럼. 그로헤라는 이름만으로 아무 거나 살 경우, 말하자면 조던 수도꼭지에 ACG 샤워기를 쓰는 수가 있었다. 그러면 얼기설기 아무거나 끼워 넣은 느낌이 들 게 뻔하다. 저렴하고 품질에 아무 문제 없는 국산을 쓰는 것보다 훨씬 못하다. 그로헤의 악성 재고에 라인업까지 맞추는 건 쉽지 않은 일이었다. 그러나 왠지 나는 고집을 부리고 싶었다. 내가 그만큼 바보 같기 때문이었다.

    라인업 말고 다른 문제도 있었다. 수입 브랜드 중에서 샤워 전용 수전을 찾기가 어렵다. 내가 찾은 바로는 한국 시장에서 샤워기가 달리는 수전은 대부분 욕조용이다. 욕조용 수도꼭지가 함께 달려 있다. 샤워 전용 부스에 욕조 수도꼭지가 달려 있으면 그 역시 애달파 보일 것이다. 없는 예산에 수입품을 끼우는 무리를 한다 해도 그런 식으로 애달파 보이고 싶지는 않았다. 애달프되 티는 안 나고 싶었다. 거기 더해 욕조용 수전은 수도꼭지가 튀어나와 있다. 앉았다 일어나거나 할 때 수도꼭지에 부딪힐 지도 모른다는 공포도 있었다. 욕조 수도꼭지를 쓰지 않기 위해 내가 만들어 낸 가상의 공포 시나리오일지도 모르지만.

　　국산 브랜드에는 물론 스탠드가 달린 샤워 전용 수전도 있다. 지난번 집에는 그걸 썼다. 그런데 그 수도꼭지가 은근히 고장이 잘 나서 4년 정도 사는 동안 수도꼭지 수리 기사님을 세 번이나 불렀다. 그래서 '튼튼한 외산을 사서 오래 쓰자'는 생각도 있었다. 그러나 샤워 부스 전용 수도꼭지 중 수입 악성 재고를 찾으려니 또 쉽게 찾을 수 있을 리가 없었다.

　　틈틈이 찾는데도 수전이 나오지 않았으니 그로 헤고 뭐고 일단 한국에서 파는 걸 다 찾아봐야 할까 싶었다. 오히려 한국산으로 범위를 넓히면 디자인과 소재의 다양성이 엄청나게 넓어진다. 예전에는 크롬 도금을 해서 거울처럼 반짝였지만 요즘에는 스테인리스스틸 304같은 소재를 써서 크롬 도금에 비하면 무광에 가까운 느낌을 내는 수도꼭지도 판다. 색색깔 페인트를 도포해 이른바 '컬러 수전'으로 부르는 수전도 인기다. 아주 비싼 것부터 싼 것까지, 한국 인터넷쇼핑몰에 등재된 수전은 정말 다 찾아본 것 같다. 계속 찾으며 한 가지 방향성이 명확해졌다. 국산 수전은 택하지 않는다.

  국산 수전을 선택하지 않은 이유는 품질 때문이 아니다. 가격대 성능비를 생각하면 국산 업체에서 판매하는 다양한 수도꼭지도 훌륭하다. 하지만 나는 그 국산의 디자인에서 최소한의 계통이나 특징을 찾을 수 없었다. 나는 그냥 예쁘기만 한 건 정말 원치 않았다. 내가 돈은 없어도 맥락과 최소한의 단정한 디자인 방향성이 있는 걸 찾고 싶었다. 만약 맥락과 방향성이 있어서 꽤 비싸진 거라면 조금 무리할 의향도 있었다. 반면 한국엔 예쁜 것도 비싼 것도 많지만 내가 원하는 건 없었다. 나는 그 화려한 장식 안에서 무슨 맥락을 찾아야 할 지 알 수 없었다. 그렇다고 해외에서 수전을 직구하는 것도 별로였다. 너무 수선스러워보였다. 훗날 수선스러운 일들을 꽤 하게 되지만 그건 나중 일이다.

  검색창에 온갖 걸 찾아 넣은 끝에 내가 닿은 결론은 그로헤가 아니었다. 그로헤와 동향인 독일의 한자(Hansa) 수전. 독일풍으로 기능을 추구하되 나름 곡선으로 멋도 부렸지만 멋이 잘 나지 않아서 역으로 기묘한 멋이 있는(옛날 포르쉐의 디자인을 생각해보면 무슨 말인지 알 수 있다) 모양새였다. 그러고 보니 독일 권역이나 바젤 등 독일어권 스위스로 출장 시 한자라고 쓰여 있던 수전들을 본 것 같기도 했다.

  수전에 대해서라면 나는 사대주의자다. 갑자기 한자 수전에 마음이 무척 쏠렸다. 찾아보니 한자의 회사 역사도 매력적이었다. 한자는 1911년에 시작했으니 역사가 한 세기가 넘었다. 슈트트가르트 근처 주펜하우젠(여기 아직 포르쉐 본사가 있다)에서 문을 연 뒤 슈트트가르트로 본사를 옮겨 아직까지 운영하고 있다고 한다. 우리가 아직까지 쓰고 있는 싱글 레버 믹서를 1962년 유럽 최초로 만든 회사도 한자다. '싱글 레버 믹서'라고 쓰면 낯설지만 온수 냉수를 하나의 레버로 쓰는 요즘 보통의 수도꼭지가 싱글 레버 믹서다. 오늘날 수도꼭지의 품질과는 크게 상관 없는 요소지만 나는 이런 이야기에 끌린다. 한자는 가격도 크게 비싸지 않았다. 알 수 없는 이유로 한국에 물량이 극소량 풀려 있는 느낌이었다. 한국어 쇼핑몰 검색 기준 2-3개 정도 되는 업체에서 드문드문 판매를 전개하고 있었다. 그런데 그 안에 내가 원하는 게 다 있었다. 작은 세면대에 맞는 소형 수전, 샤워 부스 전용으로 만들어져 욕조용 수도꼭지가 없는 샤워 수전까지. 디자인도 다 비슷해서 같은 공간에 설치해도 큰 위화감이 없을 것 같았다. 샤워 수전과 세면대 수전의 생김새가 조금 다르긴 했지만 사이버 악성 재고 매장을 찾아다니는 내 상황에 그것까지 챙길 수는 없었다. 경건한 마음으로 한 자를 주문하고 기다렸다.

집 안에서 손 닿는 철물은 수전뿐만이 아니다. 문손잡이와 자물쇠도 매일 손이 닿는 철물이다. 살아 보니 가장 자주 손 닿는 철물 같기도 하다. 원래 이런 건 인테리어 사장님들이 적당한 카탈로그를 보여준 뒤 고르게 하거나 자신이 적당히 구해서 설치한다. 고양이버스 사장님도 마찬가지다. 다만 그는 나와 작업을 조금 해 보신 후에는 내가 이렇게 사소한 일에 집착한다는 걸 알고 나에게 선택을 일임했다.

나도 고양이버스 사장님의 예상대로 내가 원하는 문손잡이를 택하고 싶었다. 가격이 조금 나가더라도 그럴싸한 집들에 설치된 고가 문손잡이 아니면 유명 디자이너의 빈티지 문손잡이 같은 걸 달아 보고 싶었다. 그때 여건만 조금 맞았더라면 정말 손잡이 등 철물을 사러 해외에 다녀왔을지도 모른다. 다만 그때만 해도 해외여행이 100퍼센트 자유롭지 않았다. 당시에는 그런 부분이 조금 아쉽기도 했지만 지금은 천만다행이라고 생각한다. 해외여행이 자유였다면 한심한 일을 훨씬 많이 했을 것이다.

실제로 어느 건축가께서 비슷한 이야기를 해 주셨다. 본인 고객 중 주택을 의뢰한 고객이 있었다고 한다. 해외 생활을 오래 한 분이었는데, 그 건축주는 계약이 확정되자 한 번은 유럽으로 여행을 다녀왔다고 했다. 한국에 없는 고급 고품질 철물 하드웨어를 사오기 위해서. 나 역시 서유럽 출장 중 각종 건자재 용품점이나 벼룩시장에서 그림 같은 고품질 철물 하드웨어를 보았기 때문에 마음 깊이 이해할 수 있었다. 코비드-19가 내 허영을 막아 주었다.

한국에도 수입 하드웨어가 많다. 종류가 해외보다 덜하고 유행을 좀 탈 뿐이다. 수입품의 디자인이나 기풍을 모사한 국산 하드웨어 혹은 중국에 생산을 맡기고 한국 브랜드를 붙여서 판매하는 제품도 많다. 모두 아무 문제 없다. 나처럼 가정용으로 쓰는 경우라면 더욱 문제없다. 모두가 나처럼 가정용 소품에 집착하며 사는 게 좋다고 생각하지 않는다. 다만 나는 이 집과 관련된 다른 선택을 할 때와 마찬가지로 별 다른 이유 없이 그냥 거기 있는 걸 내 집에 두고 싶지 않았다.

이런 경향은 나의 직업적인 경험과 관련이 있을 수도 있다. 나는 라이프스타일 잡지 에디터로 일해 왔으니 이른바 트렌드 언저리에서 일해 왔다고 봐도 될 듯하다. 그런 곳에는 앞에서 보기에만 그럴듯하게 해 둔채 해외의 이것저것을 베껴다가 반짝 판매해서 이문을 남기는 사람들이 있다. 누군가는 정신과 맥락을 담아 열심히 만든 물건을 그저 사업 아이템으로 보고 감쪽같이 베껴 오는 사람들. 자신이 만든 것에 할 말이 없으니까 얼버무리는 사람들을 너무 많이 보았다. 그런 사람들이 나 같은 에디터 아무개를 만나서 '돈 벌려고 베꼈습니다 허허허' 같은 말을 할 리 없다(그랬다면 오히려 호감이 갔을 것이다). 인테리어 시장에 있는 그럴듯한 손잡이들을 보니 그런 기억이 떠올랐다. 세상이 그렇게 돌아가는 곳이고, 한국은 그런 식으로 성공했다고 볼 수도 있다. 다만 나의 작고 낡은 집에는 그런 물건이 없었으면 했다.

  그 결과 나의 선택은 국산 제조업체 정화테크의 수출형 모델이었다. 정화테크는 대구에 위치한 자물쇠와 문손잡이 제조업체다. 주로 미국으로 수출하는 자물쇠와 손잡이를 많이 만드는 듯했다. 실제로 자사 홈페이지의 제품을 보면 마케팅도 디자인도 없이 물건만 만드는 회사 같은 느낌이 들었다. 내 눈에 띈 손잡이 역시 디자인이랄 것도, 누군가를 베꼈달 것도 딱히 없는 아주 단순한 모양새였다. 세상 어디에나 있을 듯 단순한 모양.

  이 업체를 택한 근본적인 이유는 성능이었다. 내가 본 손잡이는 국내표준 KS 인증을 획득한 걸 넘어 미국

국제표준 ANSI 인증까지 받았다. 이 테스트는 개폐 테스트로 받는 듯한데 정화테크는 40만 회 이상 개폐 테스트를 통과했다. 남자들은 튼튼한 물건에 대한 비이성적인 선호가 있다(나 자신이 별로 튼튼하지 않아서일까…?). 나도 예외가 아니었다. 정화테크를 택한 걸 보면.

  정화테크에서 남은 선택지는 하나뿐이었다. 손잡이 끝이 휘어 있느냐 아니냐. 전자의 경우는 한글 디귿자 모양(ㄷ). 후자는 영어 엘자 모양(L). 수출형이라서인지 영어 이름이 붙어 있었다. ㄷ자 모양은 윌슨, L자 모양은 넬슨. 정화테크 의외로 낭만이 있는 제조업체인가… 생각하며 나는 ㄷ자 모양 윌슨을 골랐다. 끝부분이 닫혀 있는 모양새니까 뭔가를 걸어둬도 미끄러지지 않을 것 같기도 했고, 왠지 양쪽으로 휘어져 있으니 이쪽이 시각적으로 더 완결성이 있어 보이기도 했다. 윌슨 세 개를 사서 사장님께 전달했다.

  철물 고르기의 마지막 장은 현관문 열쇠였다. 나는 디지털 도어록을 쓰고 싶지 않았기 때문에 일반 자물쇠를 택했다. 나는 디지털 도어록에 정이 잘 안 붙는다. 비밀번호만 들키면 문이 열리니 보안에 취약하고 내부가 전자제품이니 화재 같은 리스크에도 곤란하다고 생각한다. 한국보다 잘 사는 나라들이 아직도 구식 열쇠 자물쇠를 쓰는 데에는 경로의존 이상의 이유가 있지 않을까.

그런 생각으로 보통 자물쇠보다 조금 더 튼튼해 보이는 자물쇠를 골랐다. 고양이버스 대표님은 이제 내가 이런저런 고집을 부리는 게 익숙해졌는지 묻지도 않고 그 물건으로 설치해 주겠다고 했다. 그런 것들이 쌓여 가며 집의 기능이 만들어지고 있었다. 뼈대에서 표면으로, 표면에서 내가 사용할 수 있는 기능으로.

그런 과정 끝에 낡은 옛 열쇠를 버리고 내가 산 새로운 자물쇠로 문을 잠그는 날이 왔다. 낡은 계단을 올라 집 앞에 다다르면 낡은 바닥 위로 특징 없어 보이는 문이 있는데 자물쇠 구멍만 유독 새 것이다. 거기에 열쇠를 돌려 열면 완전히 새로 꾸몄지만 별로 새로워 보이지 않는 공간이 나타난다. 작고 소박한 꿈이 이루어지는 기분이었다.

20 입주하던 날

그러는 동안 나는 입사를 했다. 입사 전 입주라는 목표는 인테리어에 대해 내가 했던 많은 예상과 결심처럼 지켜지지 않았다. 내가 입사하던 2022년 12월에는 아직 변기와 수전도 설치되지 않은 상황이었다. 나무 벽에 칠해 둔 투명 페인트도 아직 빛바래지 않았던 때라 집 안에 가면 콩기름을 칠한 옛날 집처럼 온 집이 반들반들했다. 그래도 보일러가 들어오고 가조띠 마루가 설치된 게 기뻐서 한 번씩 머무르다 오곤 했다.

  이사 직전까지 살던 곳은 회사에서 지하철로 세 정거장 떨어진 원룸이었다. 전에 살던 대학가 원룸을 단기 계약해 얼떨결에 1년 정도 살았다. 대학 역시 코비드-19로 근처에 빈 방이 많았기 때문에 평소에는 안 되던 단기 계약으로 살았는데, 코비드-19가 끝날 때쯤 되자 집주인이 나가 달라고 했다. 이미 공사가 진행되던 중이라 몇 달만 졸라 볼까 하다가 마음을 바꿨다. 여기서 더 눌러앉으면 마음이 더 해이해질지도 모른다. 이사 전 마지막 거처라는 생각으로 아무 데나 가자. 개념적인 배수의 진을 친다는 생각으로 한층 더 열악한 곳을 골랐다.

  그때 내 집은 우체국 택배 상자 다섯 개 안에 다 들어갔다. 그 안에 옷가지와 이불, 필수 전자제품이 다 들어 있었다. 일로든 취미로든 책은 계속 사서 보니까 조금씩 책이 쌓여 갈 뿐이었다. 책은 노끈을 사서 십자로 묶었다. 그런 식으로 나그네처럼 살며 한 달에 몇 개씩 되는 원고를 마감하고 취재를 다녀오곤 했다. 나는 스마트폰 앨범을 그림일기처럼 쓰는데 당시 내 스마트폰 앨범은 그런 식이다. 어딘가의 지방 공장, 공사 현장, 《아레나》 입사 후에는) 연예인 촬영 현장, 공사 현장. 그것밖에 없는 날들이었다.

　　공사는 계속 늘어졌다. 이제는 고양이버스 사장님 탓도 아니라 내 탓이었다. 사장님은 자신의 할 일을 모두 끝냈다. 내가 정하거나 가져와야 할 변기, 세면대, 수전, 스위치, 콘센트, 문 손잡이 같은 걸 모두 모아 와야 했다. 드래곤볼을 다 모아 용을 불러내듯 그 요소들이 다 모이면 공사가 끝나는 건 금방이었다. 그런데 잡지사에 입사하자마자 일이 너무 많았다. 월간 잡지사는 월간 마감에 모든 게 맞춰져 있다. 새 회사니까 적응도 해야 한다. 그러다 보니 내 능력 부족으로 갖춰야 할 걸 제 시간에 갖추지 못하고 있었다. 내가 내 탓으로 내 집에 못 들어가고 있었다. 열악한 방에서 노래방 연장하듯 한 달씩 계약 연장을 부탁드렸다.

　　언제까지 그렇게 지낼 수는 없었다. 어떻게든 모든 재료를 모은 뒤 고양이버스 사장님을 모셔서 설치해야 했다. 그래야 전등을 켜고 볼일을 보고 몸과 손을 씻는 집의 기본 기능을 작동시킬 수 있었다. 〈아레나〉에서의 두 번째 마감이 끝난 2023년 1월 말에 설치를 끝내기로 결심했다. 이번엔 반드시 들어간다.

　　그때 나는 옛 추억을 떠올리듯 내가 사 둔 물건들을 공사가 끝난 집으로 모으기 시작했다. 학동역에 가서 세면대를 받아왔다. 학동역 사장님은 '우리가 이렇게 친했나' 싶을 만큼 오랜만에 만난 친구처럼 나를 반가워해주었다. 꿈의 세면대 역시 튼튼히 포장되어 흠집 하나 없이 안전했다. 친구 집에 있던 변기를 가져왔다. 어쩌면 이 집의 방향을 결정지은 또 다른 요소인 스위치 역시 창고 속 짐에서 꺼내왔다. 그동안 시간이 많이 흘렀음을 다시 한번 깨달았다. 나는 무엇을 위해 그렇게 했던 걸까 싶은 생각은 하지도 못했다. 그때 나는 그저 춥고 정신이 없었다.

현관에 수전을 설치하려다 보니 내가 얼마나 주먹구구식의 선택을 했는지 새삼 깨닫게 되었다. 수전 아래의 나무 마루부터가 취약 그 자체였다. 여기가 세트장이나 스튜디오도 아니고 사람 사는 집인데 현관 수전에서 물이 새면 어쩌려고. 왜 나는 타일을 설치할 때 현관을 넓혀서 수전 아래까지 타일을 설치할 생각을 못 했을까. 하지만 이미 다 만들어진 집이다. 설치를 강행할 수밖에 없었다. 배우 주현영 씨를 인터뷰하기 전날이 집 안의 온갖 설치가 마감된 날이었다.

설치가 끝난 날. 나는 공사 팀이 모두 떠난 텅 빈 집 벽에 혼자 기대 앉아 내 눈앞에 있는 것들을 바라보았다. 내가 상상만 하던 집의 모습에 한 발 가까워져 있었다. 가조띠 마루 위로 자작나무 합판 벽이 서고, 그 앞에 라우펜×포르쉐 디자인 세면대와 한자 수전이 설치된 모습을 보았을 때의 내 감동을 말로 설명하자니 너무 수선스럽고 느끼할 것 같다. 나는 그저 한참 동안 여러 가지를 둘러보며 앉아 있었다. 나의 한심함. 이걸 위해 지나 보낸 시간과 노력과 실패와 낭비. 여러 가지가 빨리 돌리는 영상의 잔상처럼 한꺼번에 눈앞에 나타났다 금방 사라졌다.

이사를 바로 할 수는 없었다. 주요 잡지사의 마감은 모두 14-15일 즈음이다. 나는 그날 그저 내가 구현하고자 했던 시퀀스의 일부를 보고 왔을 뿐이었다. 일단은 그걸 본 것만으로도 충분했다. 아울러 보는 게 전부가 아니기도 했다. 집에 물과 전기가 통한다는 건 그때부터 수도와 전기에 잠재적인 고장 가능성이 생긴다는 의미였다. 실제로 라우펜 세면대를 설치한 바로 그날 물이 샜다. 고양이버스 사장님이 다른 부품을 갖고 와서 고쳐 주셨다. 그런 식으로 집의 에러나 문제를 고쳐 가며 시간을 보냈다. 어차피 이사는 마감이 끝나고 나야 할 수 있었다.

2월 마지막 주말 나는 천천히 짐과 몸을 옮기기 시작했다. 일단 토요일에 짐을 먼저 옮겼다. 짐은 앞서 적은 것처럼 우체국 택배 5호 상자 다섯 개와 두어 개의 큰 상자가 전부였다. 다섯 개의 박스 안에 내 2년치의 짐이 들어 있었다. 내 모든 짐이 준중형차 한대에 모두 들어가는 삶을 살았다. 우체국 택배 박스 중에는 살던 원룸에서 주워온 것도 있어서, 뵌 적도 없는 정은지 씨의 이름이 적힌 박스를 몇 년 동안 썼다. 그만큼 내 삶의 어느 부분에 무신경하게 살아온 몇 년이었다.

      이 집을 수리하는 동안 총 네 번 거처를 옮겼다. 호텔방, 대학가 원룸들을 거쳐 마지막 거처가 회사 근처에 있던 대학가의 창문 작은 방이었다. 세탁기가 안 되고 창문은 요즘 TV보다 작았고 샤워를 할 때마다 문 밖으로 물이 흘렀고 머무르는 동안 주차 딱지를 몇 번씩이나 끊었지만 전반적으로 깨끗했고 난방이 화끈했다. 열악한 면이 조금 있었지만 오히려 그 덕에 '빨리 공사를 마치고 집에 들어가야지'라는 의욕을 더할 수 있었다.

      거리에 사람이 없고 하늘도 맑은 일요일 아침. 그곳을 떠나기 전 내 낡은 차의 CD 플레이어에 모처럼 CD를 넣었다. 사카모토 류이치의 1999년작 〈BTTB〉. 언젠가 내 집이 생긴다면 그 앨범의 어떤 노래를 틀고 멸치국수를 먹고 싶다고 생각했다.▪ 그곳으로 가는 길이었다.

■ [부록] 집 안의 소리 → 351

'박찬용의 집' 전시

    10회 광주디자인비엔날레
    일시   2023. 9. 7. – 11. 7.
    장소   광주시 북구 광주비엔날레 전시관

이 집의 인테리어와 직장생활을 병행하던 2023년 좋은 제안을 받았다. 광주디자인비엔날레 큐레이터 김선아 교수가 광주디자인비엔날레 초청작가 중 하나로 나를 선정해 연락을 주셨다. 〈첫 집 연대기〉를 보고, '이 정도로 자기 물건을 고르는 이유가 있는 사람이라면 방을 꾸민 물건에 일련의 이유가 있겠다'는 생각이 들어서였다고. 그래서 자신의 기호를 보여줄 수 있는 물건을 선정해 전시해볼 수 있겠냐는 제안이었다. 전시 공간은 부스 내 하우스 모듈. 가로 세로 4미터 크기의, 실제 내 집 거실 크기와 비슷한 면적이었다.

    감사하고 흥미로운 제안이었기 때문에 나는 일종의 역제안을 했다. 전시 참가 자체는 기꺼이 할 수 있다. 다만 나는 이미 〈첫 집 연대기〉속 집을 떠났다. 대신 지금 내가 들어가서 살려고 공사하는 집이 있다. 내가 그 집을 공사하기 위해 만들었던 일련의 원칙이 있다. 그 원칙을 하우스 모듈에 구현해 볼 수 있을 듯한데, 그러면 어떨까. 주최측에서도 흔쾌히 허락해 주었다. 그렇게 내 주거 원칙을 하우스 모듈에 구현한 '박찬용의 집' 구조물이 만들어지게 되었다.

사실 '박찬용의 집' 구조물을 만드는 동안 서울에 있는 실제 박찬용의 집은 전부 완성된 상태가 아니었다. 2023년 초에 기본 공사는 끝난 채 가구 하나 없이 살고 있었고, 나는 그 상태에서 광주디자인비엔날레의 제안을 받아 일을 진행했다. 말하자면 진짜 박찬용의 집이 다 완성되지 않은 상태에서 구조물 박찬용의 집을 한번 더 시공하게 된 것이었다.

공사 자체는 실제로 내가 진행한 공사와 크게 다르지 않았다. 도면이 아니라 원칙으로 진행한 공사였기 때문에 일종의 코딩/매뉴얼처럼 작업지시만 내려도 내 집과 비슷한 구조물이 만들어질 수 있었다. 자작나무 합판, 가조띠 마루, 이탈리아산 연파랑 세르콤 타일, 듀라비트 아키텍트 라인 세면대, 한자 수전, 토토 변기, 정화테크 손잡이 등 내가 이 집에 구현한 주요 소도구를 상당 부분 구현할 수 있었다.

전시품 자체는 일반 공산품을 조합한 보통 가정집 현장이었기 때문에 각 전시물에 대한 설명이 필요하다고 생각했다. 나는 리모델링 전의 상황과 배경부터 벽에 걸어 둔 사진에 이르기까지 총 21개 항목의 캡션을 작성해 현장에 설치했다. 그중에는 실제로 여전히 이 집에 구현된 것도 있고 몇 가지 이유로 구현되지 못한 것도 있다. 여러모로 전시 '박찬용의 집'이 실제 박찬용의 집과 앞서거니 뒤서거니 하며 프로토타입이 되어 준 셈이었다.

4부. 생활

21 샤워 커튼 블루스

입주와 주거와 생활은 다르다. 당시 내 생활을 기준으로 삼는다면 입주는 잠만 자고 짐을 놓을 수 있는 정도였다. 잠을 자려면 최소한의 냉난방과 급수와 배수 및 하수 시스템이 필요했다. 지난 몇 년의 공사 동안 이제 나는 그중 당연한 건 하나도 없음을 깨닫고 있었다. 철거를 하느라 변기를 깨부순 집에서 작업을 하다가 급하게 화장실을 가고 싶어져 5층 계단을 뛰어오르내리다 보면 그런 걸 깨닫지 못할 수가 없다. 그런 경험을 몇 번 하고 나니 나는 이제 집에 대한 건 조금 알고 입주했다고 생각했고, 이제는 손쉽게 쾌적한 생활을 할 수 있다고 생각했다.

물론 전혀 그렇지 않았다. 나는 내가 무엇을 모르는지도 몰랐다는 사실을 깨달아 가며 이주 후의 주거와 생활을 시작했다.

일단 나는 이 집에서 입주한 뒤 몇 달 동안 샤워를 할 수 없었다. 눈에 보이는 대로 화장실 구성을 했기 때문이었다. 말하자면 이렇다. 화장실 면적이 꽤 컸기 때문에 나는 샤워 부스를 빼면 물이 묻을 일이 없는 건식 화장실을 만들고 싶었다. 건식 화장실을 만들기 위해 집수리 사장님들께 여쭤어 적당한 곳에 샤워 부스 자리를 정했다. 자리를 정한 곳에서 물이 새지 않도록 벽돌 하나

만큼의 턱을 올렸다. 샤워 부스 안으로는 미끄러지지 않도록 돌기가 있는 타일을 골랐다. 다 만들어지자 꿈의 건식 화장실을 쓸 수 있다는 생각에 감격까지 했다.

그 샤워 부스가 문제였다. 기성품 샤워 커튼봉이 그 샤워 부스와 맞지 않았다. 기성품 샤워 커튼봉을 사서 낑낑거리다가 아예 설치가 불가능한 걸 깨달으니 이미 다음 날 아침이 출근이었다. 출근은 해야 했으니 집 근처 사우나에 가서 목욕을 하고 출근했다. 마침 출근 시점이 12월이라 더운 날씨는 아니기도 했다. 나는 복잡한 생각 없이 긍정적인 편이다. 어두운 아침에 사우나로 가서 출근을 하고 나가니 왠지 어른이 된 듯해 약간 즐겁기도 했다.

어른이 되어 즐거운 기분은 꽤 비쌌다. 그때 가던 동네 사우나는 한 번에 8천 원쯤 했던 걸로 기억한다. 그렇게 한달 내내 사우나를 다니자 재정적으로 부담스러운 건 물론 스스로가 좀 한심해졌다. '언제까지 사우나를 다닐 순 없지…'라고 나는 탕 속도 아닌 샤워기 아래에서 생각했다. 아침 출근 시간에 맞추려니 나는 아침잠이 많아 늘 허겁지겁 사우나에 가기 때문이었다. 새벽이라 특히 물도 깨끗한 온탕에 발가락도 못 담그고 샤워만 하고 나갈 때마다 아무래도 아까웠다. 그럴 수밖에.

샤워 커튼을 설치하면 그만이지만 여기서는 새

회사가 변수였다. 일단 들어가자마자 일이 꽤 많았다. 샤워 커튼은 커녕 집수리와 이사에 관련된 다른 일들도 진행할 틈이 없었다. 그리고 거짓말처럼 회사 건물 바로 앞에 헬스장이 있었다. 나는 코비드-19 시기를 거치면서 15분 정도의 홈 트레이닝 루틴이 몸에 뱄다. 운동도 하고 샤워도 한다면 좋을 텐데…라는 생각을 하고 있었다. 잡지사는 야근도 많은 편이라 한번씩 씻고 올 수 있는 곳이 있다면 여러 모로 편리하고, 모두 알다시피 헬스장은 길게 등록할수록 가격이 저렴해진다. 나는 고민 없이 헬스장 1년 이용권을 끊고 출근 전에 헬스장으로 향했다.

지금 생각하면 왜 그랬나 싶은 일들이다. 샤워 커튼봉을 금방 만들면 되는데. 내 쪽에도 사정은 있었다. 샤워 부스의 터를 만들어 놓고 보니 나는 샤워 커튼봉도 맞춰야 한다는 걸 깨달았는데 그게 보통 일이 아니었다. 보통의 샤워 커튼봉 형태는 두 종류다. 일자거나, 직각으로 휘어지거나. 그런데 내 욕실 샤워 부스는 미묘하게 직각이 아니었다. 기성품 샤워 커튼봉을 달 수가 없다는 의미였다. 미묘하게 직각이 아닌 형태를 반영한 별도의 봉을 맞춰야 내 집에 끼울 수 있었다. '미묘하게 직각이 아닌 형태를 반영한 별도의 맞춤 샤워 커튼 봉'을 어디서 만든단 말인가. 관련 업자께는 아무 일도 아니었겠지만 문외한인 내게는 보통 일이 아니었다.

생활

나중에 알아보니 다른 방법이 있기도 했다. 커튼 레일 중에는 자유롭게 휠 수 있는 게 있었고, 그걸 천장에 붙인다면 손쉽게 커튼을 설치할 수 있었을 것이다(병원이나 옷가게 탈의실 등에서 볼 수 있다). 다만 그건 화장실용이 아니었으니 습기에 어떻게 되었을지 모른다. 역시 습기에 강한 스테인리스스틸이나 플라스틱봉이 필요했다. 맞춤 샤워 커튼봉이. 공사를 시작할 때 내가 맞춤 샤워 커튼봉까지 만들어야 한다는 생각은 전혀 하지 못했다.

그동안 기온이 오르고 있었다. 한국은 사계절이 있으니까. 3월까지는 서늘했다. 4월엔 출장이 있었다. 5월에는 출장 보고서격인 별책부록을 내야 했다. 그렇게 6월이 되자 날씨가 더워졌다. 밤에 샤워를 하지 못하자 꽤 찝찝한 수준의 날씨가 이어졌다. 그때가 에어컨은 설치되었을 때다. 그래서 땀을 뻘뻘 흘리며 집으로 돌아간 뒤 에어컨을 켜고 시원하게 잠들었다가 아무래도 찝찝한 기분으로 일어나 회사 앞 헬스장에서 샤워를 하고 출근하는 날이 반복되었다. 정상적인 상황이 아니었다.

잡지사들은 마감 기간이 주말에 걸리면 주중에 대체휴가를 준다. 7월쯤의 어느 날이었다. 이미 더워진 지 한참이었지만 그날이 하필 너무 더웠다. 나는 갑자기 이 모든 상황이 견딜 수 없어지기 시작했다. 대체 뭐 하고 있는 건가. 집을 다 고쳐 놓고 샤워 커튼봉 하나가 없어서 거의 반 년 동안 집에서 샤워를 못 하고 있다니. 나는 내 스스로에게 씩씩거리며 곧장 차를 몰았다. 문래동으로. 파이프를 휘어 주는 벤딩 가게가 문래동에 있었다. 이름도 직관적인 문래벤딩. 내가 사는 곳에서 차로 가면 막혀도 30분 안팎에 도착하는 곳이었다.

결론적으로 6개월의 고민과 번민은 30분도 안 되어 해결되었다. 문래벤딩 사장님은 처음에는 척 보기에도 이런 경험이 전혀 없어 보이고 돈도 안 되어 보이는 내게 큰 관심이 없는 듯했다. 그럴 만 했다. 여기는 공장이라 기업 단위의 일들, 말하자면 파이프를 수백 개씩 휘는 일들이 들어와야 일이 될 테니까. 이럴 때는 일을 맡기는 내가 아니라 직무를 수행할 기술과 역량이 있는 업체가 우위다. 나는 집수리 내내 알량한 돈으로 할 수 없는 일이 너무 많다는 사실을 경험으로 알게 되었다. 나는 사장님께 손으로 그린 도면을 보여드리며 필사적으로 졸랐다. 사장님, 얇은 파이프로 이렇게 세 번만 꺾어 주시면 돼요. 길이도 각도도 제가 다 재 왔어요. 사장님은 나를 잠깐 보더니 그제야 허락해 주었다. 30분 후에 오라면서.

한 바퀴 돌고 오자 드디어 내가 원하던 치수와 각도의 맞춤 샤워 커튼봉이 만들어져 있었다. 순간 만감이 교차했다. 한번 하면 금방인데 왜 이렇게 시간을 끌었나 싶어 스스로가 한심했던 건 물론이다. 동시에 다른 전문가가 보기엔 간단한 일이겠지만 내 딴에는 큰 진보와 발전을 이룬 것 같기도 했다. 아무튼 이제 이 봉만 설치하면 쾌적한 생활의 상징 그 자체인 가내 샤워를 할 수 있으니까.

이야기는 여기서 끝이 아니다. 집에 돌아와서도 샤워 커튼을 설치할 수 없었다. 알고 보니 내가 치수를 잘못 쟀다. 가져온 맞춤 샤워 커튼 봉을 벽 고정장치로 붙이자니 약 1센티쯤 짧았다. 1센티면 손가락 한 마디도 안 되지만 여기서의 1센티는 그냥 1센티가 아니었다. 말 그대로 이 치수 하나에 당락이 오가는 일이었다. 길다면 자르면 그만이지만 짧으니까 새로 맞춰야 했다. 이 1센티 때문에 기존에 구부린 파이프를 버리고 새 파이프를 맞춰야 한다고 생각하니 과장이 아니라 정말 머리가 어지러웠다. 그날 밤 나는 깊이 좌절했다.

궁하면 통하고 현장에 답이 있다. 나의 깊은 좌절보다 중요한 건 내가 좌절만 하고 있다면 아무도 나를 도와주지 않는다는 현실이었다. 나는 생각했다. 정말 새로 맞춰야 할까. 1센티쯤 짧으나 각도는 확실히 맞는 이 봉을 샤워 커튼 봉으로 활용할 방법은 없을까. 답이 떠올랐다. 천장에 매달기로.

벽에 그림을 걸 때 쓰는 방법 중 천장에 구멍을 뚫어 내리는 와이어 방식이 있다. 커튼봉은 ㄷ 자 형태이니 ㄷ자의 양 끝단과 중앙부를 매단다면 삼각형을 이루는 세 점이 샤워 커튼 봉을 붙잡아둘 수 있었다. 와이어가 얼마나 무거운 하중을 견딜지는 모르지만 샤워봉 파이프와 샤워 커튼 고리에 샤워 커튼까지 매단다고 해도 큰 하중이 걸릴 듯하지 않았다. 나는 좌절에서 빠져나와 다시 인터넷을 뒤지기 시작했다.

  이번 집수리에서 나는 네이버쇼핑 덕을 무척 많이 봤다. 몇 년 전만 해도 특정 분야의 제품을 구입하기 위해 별도로 회원가입을 해야 하는 경우가 많았는데 이제는 온갖 업체가 네이버에 입점해 있다. 그래서 네이버 자체가 하나의 거대한 쇼핑몰이 되었고(그게 앞으로 한국 사회에 미칠 영향이 별로 좋을 것 같지만은 않지만), 그 덕에 네이버 ID 하나로 온갖 물건을 다 살 수 있었다. 천장에 매다는 와이어도 마찬가지였다. 나는 세상에 그렇게 굵기와 강종이 다양한 와이어가 있는 줄 몰랐고, 와이어 끝을 처리하는 방법이 서너 개씩 있는 줄도 몰랐다. 고민 끝에 공부를 하듯 와이어를 알아보았다. 와이어의 굵기별로 견딜 수 있는 하중을 찾아보고, 와이어를 마감하는 각 방법의 특징과 장단점을 찾아보았다. 나름의 학습을 끝내고 주문을 하는 일만도 초심자에게는 어느 정도 에너지를 요하는 일이었다. 그렇게 주문해도 기다리는 동안에는 집에서 샤워를 할 수 없었다. 주문한 다음 날도 땀을 뻘뻘 흘리며 회사 앞까지 가서 헬스장에서 샤워를 했다.

와이어와 샤워 커튼까지 따로 주문한 게 도착한 날은 이미 8월 중순. 너무 더운 날이었다. 볕 좋은 여름 오후에 나는 작업을 시작했다. 지금 생각하면 간단한 작업이지만 내 입장에서는 처음이라 신경 쓰였다. 천장에서 와이어를 내려뜨리려면 목재 천장에 나사를 박아야 했다. 구멍을 잘못 뚫으면 어쩌지… 같은 초보적인 걱정이 들어도 별 수 없었다. 잘되어 좋아도 내 몫 뭔가 잘못되어도 내 몫이었다. 나는 구멍 뚫을 자리를 잡은 뒤 비장하게 드라이버를 들고 천장에 구멍을 내기 시작했다. 상반신을 젖혀 눕듯한 자세로 천장을 보고 일해야 했으니 두오모 천장에 그림을 그리는 미켈란젤로가 생각났다. 비슷한 건 자세뿐이었지만 긴장의 강도만은 내가 더했을 것 같다.

작업 자체는 순조로웠다. 구멍을 뚫고 와이어를 고정시키는 장치를 설치한다. 와이어 세 개의 높이를 비슷하게 맞추고 봉을 건다. 봉을 걸고 나서 커튼 고리와 커튼을 차례로 설치한다. 이 모든 작업을 다 하는 데 한 시간도 걸리지 않았다. 스스로가 더없이 한심했던 것도 그때만은 잠깐 잊었다. 샤워 커튼을 치고 첫 샤워를 하던 그날 내 몸에 닿던 찬물의 감촉을 아직도 잊지 못한다. '여정이 보상'이라는 진부한 말도 그때만큼은 피부에 닿는 느낌 그대로의 진실이었다.

샤워를 하기 시작하니 또 다른 문제를 깨달았다. 전에는 신경쓰지 않고 있었는데 막상 샤워를 하고 나와 보니 옆 필지에 선 빌라의 방 창문이 내 화장실 창문과 지나치게 가까웠다. 나는 저쪽이 안 보이는데 저쪽이 나를 볼지 안 볼지는 알 수 없었다. 처음에는 문제라고 여기지도 않았다. 온수 샤워를 하면 어차피 습기가 가득 차서 온 창문이 불투명해진다. 그 정도면 된다고 생각했다. 그래서 계속 창문을 닫아 두고 샤워했다. 습기는 화장실 문을 열거나 샤워가 끝나면 창문을 틸트 모드로 기울여서 뺐다. 너무 안일했지만 그때는 그런 줄 몰랐다.

나의 안일함은 하자로 나타나기 시작했다. 일단 창문가마다 곰팡이가 내려앉았다. 어차피 곰팡이는 닦으면 된다고 생각하며 방치했는데 히노키 나무 천장까지 낀 곰팡이는 다른 문제였다. 히노키 나무는 향기를 위해 코팅을 하지 않았기 때문에 사포질을 하지 않는 이상 완전히 지워지지 않았다. 또 내 실수였다.

더 큰 하자가 있었다. 습기 때문에 천장에 붙여 둔 나무의 본드가 떨어져 나가 천장 목재가 조금씩 떨어지기 시작했다. 입주도 다 못했는데 벌써 하자라니 또 속이 상했다. 사장님이 열심히 만들어 준 집인데 내가 사용을 잘못해서 생긴 일이니 사장님께도 면목이 없었다. 별

수 없단 생각으로 사장님께 사정을 이야기하고 만남 날짜를 잡았다. 그 뒤로는 사후 약방문 같은 마음으로 샤워를 할 때마다 창문을 열어 두었다.

창문을 열고 샤워를 시작한 지 며칠 지났을 때 공포영화 같은 일이 일어났다. 평소와 다름없이 콧노래라도 부를 법한 기분으로 샤워를 마치고 나가는 길. 창문 밖에서 "다 보여!"라는, 장년층 여성의 분노에 찬 목소리가 들렸다. 깜짝 놀랄 수밖에. 나는 반사적으로 화장실 밖으로 뛰어 몸을 숨겼다. 옆집 창이 우리 집 욕실창과 가까운 건 알았는데, 아무래도 내가 보일 만큼 가까운 모양이었다.

그 집은 엄밀히 말해 옆집도 아니었다. 필지를 마주한 곳이었고, 걸어가면 5분은 걸리는 곳에 자리했다. 그 집 안방과 내 집 화장실이 마주하게 되는 위치였던 듯했다. 내가 살기 전에는 화장실의 큰 창이 가벽으로 덮여 있었고, 그 뒤 철거를 하고 공사를 한 지 한참 되는 동안 사람이 살지 않았다. 입주한 뒤에도 샤워를 하지는 않았고, 샤워를 시작한 뒤에도 늘 습기 때문에 내 몸이 가려졌다. 습기를 없애기 위해 창문을 열자 드디어 저쪽도 나를 본 듯했다. 그 결과가 내가 들은 괴성이었다.

일단 저쪽에서 내가 보인다는 걸 알린 이상 아주 곤란했다. 고양이버스 사장님이 와서 천장을 고쳐 주어야 그다음의 공사를 할 수 있다. '미스트'라 부르는 창문 시트지를 붙이고 싶은 생각은 없었다. 내가 어떻게 확보한 광량인데. 다만 근처 세대에 실례할 수도 없으니 뭔가 조치를 취하긴 해야 했다. 일단 상냥한 사장님이 오기 전까지 파란색 쓰레기봉투를 펴서 창문에 붙였다. 그다음 날 씻으러 들어가자 또 괴성이 들렸다. "그래도 보여!" 나는 또 깜짝 놀랐다.

두 번이나 이런 일이 생기자 나도 즐겁지 않은 기분이 들기 시작했다. "보시던가 말던가!"라거나 "그쪽이 피하세요!"라고도 하고 싶었지만 나는 호전적인 성격이 못 된다. 그 후 당분간은 밤에만 불을 끄고 화장실에 갔다. 샤워도 밤에 불을 끄고 했다. 이게 뭐 하는 건가 싶으면서도 나름 호젓하고 나쁘지 않았다. 나는 긍정적인 성격이다.

내가 생각한 시선 차단 방법은 블라인드였다. 블라인드를 쏜다면 시선도 차단하고 빛도 적당히 오가게 할 수 있을 터였다. 그 블라인드를 설치하기 위해서는 고양이버스 사장님의 수리가 꼭 필요했다. 천장을 다 고쳐야 천장에 블라인드를 설치할 수 있으니까. 오랜만에 고양이버스 사장님이 오신 날도 잊을 수 없다. 사장님은 드릴로 작은 구멍을 뚫은 뒤 그 구멍에 에폭시 접착제를 주사로 집어넣었다. 그렇지 않으면 나무 전체를 떼어내고

생활

새로 붙여야 하니까 내가 보기에도 그게 합리적이었다. 주사로 접착제를 집어넣은 뒤 아래에서 지지대를 대고 며칠 기다리면 기브스를 한 뼈가 붙는 것과 비슷하게 천장과 나무가 붙을 것이었다.

고양이버스 사장님은 하자를 퇴치하고 싶었는지 에폭시 본드를 넘칠 만큼 풍부하게 뿌렸다. 본드가 들어갈 면적은 제한되어 있을 테니 너무 많은 본드를 뿌리자 천장에 매달린 본드가 바닥으로 떨어지기 시작했다. 떨어진 본드들이 아이스크림 콘처럼 동그란 덩어리로 쌓여 갔다. 본드가 바닥에 떨어지다니 나는 또 깜짝 놀랐다. 고양이버스 사장님이 나를 달랬다. "이 본드는 다 마르면 금방 떨어지니까 그때 한 번에 떼어내면 돼요."

나는 당시엔 그 말을 믿지 못했다. 고양이버스 사장님을 못 믿어서가 아니라 이런 경험을 해 본 적이 없어서였다. 에폭시 본드는 보통 본드와 달리 점도 높은 휘핑 크림 같은 느낌이다. 그 휘핑 크림들이 바닥으로 턱턱 떨어지고 있었다. 휘핑 크림 같아 다행히 크림 같은 점도일 때 닦으면 다 닦였다. 천장에서 이리저리 떨어지는 본드를 정신없이 닦던 중 머리에 새똥 떨어지는 느낌이 났다. 에폭시 본드 뭉치 중 일부가 내 머리 위로 떨어졌다. 본드는 생각보다 빨리 굳어서 이미 내 머리카락 일부가 껌 붙은 모양새로 붙어버렸다.

혼비백산의 연속이었다. 머리에 본드가 묻은 것도 곤란한데 나는 본드가 묻은 시점으로 한시간 반 뒤에 점심 약속까지 있었다. 어쩔 수 없이 야구모자를 쓰고 갔다. 나름 웃겨 보겠다고 식사 자리에서 모자를 벗어 접착제를 보여주기도 했지만 내가 농담 상대와 상황을 잘못 파악한 것 같았다. 그때 접착제에 붙은 머리카락을 보여드린 분과는 아직도 만나지 못하고 있다. 머리는 다행히 그날 오후에 바로 잘라서 해결했다. 그때는 평정심을 잃은 채라 홧김에라도 다 뽑아버릴까 싶은 기분이었다. 일본 노인 하이쿠 대회에 나왔다는 '그때 뽑은 흰머리 지금 아까워'라는 구절을 생각하며 참고 또 참았다.

머리부터 발끝까지 겪어 본 적 없는 일을 겪으며 집수리가 하나씩 진행되고 있었다. 화장실 수리 다음 단계인 블라인드도 초심자에게는 너무 복잡한 세계였다. 블라인드 날은 알루미늄인가 나무인가. 알루미늄이라면 도색, 타공, 금속성 마감 중 무엇인가. 나무를 쓴다면 수종은 무얼 고를 것이고 측면 마감처리는 할 것인가 말 것인가. 블라인드를 여닫는 부속과 창을 기울이는 부속이 따로 있는 '투핸드'를 쓸 것인가 하나로 통합된 '원핸드'를 쓸 것인가⋯.

이때도 막막했지만 내가 결정하지 않으면 아무것도 결정되지 않았다. 나는 어둠 속을 더듬어 가는 기분으로 50센티 이상은 될 듯한 상세페이지를 몇 번씩이나 읽어가며 내가 원하는 걸 골랐다. 알루미늄, 투핸즈, 금속성 마무리. 그래도 아직 고를 게 남아 있었다. 금속성 마무리의 색. 골드냐 핑크냐 그레이냐. 여기까지는 고르기 쉬웠다. 가장 확실한 금속성 색인 그레이. 마지막 관문이 남았다. 그레이냐 딥 그레이냐. 그레이와 딥 그레이는 컴퓨터 모니터상으로는 정말 큰 차이가 없어 보였다. 나는 지긋지긋하다고 생각하며 딥 그레이를 골랐다. 왠지 그게 창문 색과 더 비슷할 것 같았다.

드디어 블라인드가 온 날 역시 긴장됐다. 블라인드는 문래벤딩에서 작업한 맞춤 커튼봉처럼 모두 맞춤 제작이 가능했다. 가로와 세로를 내가 제대로 측정하지 못했다면 최악의 경우 설치하지도 못하고 또 돈과 시간을 날릴 수도 있었다. 그 생각만 해도 정신적으로 고되었다. 이 집을 계약한 뒤 나는 내내 돈과 시간을 날려 왔지만 철거와 공사 초반에는 예상 외의 지출이 '으레 해야 하는 일이지'라고도 생각했다. 그런데 집수리 막바지로 다가가던 그때까지도 불확실성이 남아 있다니. 공사 초반 불확실성과 공사 후반 불확실성은 상대적으로 내게 오는 무게감의 강도가 달랐다. 잡념이 꼬리를 물며 나뭇잎을 파먹어 가는 벌레처럼 내 불안이 내 평정심을 파먹어 가는 기분이었다.

그 불안은 설치를 한 뒤에 분쇄되듯 사라져버렸다. 딥 그레이 블라인드는 내 생각처럼 '딥'하지 않았다. 블라인드 설치는 초심자인 나도 할 수 있을 만큼 간단했다. 문제의 '딥 그레이' 색감 역시 무척 좋았다. 무엇보다 일반 그레이 색의 블라인드를 본 적도 없으니 얼마나 더 '딥'한지, 무엇이 더 좋은지 알아볼 필요도 없었다. 미관상으로도 좋아졌고 옆집의 시야를 가린다는 기능도 잘 수행했다. 나는 모든 걸 잊고 무척 만족했다.

여세를 몰아 2차 블라인드를 설치할 때 나는 또 난처해졌다. 화장실 창은 형태적으로 ㄱ자 형태다. ㄱ 자의 세로 부분에 난 ㅣ부분이 괴성이 들려온 쪽 문제의 창이었다. 그 창을 블라인드로 막았으니 이제 ㄱ의 가로변인 ㅡ에도 블라인드를 치고 싶었다. 같은 업체에 같은 '딥 그레이'를 주문하고 기다렸다가 단독 설치를 시작했다.

쉬운 게 하나도 없었다. 천장에 구멍 내기가 생각보다 어려워서 한참 헤맸다. 전에 고양이버스 사장님은 엄청 쉽게 하시던데. 역시 경력과 손기술을 무시하면 안 된다. 나는 무더위가 끝나지 않던 어느 가을날 땀을 뻘뻘 흘리며 블라인드 설치를 마무리지었다. 설치가 끝나자 화장실 바닥에 바로 드러눕고 싶을 만큼 지쳤다. 만족은 교만을 부르고 교만은 실패를 부른다. 내가 집수리를 하며 느낀 가장 큰 교훈 중 하나다.

생활

다행히 지금은 모두 지난 이야기다. 블라인드가 놓인 화장실 창은 내가 이 집에서 가장 좋아하는 풍경이 되었다. 이 집 거실에는 북향 부엌창밖에 없어서 빛이 잘 들어오지 않지만 날씨 좋은 날 화장실 문을 열어두면 빛과 바람이 가득 들어온다. 창문을 틸트로 기울여 소리와 공기가 통하게 해 두면 새벽이 올 때쯤 새소리가 들리고 비가 오면 빗소리가 들린다. 블라인드를 쳐 두었으니 이제 달갑지 않은 고함을 들을 일도 없다. (사실은 날이 풀리고 블라인드를 조금이라도 열어 두면 역시 고함을 지른다. 일단은 아주 바짝 닫아두고 있다.)

이렇게 소소하고 평화로운 일상을 누리기까지 입주 후 1년 반이 걸렸고 나는 온갖 업체를 찾아다녀야 했다. 대단한 일도 아닌 개인의 집수리에 이렇게 시간을 많이 써서 부끄럽다. 동시에 세상 모든 일이 다 이렇게 사소하게 복잡한 일일 거란 생각도 한다.

22 가구 삼고초려

집 안에서 곰팡이와 옆집 항의가 없이 샤워를 하기까지 입주 후 1년 넘는 시간이 걸렸다. 이렇게 한심하게 살았으니 가구가 있을 리 없었다. 내 일상 생활의 비효율 역시 전혀 개선되지 않고 있었다. 나는 침실로 쓰기로 마음 먹은 방에서 요를 깔고 잠을 잤다. 여전히 옷들은 우체국 택배 상자 안에 들어 있었다. 옷을 꺼내려면 젠가를 하듯 상자들을 들었다 놨다 해야 했다. 내 삶은 대개 한심스러운데 집에 관련해서도 크게 다르지 않았다.

      핑계를 대자면 일 때문이었다. 직장 일과 개인 일이 모두 많았다. 잡지사의 팀장으로 들어갔으니까 일이 적지 않을 거라는 예상은 했다. 한창 나이에 일을 많이 하는 게 싫지도 않았다. 언제부터인가 나는 일의 과정과 결과에서 가장 큰 성취감을 느끼는 사람이 되어 버렸다. 그러자 나를 돌볼 시간이 없었다. 월간지 마감을 매달 하던 2023년 나는 잡지 마감 12건을 하고 없던 별책 부록을 하나 만들었다. 콘텐츠를 개편하고 필자를 새로 찾고 상반기와 하반기에 마케팅 이벤트를 하나씩 유치했다. 점점 강력해지는 연예인들의 스케줄에 내 시간을 끼워맞춰 가며 연예인 인터뷰도 한 달에 하나씩은 했고, 그중 나름의 자체 취재와 조사 기획도 계속 진행했다. 그동안 외부 원고를 한 달 평균 세 개씩 마감하고 단행본을 두 권 출간했다. 매일 폭탄돌리기를 하는 기분이었다. 어느 날 달력을 보니 2024년이 되어 있었다. 2024년의 첫날도 집은 그대로 비어 있었다.

생활

이럴 순 없다고 생각했다. 당연한 걸 너무 늦게 깨달았다. 생활 곳곳에 균열이 가고 있었다. 상징적 균열뿐 아니라 실질적인 균열이기도 했다. 언제까지 택배 상자 속에 있는 옷들을 꺼내 입을 순 없었다. 입주를 하고도 짐을 빼지 못해 계속 임대료를 내며 창고를 쓸 수도 없었다. 이를 해결하려면 가구가 필요했다. 단 하나의 가구도 없었지만.

가구가 없던 이유도 있었다. 나는 이 집을 공사하며 가구를 맞춰야겠다고 생각했다. 개인적인 기호뿐 아니라 실질적인 이유도 있었다. 이 집의 바닥 평면 때문이었다. 오래된 집이라서인지 이 집 바닥은 곤란할 정도로 굴곡이 심했다. 큰맘 먹고 전 반장님께서 시멘트를 꽤 들이부어 평활도를 맞췄지만 그래도 역부족이었다. 구조적으로도 이 집은 통상적인 한국의 집들과 좀 달랐다. 기성 가구를 넣는다면 시각적으로 잘 어울리지 않을 것 같았다.

무엇을 해야 할지는 잘 모르겠는 대신 무엇을 하지 말아야 할지에 대해서는 생각하다 보면 조금씩 감을 잡을 수 있었다. 가구도 마찬가지였다. 일단 이케아는 안 된다. 지난번 집 가구를 사실상 이케아로 가득 채워 본 뒤 나는 이케아에 질렸다. 4년간의 생활과 수납을 통해 이케아가 별로 저렴하지도 않고 튼튼하지도 않다는 사실을 깨달았다. 이케아로 집 한 채를 채우려면 생각보다 비싼 돈이 든다. 저렴한 이케아를 쓰면 언제나 휘어지고 구부러져서 오래 쓸 수 없게 된다.

비슷한 성격의 모듈 가구를 내는 곳들도 모두 뺐다. 무인양품은 이케아보다 더 비싼데 문제는 가격이 아니다. 한국과도 유럽과도 다른 특유의 무인양품 치수가 있어서 무인양품을 쓰지 않는다면 모든 밸런스가 깨진다. 모두 무인양품을 써도 되지만 '그렇게까지…?'라는 생각이 있었다. 몇 번 써 본 결과 무인양품은 '튼튼한 디자인'이 아니라 '튼튼해 보이는 디자인'이었다. USM 같은 걸 쓰면 훨씬 비싸진다. USM으로 집을 다 채울 재력이 있다면 이런 고민을 할 필요도 없고 아마 이런 책도 내지 않았을 것 같다.

    무인양품이나 USM에 물 쓰듯 돈을 써도 결과적으로 내 마음엔 들지 않을 것 같았다. 내 딴에는 꽤 많은 돈을 썼는데 그런 식으로 꾸미면 다른 사람들이 꾸며둔 집과 터무니없이 비슷해질 게 분명했기 때문이었다. 한국에도 자리잡기 시작한 미드센추리 모던 유럽 가구도 마찬가지였다. 그때 가구는 지금의 유행과 상관없이 목재와 만듦새가 좋긴 하다. 그래도 생각을 거듭하자 역시 비싸고 남다를 바 없어 포기했다.

    왜 내가 아까운 돈을 써서 남들과 비슷한 환경

을 구현해야 하는가. 기왕 돈 쓸 거면 남과 다른 무언가를 구현하려고 하는 것 아닌가. 나는 어릴 때부터 그런 생각이 있었다. 그래서 이 모양으로 사는 것 같지만 그게 나다. 이렇게 생각하니 결국 답은 맞춤 가구뿐이었다.

맞춤 가구를 놓겠다고 결심해도 질문은 이어졌다. 다음 질문으로 넘어갔을 뿐이었다. 누구에게 어떤 가구를 맡길 것인가? 프로 가구 제작자는 굉장히 많다. 내 정보는 전혀 없다와 거의 없다 사이 수준으로 부족했다. 내 이상 속 비전 역시 아직 막연했다. 나는 이번에도 무엇을 할 지보다 무엇을 하지 않을지를 생각하기로 했다.

일단 이른바 유명 디자이너나 전문 디자이너에게는 연락도 하지 않기로 했다. 일단 그들이 나의 초라한 집에 들어갈 값비싸지 않은 가구를 만든다는 귀찮은 일에 응해줄 리가 없었다. 예산도 안 맞고 내 이야기도 잘 안 들어줄 디자이너와 만나 봐야 서로 가슴 아프기만 할 것 같았다. 에고가 풍만한 아티스트형 디자이너 중에는 '내가 미천한 너의 초라한 공간에 디자인 천재인 나의 디자인을 하사해 주마' 같은 태도로 일하는 사람들이 있다. 나는 누군가가 공짜로 해 준다 해도 그런 종류의 인간들이 그런 태도로 설계한 물건을 내 집 안에 넣을 생각이 전혀 없었다.

같은 논리로 가구 스튜디오 중 고급 목재를 잘

다루는 곳에도 연락하지 않기로 했다. 너무 고급스러운 소재는 이 집에 어울리지 않는다고 생각했다. 캐시미어는 고급 세단 뒷자리에 앉아서 사는 사람들에 어울리는 옷이지 나처럼 낡은 중고차를 타는 사람에게 어울리는 옷이 아니다. 이런 논리는 모든 소재에 적용된다고 나는 생각한다. 이를테면 목재에도. 나는 내 형편에 맞는 합판 가구를 원했다. 나방 날개 무늬처럼 화려한 무늬가 피어오르는 대형 원목 가구 같은 건 주문할 돈도 없거니와 그런 걸 둔다 해도 내 집에 어울리지 않을 게 뻔했다.

나는 무엇을 하지 말아야 할지 생각하다 보면 무엇을 해야 할 지가 떠오르곤 했다. 가구 제작자 제외 리스트를 생각할 때도 그랬다. 어차피 나와 만나는 팀은 한 팀일 테니 최대한 엄격하게 배제 조건을 짰고, 그러다 보니 나와 작업할 가구 제작자에게 원하는 게 생각났다. 나는 열심히 하는 신인과 해 보고 싶었다. 이 가구는 나에게 상당히 의미 있는 물건이다. 살면서 이런 집수리와 이런 맞춤 가구는 다시 못 만들지도 모른다(지금도 그렇게 생각한다). 내가 그러하니 가구 제작자에게도 이 프로젝트가 기억에 남는 무언가가 되어 주고, 그래서 이 일이 서로에게 의미 있는 일이 되었으면 싶었다. 다만 신인이되 멀쩡한 가구를 만들어 줄 만큼의 경험과 기술은 있는 분.

이때 떠올린 책이 일본 건축가 고시마 유스케의 〈모

든 이의 집)이었다. 고시마는 유럽에서 공부하고 일본으로 귀국한 뒤 일본의 사상가 우치다 다쓰루의 집 건축가가 된다. 우치다가 경험이 없는 신인에게 일을 준 것 역시 그의 패기를 믿고 그에게 기회를 주고 싶어서였다. 그 전에 둘은 일면식도 없는 사이였다. 무엇보다 둘은 건축가와 건축주로 만났는데도 고시마가 책까지 쓸 정도로 사이가 좋았던 듯하다. 이게 정말 보통 일이 아니다. 나는 사상가는커녕 비슷한 것도 평생 못 될 테지만 그래도 좋은 꿈을 한 번쯤은 꿔보고 싶었다. 당신에게도 좋은 포트폴리오가 되고 나에게도 좋은 경험이 되어서, 모든 일이 끝나도 종종 만나고 함께 일할 수 있는 사이가 될 사람을 만나 보고 싶었다. 질문이 제자리로 돌아왔다. 그 사람이 누구인가? 어떻게 찾나?

어렴풋이 생각하다가 검색을 시작했다. 닥치는 대로 찾았다. 인스타그램을 가장 많이 썼다. 요즘은 인스타그램으로 자기 작업물을 올리는 한국 작업자가 가장 많은 것 같아서였다. 최소한의 정리가 된 매체나 책이 있었다면 그런 걸 사서 볼 의향도 충분히 있었지만 지금 한국에 그런 식으로 정보를 정리해 판매하는 업체나 개인이 없음을, 라이프스타일 잡지 업계에 속한 나는 이미 잘 알고 있었다. 나는 묵묵히 저수지에 낚시 찌를 던지듯 검

■ [부록] 집수리를 하는 과정에서 읽은 책 일부 → 343

색을 계속해 나갔다.

온라인 저수지에서 나의 낚시 도구는 해시태그였다. 검색창에 #합판가구 #맞춤가구 같은 걸 넣어서 아무 계정이나 들어간 뒤 내가 원하는 것과 비슷한 걸 만드는 분이다 싶으면 일단 리스트에 넣었다. 건너건너 소개받거나 여러 계기로 이름을 알던 곳까지 포함해 1차 리스트를, 말하자면 롱 리스트를 만들었다. 어차피 작업은 한 곳과 할 테지만 롱 리스트는 최대한 많이 확보해 두고 싶었다. 1차 롱 리스트를 만들자 약 30개 정도의 업체가 추려졌다. 그 이상 찾아보는 건 큰 의미가 없을 것 같았다. 어차피 작업은 한 곳과 하니까.

업체들의 목록을 만든 뒤 그걸 엑셀 파일로 정리했다. 세로축에 업체들의 이름을 나열하고 가로축에 각종 정보 요소 항목을 최대한 많이 만들었다. 그게 최대한 많아야 선택을 하기 쉬울 테니까. 각 업체별로 공개해 둔 정보의 디테일이 다르니 각자 다른 생선의 포를 뜨듯 일일이 요소를 뽑아내 새로 정리했다. 내가 마음대로 꼽아 본 주요 항목은 이랬다. 전혀 합리적이지 않은 내 편견이 반영되어 있다.

생활

위치 — 만나야 하니까. 너무 멀면 곤란하니까.

쇼룸 유무 — 쇼룸이 있다는 건 임대료가 더 나가는 1층 로드숍에 작업실이 있다는 이야기다. 조금이라도 비싼 임대료가 아무래도 가구 가격에 반영되지 않을까(아닐 수도 있다는 것도 알고 있다)?

클래스 진행 여부 — 가구 공방 중엔 희망자들에게 가구 제작 교육을 시켜 주는 곳도 있다. 클래스와 B2B 제작과 B2C 납품은 모두 다른 일인데, 클래스를 진행하시는 분들은 클래스를 진행하는 만큼 제작에 전력을 쏟기에는 어려울 수도 있지 않을까?

팔로워 수 — 너무 많으면 그만큼 도도하지 않을까? 너무 적으면 또 경험이 그만큼 적다는 의미 아닐까…?

이런 식으로 말도 안 되는 이유를 들어가며 생각을 해 나갔다. 좋은 가구와 직접적으로 관련이 없는 항목이고 편견임을 알고 있다. 그저 내게 최소한의 논리가 필요했을 뿐이었다.

리스트를 만들고 나니 확실히 비교가 편했다. 나는 변수들을 노려보며 연락하지 않을 곳들을 하나씩 줄여 나갔다. 어디는 비쌀 것 같았다. 어떤 곳은 위치가 안 맞을 것 같았다. 어떤 업체는 왠지 내가 추구하는 만듦새나 모양새와 다른 걸 만들 것 같았다. 꽤 많은 곳들이 어딘가 미묘해서 설명하긴 쉽지 않지만 아무튼 나와 안 맞을 것 같았다. 거듭 강조하지만 실력이 아니라 일종의 성격적 궁합 면에서.

기준에 따랐다기보다는 상상을 이어갔다는 표현이 더 어울릴 것 같은 생각 속에서 나는 업체들을 줄여 나갔다. 서른 곳에서 열다섯 곳으로, 열다섯에서 넷으로, 셋으로, 그중 마지막으로 두 곳이 남았다. 그 둘에게 각각 인스타그램 DM을 보냈다. 둘 중 먼저 답이 오는 분과 일하기로 잠정적으로 정했다. 더 먼저 답을 주는 분이 더 잘할 것 같다거나 그런 이유가 아니었다. 그 정도는 가구의 신이 나에게 내린 운명이라 여기기로 했다. 가구의 신은 생각보다 빨리 답을 주었다.

둘 중 먼저 답이 온 곳은 스튜디오 식목일이라는 업체였다. 혼자 하는 것 같았다. 팔로워 수는 내가 봤던 다른 가구 스튜디오에 비해서는 많지도 적지도 않은 정도. 인스타그램에 올려 둔 포트폴리오가 많지 않은 걸 보니 독립한 지는 얼마 안 된 것 같았다. 당시 내가 스튜디오 식목일에 대해 걱정한 건 위치였다. 그들의 사진 중 전주에서 촬영한 게 있었기 때문에 혹시 전주에서 작업 하시나 싶었다.

전주인 게 문제가 아니라 전주와 내가 있는 서울까지의 거리가 문제다. 가구에서 물리적 거리는 보통 일이 아니다. 그 정도로 서울과 거리가 있는 곳이라면 미팅이나 제품 배송 등 측면에서 여러모로 비용이 증가한다. 그래서 스튜디오 식목일과 연락이 닿았을 때 나는 이 분들이 전주에 있는지 물었다. 아니었다. 수원에서 스튜디오를 운영하고 있다고 했다. 수원이라. 수원 좋다. 수원은 내가 고등학교를 졸업해서 제2의 고향처럼 생각하는 안양과 멀지 않다. 나는 이 정도 우연을 가구의 신이 내게 만들어 준 운명이라 믿기로 했다. 바로 미팅 날짜를 잡았다.

    스튜디오 식목일이 있다는 건물은 1호선 수원역 하나 전인 화서역에서 걸어서 15분쯤 걸리는 곳에 있었다. 1호선 천안행을 타고 화서역에서 내린 뒤 넓은 도로를 건너 직진하면 바로 나오는 곳에 있었다. 아직 바람이 쌀쌀한 날이라 나는 어깨를 움츠리고 스튜디오 식목일 쪽으로 걸어갔다. 스튜디오 식목일은 1층에 자동차 유리 가게가 있는 건물 지하에 있었다. 들어가 문을 열자 왠지 애니메이션 〈플란다스의 개〉에 나오는 네로 같은 느낌의 인상 좋은 젊은이가 나를 맞이했다. 이제 와 생각하면 그 얼굴을 보자마자 나는 결심한 것 같다. 이 젊은이와 작업을 해야겠다고.

    나는 그들의 사무실에 마주앉아 내가 원하는 가구와 현재 상황을 이야기했다. 벽이 자작나무 합판으로 마감되어 있다. 바닥과 같은 소재의 자작나무 합판 가구를 원한다. 합판 중 주로 쓰는 소나무 종류나 OSB는 쓰지 않는다. 자작합판 중 러시아산을 쓰고 싶다(중국제는 약간 조악하다). 두께는 대부분 18T를 기준 삼고 싶다. 튼튼하고 구하기 편하니까.

나는 그들과 이야기를 나누는 동안 내가 조금 변했음을 깨달았다. 나는 어느새 주문을 하면서 제조품의 모습과 제조 난이도를 함께 이야기하고 있었다. 몇 년간의 이런저런 상상과 시도와 현실화 과정을 통한 결과였다. 손님이 제조 난이도를 생각하면 좋은 이유는 여러 가지다. 일단 원가에 대한 이해가 높아진다. 단순히 돈을 아끼는 문제가 아니다. 원가의 범위를 알고 나면 내가 할 수 있는 것과 하고 싶은 것에 대한 현실적인 기준을 세울 수 있다. 그리고 집수리에선 보통 만들기 쉬운 게 쓰기도 쉽고 고치기도 쉽다. 보기 좋은 것 중엔 만들기 어려운 것도 있고, 만듦새나 편의성에서 뭔가를 포기해야 할 수도 있다. 아무것도 모르고 집수리를 하던 시기 덕에 몸에 스며든 교훈이었다.

기왕 전문가를 모셔 맞추는 거니까 예쁜 것도 중요했다. 가구를 맞추러 간 2024년 초반 시점에서 내가 예쁘다고 여겨 구현하고 싶었던 건 딱 둘이었다. 나무 고유의 무늬와 일정한 비례. 내게 원목의 매력은 모든 판의 무늬가 다르다는 점이었다. 나무 무늬 시트지로 표면을 덮은 가구나 카페에 가 보면 알 수 있다. 시트지니까 어딘가에서 무늬가 겹친다. 나쁠 건 없으나 내 집에선 다 다른 무늬로 공간을 채우고 싶었다. 그렇다고 구불구불한 나무 무늬나 실루엣이 집에 가득 차는 것도 원치 않았다. 비례하는 것과 비례하지 않는 것, 일정한 것과 무작위적인 것, 그런 것들을 섞고 싶었다. 스튜디오 식목일을 처음 만났을 때는 이렇게 정돈되고 느끼한 말로 말하지 못했지만. 그래서 다행인 것 같기도 하다.

그 상황에서 내가 말한 건 이 정도였다. 벽과 같은 소재의 자작나무 가구를 원한다. 가구 대부분은 벽에 붙어 있을 것이다. 만들기 쉬운 걸 원해서 레일 등의 금속 부자재는 최소화시키고 싶다. 구조는 간단하고 눈에 띄는 디테일은 없되 하나의 비율이 반복되어 그 비례로 멋을 냈으면 좋겠다. 그는 나의 횡설수설에 가까운 희망사항을 들은 뒤 해 보겠다고 했다. 나는 왠지 그의 얼굴에서 의욕을 느꼈다고 생각했다.

가구 의뢰를 맡기던 늦겨울의 나는 잡지사의 에디터이기도 했다. 〈아레나 옴므 플러스〉의 피처 디렉터라는 일을 하던 나는 그때쯤 퇴사 생각을 하고 있었다. 일단 나의 능력에 비해 일이 너무 많았다. 업무와 개인 일정을 함께 진행하는 동안 다른 일상생활은 진행이 불가능한 수준이 된 지 오래였다. 부족한 역량에 여러 일을 하려다 보니 가구도 설치하지 못하고 샤워 커튼도 두지 못했고 천장도 내려앉고 창문을 마주한 집에서 다 보인다고 욕도 먹고 보관 창고에 있는 짐도 몇 년째 빼지 못하고 있었다.

  그럼에도 내가 퇴사를 앞두고 했던 생각의 종류는 고민이라기보다는 각오였다. 정든 업계를 떠나도 될까. 이 업계의 n년차 에디터로서 내가 취할 수 있거나 누릴 수 있는 여러 좋은 순간과 경험이 아직 있긴 있는데 그 자리를 내 발로 떠나도 될까. 이제 이 나이와 이 포지션에서 떠난다면 사실상 한국 패션 잡지계의 에디터로는 돌아오기 힘들 텐데 괜찮을까. 기후 변화도 알 수 없는 세상에 박찬용 에디터의 개인 일정이 계속 생겨 줄까. 그런 생각 앞에서 내가 취할 수 있는 자세는 분석도 예측도 아닌 각오뿐이었다. 개인 일정이 언제까지 있을지는 알 수 없었지만 일단 할 수 있는 일들을 하면서 내 일을 정리하고 다음엔 내 길을 가는 수밖에 없겠다고 결론 내렸다.

  오랜만에 돌아와 일을 하다 보니 이제 내가 한국 패션 잡지계의 피처 에디터로 더 이상 기여할 게 없겠다는 생각도 들었다. 내가 대단한 뭔가가 아니라는 건 내가 가장 잘 안다. 그래도 한 명의 직업 잡지 에디터로서 지면이나 콘텐츠를 대하는 방식이 있을 수 있다. 그 방식까지 닿기까지 나 역시 나름의 고민과 시도를 했을 수도 있다. 나는 그게 오늘날의 잡지계에는 필요하지 않다는 걸 몇 번 깨달았다. 지금 한국의 패션 잡지계가 원하는 사람들은 나 같은 사람이 아니다. 지금의 잡지계에는 더 젊고 빠르고 화려한 사람들이 필요하다. 나는 십수 년간의 직업 에디터 생활을 거치며 내가 꽤 느리고 빛바랜 세계의, 혹은 그런 세계관의 사람이라는 걸 깨달았다.

     나름 커리어와 집수리 단계에서 큰 변화가 일어나고 있었다. 에디터로의 내가 퇴사를 결심하고 시점을 고민하는 동안 가구 제작 실무가 이루어지고 있었다. 합판의 기본 치수에 맞춘 사이즈를 정했다. 그 사이즈가 이 집에 얼마나 잘 맞을지 확인하기 위해 이들이 와서 내 집을 실측하고 벽이나 바닥 등을 확인하기도 했다. 문손잡이의 모양과 전기 입력을 위한 구멍 등 디테일 이야기도 많이 나눴다. 디테일은 끝도 없었다. 표면 처리를 어떻게 할까. 색을 얼마나 입힐까. 문은 미닫이로 할까 여닫이로 할까. 미닫이로 한다면 레일을 깔까 말까. 내 눈에 보기에는 간단한 가구여도 생각하고 결정할 요소들이 계속 튀어나왔다.

     그런 것들을 정하기 위해 스튜디오 식목일에 가는 게 어느덧 내게도 낙이 되어 있었다. 나는 어느 순간부터 이들을 만날 때마다 힘과 용기를 얻고 있었다. 일단 이들은 일을 열심히 했고 나에게 친절했다. 나에게 아부를 하거나 잘 보이려 했다는 이야기가 아니다. 이들에게는 뭔가를 자기 손으로 직접 만드는 사람들 특유의 건강한 자부심이 있었다. 식목일의 김원식이 내게 가장 많이 한 이야기 중 하나는 '쓰는 사람이 편안하게 쓰는 게 중요하니까'였다. 그런 이야기가 나올 때는 보통 내가 '이렇게 만드는 게 편하냐, 어떻게 만드는 게 제작자 입장에서 편하냐'였다. 손님의 편안한 사용을 신경쓰는 건 김원식 본인의 타고난 성정 때문이기도 하겠지만, 동시에 만드는 사람 입장에서 '나 이 정도는 할 수 있다'는 건강한 자신감이기도 했다. 그 건강한 자신감을 느끼는 건 산림욕처럼 기분 좋은 일이었다.

그런 기분을 느끼려 수원 작업실에 갈 때마다 내가 바랐던 것들이 차례로 만들어지고 있었다. 어떤 날에는 합판이 수십 장 들어왔다. 그다음에는 그 합판들이 계란말이 초밥에 올라가는 계란말이들처럼 잘려 있었고, 그다음에는 그것들이 3차원의 형태로 조립되어 있었다. 보기에 기쁜 일이었다. 내가 그리던 것들이 실제로 구현되고 있다는 원초적인 기쁨. 그리고 그것이 아주 좋은 품질로 구현되고 있다는 깊은 기쁨.

가구 제작은 아직 추위가 가시지 않던 초봄에 첫 미팅을 시작해 내가 퇴사를 하던 6월 말쯤 드디어 완성되었다.■ 물론 이들은 훨씬 빨리 할 수 있는 역량이 있었으나 이번

■ [부록] 개인적인 가구 의뢰 과정과 결과 경험담 → 352

에도 문제는 나였다. 나에게도 스튜디오 식목일에게도 각자의 일정이 있었기 때문에 계속 이야기를 나누며 적당히 일정을 조절해 나갔다. 이들도 들어오는 일을 하고, 나도 내가 들어오는 일을 하다 보니 가구들이 다 완성된 건 7월쯤이었다.

그 시기가 마지막 허들이었다. 유독 긴 장마 때문이었다. 2024년 장마는 기간이 긴데 불규칙해서 계속 일기예보와 실제 날씨가 조금씩 안 맞았다. 이 집에 들어오는 가구는 비에 예민했기 때문에 비는 중요한 변수였다. 내가 실용성이 떨어져도 좋으니 광택 없이 나뭇결이 그대로 드러나는 가구를 원했기 때문이었다. 가구를 그렇게 만들었으니 가구를 설치하고 운반하는 내내 맑은 날이어야 했다. 그런 날은 좀체 오지 않는 데다 일기예보까지 자꾸 안 맞았다. 비 소식이 있어 가구 운송 날짜를 미루면 비가 안 오는 날이 두 번쯤 이어졌다. 가구가 없는 내가 불편한 건 둘째치고 남의 작업실에 물건을 계속 둬도 실례였다. 빨리 가구를 올려야 했다.

이런저런 고민 속에 드디어 가구를 집에 올리는 날짜를 정했다. 2024년 8월 5일. 드디어 가구가 올라오는 날이었다.

23 가구를 올리던 날

세 번째 날짜를 바꾸어 가구를 들이기로 한 날 아침이 밝았다. 나는 이미 퇴사를 하고 프리랜서 에디터로의 다른 일들을 진행하고 있었다. 퇴사할 때쯤 가족의 일이 생겨 개인적으로도 정신이 없었다. 그런저런 일들을 거쳐 가구가 올라오기로 한 날이 되자 막상 실감이 나지 않았다. 과연 올까. 정말 오긴 할까.

정말 올 테니 나는 나름의 준비를 해야 했다. 전날 주민들에게 양해를 구했다. 동네 근처에서 운영하는 사다리차 사장님도 찾아서 예약했다. 이 집은 주차장 활용에 제약이 있어 사다리차를 사용할 경우 꼭 알릴 필요가 있었다. 사다리차 역시 집수리를 하면서 몇 번씩 불렀다. 나는 이 집을 고치기 전에는 사다리차를 불러 본 적이 한 번도 없었다. 사다리차와 스카이차의 차이도 몰랐다(사다리차는 짐만 올리고 스카이차는 사람도 탈 수 있다. 시간당 이용료는 스카이차가 배 이상 비싸다). 사다리차와 스카이차를 몇 번씩 부르는 데 들였던 비용을 생각해 보려다 그러지 말기로 했다. 아무튼 배움 비용이려니.

지난 시간에 대한 잡념에 빠져 있는 동안 가구를 실은 차가 오고 있었다. 작업실에서만 보다가 가구의 전모를 내 눈으로 본 건 처음이었다. 이들의 고생도 그제서야 내 눈에 다 들어왔다. 가구가 2.5톤 용달차에 빈틈 하나 없이 가득 차 있었다. 건물 꼭대기 층 내 집에서 보니 용달차의 짐칸이 자작나무색으로 가득 채워져 있었다. 한 가지 색으로만 가득 채워져서 무슨 뮤직비디오에 나오는 소품 같았다. 저게 내 주문과 고집의 총체구나. 나는 속으로 잠깐 한숨을 쉬었다.

내가 스튜디오 식목일에 주문한 가구는 크게 세 종류였다. 일단 책장. 벽에 붙거나 가벽 역할을 한다. 둘째로는 창고 선반. 창고 용도로 쓸 방의 수납을 위한 선반 세트다. 마지막으로 침실에 들어갈 옷장. 모두 같은 자작나무 소재. 두께까지 모두 똑같은 18T. 색과 마감처리 역시 모두 똑같은 종류의 오일로. 그게 내가 원한 것이었기 때문이다.

내가 원한 것을 한 마디로 요약하면 통일성이었다. 맞춤 제작을 주문했지만 나는 그에게 매번 다른 뭔가를 주문한 게 아니라 일정한 원칙에 따른 일괄적 제작물을 주문했다. 그래서 소재가 똑같을 뿐 아니라 치수 면에서도 일종의 공통분모 같은 사이즈가 있었다. 내가 이번에 식목일과 함께한 표준 치수는 40센티미터였다. 선반 한 칸에 40센티, 책장의 폭은 40센티의 두 배인 80센티. 책장과 서랍장의 키의 합은 40센티의 여섯 배인 240센티인 식이었다. 40센티로 정한 이유는 이 사이즈를 사용할 경우 합판이 버려지는 걸 최소화할 수 있기 때문이었다. 합판 한 장의 크기는 대략 120×240 센티다. 공통분모 사이즈를 40센티로 할 경우 큰 고민 없이 결과물의 사이즈를 정할 수 있다.

  다만 모든 걸 기계적으로 다 짜맞춘 건 아니다. 맞춤이었으니 깊이를 조금씩 다르게 할 수 있었다. 책장의 깊이는 15-40으로 다양하게 설정했다. 옷장의 높이나 창고 선반 폭 등 일부 변수가 곳곳에 있다. 오래 생각해 합리적으로 원칙을 만들고 그 원칙을 강하게 준수하되 상황에 따라 합리의 폭 안에서 유연히 변용하기. 삶 전반에서 내가 원하는 방향이기도 했다.

  다만 이럴 때도 변수가 있다. 가구의 폭이 일정하다면 벽에 남는 부분이 생긴다. 목재 벽을 만들 때처럼 나머지 부분이 발생한다. 예를 들어 벽 길이가 40센티의 배수가 아니라면 그 벽에는 반드시 가구가 들어차지 않는 여백이 생긴다. 스튜디오 식목일 역시 내 이야기를 듣고 이 부분을 걱정했다. 배려의 방향도 벽을 만들어 주신 목수 사장님과 똑같았다. 치수를 조금씩 달라지게 작업해서 벽의 빈 부분을 다 채워줄 수 있다고. 이번에는 내가 고집을 부렸다. 여백 부분이 생겨도 좋다. 주된 폭 40센티와 그 배수라는 원칙 안에서 작업하자. 그때 생기는 빈 틈은 모두 내가 메꾸겠다. 걱정하지 마시라.

생활

이런 생각에도 실질적인 이유가 있었다. 효율이었다. 모든 가구의 폭이 같다면 잔여분도 줄어들지만 효율이 좋아진다. 다 똑같은 비율로 잘라내면 되니까. 효율이 좋아지면 일이 줄어든다. 일이 줄어들면 사기도 높아질 수 있다. 잔여분이 줄어든다면 내 재료비 예산도 줄어들 테고, 그만큼 내가 내 예산을 아낄 수도 있을 것이었다. 재료도 아끼고 작업자의 노동량도 줄인다면 내게는 이게 명답이었다.

대신 작업자도 마냥 쉽지는 않을 것이었다. 이런 디자인은 작업자가 숨기거나 숨을 곳이 없기 때문이었다. 내가 요청한 가구에는 손잡이가 하나도 없었다. 구멍을 뚫거나 맨 위에 비스듬히 각을 주어서 손잡이 없이도 열리게 하는 구조였다. 그런 만큼 모든 가구에는 장식이나 채색 등 눈에 띄어 시선을 분산시키는 요소가 전혀 없었다. 마감까지 얇은 오일로 진행했고 자작나무는 색이 밝으니 나무에 뭐 하나만 묻어도 안될 일이었다. 즉 이 가구의 장식은 말하자면 비례뿐이었다. 가구 제작자 입장에서 실력과 꼼꼼함과 자신감이 없다면 맡기 쉽지 않은 일이었다. 그렇게 만들어진 가구들이 내 눈앞에 모습을 드러내고 있었다.

결과 먼저 말하면 가구 설치는 이런저런 에피소드가 있었지만 아주 잘 마무리되었다. 스튜디오 식목일과 나는 그 후에도 몇 번씩 작업을 진행했다. 나는 가구의 마이너 체인지와 이런저런 추가 요소들을 부탁한다. 스튜디오 식목일 역시 바쁜 일정 중에도 열과 성을 다해 함께 작업을 진행해 주고 있다.

  이렇게 되기까지는 서로를 신뢰하는 시간과 과정이 필요했다. 나중에 들어보니 가구가 올라오는 날 우리는 각자 다른 이유로 비슷한 종류의 걱정을 하고 있었다. 나도 스튜디오 식목일의 두 사람도 '이 설치 작업이 잘 될까'가 걱정이었다. 나는 몰라서 걱정했다. 집에 가구를 설치해 보는 건 처음이었으니까. 스튜디오 식목일의 둘은 알아서 걱정했다. '설치 작업이 변수가 많은데 이번 설치가 잘 될까' 같은 걱정이었다. 우리 셋은 각자의 기대와 걱정을 품고 가구를 옮기기 시작했다.

  가구가 들어오는 날의 작업 순서는 간단했다. 꼭대기 층까지 가구 올리기. 올린 가구를 집으로 들여오기. 들여온 가구 설치하기. 집이 옥상 바로 아래층이라 옥상으로 가구를 올리기로 했다. 일기예보상으로는 맑았지만 곧 비가 올 듯 습한 날씨 속에서 낑낑거리며 가구를 올렸다. 사다리차의 짐칸에 가구를 꽉 채운 뒤 7-8회는 올려야 할 정도로 양이 많았다. 나도 스튜디오 식목일의 작업자들도, 사다리차 사장님까지도 금방 온몸이 땀에 젖었다. 그래도 성인 남자 다섯(아까 말한 넷에 가구를 싣고 온 2.5톤 트럭 용달 기사님까지)이 힘을 내자 가구를 올리는 모든 작업은 한 시간여 만에 끝났다. 가구를 올리기만 해도 성취감이 솟아올랐다. 내가 이 집을 처음 본 시점 기준으로 6년 만에 공사가 끝나고 생활 도구가 들어오는 거니까.

옥상에 올라온 가구들을 돌아보니 이들의 배려와 풍부한 경험을 느낄 수 있었다. 내가 요청한 가구들은 대체로 키가 컸다. 수납을 하고 싶어서 높은 가구를 많이 부탁했기 때문이었다. 가구의 키가 클수록 더 무거워진다. 그런데 2미터짜리 가구 한 통과 1미터짜리 가구 두 개라면 개별 무게는 후자가 더 가벼울 테고, 이 집처럼 엘리베이터가 없는 곳이라면 그게 운반하기는 더 편할 것이다. 무거우면 운반도 어려우니까.

그래서 이들은 일종의 반조리상태에 가까운 가구를 가져왔다. 이들이 가져온 가구는 약 95퍼센트 완성본이었다. 상부와 하부가 나뉘고, 문이 설치되지 않았다. 모두 기능적인 이유가 있었다. 앞서 말했듯 가구를 맞춘 큰 이유 중 하나가 이 집 바닥 수평이 맞지 않아서였다. 그러니 가구 바닥에 설치하는 별도의 장치로 모두 수평을 맞춰야 하고, 수평을 맞춘 후 하단의 문을 설치한 뒤 각각의 수평을 맞춰야 이 집에서의 수평을 맞출 수 있었다. 자신이 손으로 가구를 만들고, 현장에서 가구를 설치하며 예측하고 대응할 수 있는 디테일들이었다.

　　　　이런 일들이 있었으니 현장 작업에 각종 변수가 생길 수밖에 없었다. 일단 생각보다 가구가 많았고 가구를 올린 뒤의 일손은 스튜디오 식목일 팀 두 명과 나까지 세 명뿐이었다. 현장에서 조립할 가구들이 있었으니 집 안에서 어느 정도의 가구 설치와 조립을 해야 했다. 그러느라 처음에는 가구를 집 안에 다 넣어두지도 못했다. 설상가상으로 스튜디오 식목일을 운영하는 김원식의 파트너인 김진산은 그때 코비드-19에 걸려 있었다. 찜통 속에 있는 듯한 날씨인데 그는 마스크를 쓰고 일을 했다.

　　　　그러고 보니 이 집의 수리 과정에서는 늘 코비드-19가 변수였다. 어찌 보면 내가 전 집을 떠난 이유부터가 코비드-19와 간접적인 관련이 있는 주택 시세 대폭등이었다(주인 할머니가 그 틈을 타 계약 연장을 불허했으니까). 그래도 덕분에 이 집 공사를 시작할 수 있었다. 회심의 알루미늄 창호가 몇 달씩이나 납기일정을 못 맞춘 이유도 코비드-19로 인한 물류 대란이었다. 동시에 내 집에는 너무 과분할 만한 고급 마루재를 저렴하게 산 계기 역시 코비드-19로 인한 깜짝 세일이었다. 내가 이 집을 공사하는 동안 호텔부터 원룸에 이르는 이런저런 집들을 돌아다닌 이유도 코비드-19였다. 그 후로 돌고 돌아 하필 가구를 옮기는 날에 코비드-19 감염자가 생기다니. 쓴웃음이 나왔지만 누구의 잘못도 아니니 어쩔 수도 없었다. 사실 그 당시에는 이런 생각은 하지도 못햇다. 해가 떠 있는 시간 안에 일을 잘 끝낼 수 있을까. 내 머릿속엔 그 생각뿐이었다.

옥상에서 집으로 가구를 내리다 보니 점심 때가 되었다. 먹어야 일을 하니까 피자를 시켰다. 먹고 나서 일단 옥상에서 집으로 내려 둔 가구를 조립하기로 했다. 벽에 가구를 붙이거나 두 칸으로 나뉜 가구들을 조립하는 등 작업 양이 꽤 많았다. 그렇게 작업을 하고 있던 오후에⋯ 비가 왔다. 비가 온다고 한 날 안 왔으니 안 온다고 한 날 오는 것도 있을 수 있는 일이다. 그 일이 내게 일어났을 뿐이다. 우리 셋은 모두 순간 혼비백산했다.

문제는 이 가구를 마감한 얇은 도막이었다. 내가 요청한 오일 마감은 나무의 섬세한 결이 잘 살아있는 대신 방수 성능이 구조적으로 덜하다. 비를 맞으면 도막이 벗겨질 수도 있다. 지금 생각하면 아무 일도 아닌데 그때 나는 별로 의연한 모습을 보이지 못했다. 괜찮으려나 싶어 노심초사했고, 그 마음을 표정에 숨기지 못했다. 일단 우리 셋은 최대한 빨리 뛸 듯 가구를 집으로 내렸다. 물기를 닦아내고 조금 젖었다 싶은 것들은 다시 스튜디오로 가져가서 기름칠을 해 주기로 했다. 누구의 잘못도 아닌데 난처한 일이 일어난 셈이었다. 그 일 이후 1년쯤 지났는데 아무 일도 없는 걸 보면 그날의 비는 이들의 가구에 어떤 영향도 미치지 못했다. 부끄럽지만 그때 조금 평정심을 잃고 징징거렸는데 그게 계속 미안한 마음으로 남아 있다.

     스튜디오 식목일의 두 명이 내내 일하는데도 작업은 생각보다 길어졌다. 현장에 와서 보니 내 요구사항이 생각보다 많았기 때문이었다. 모든 벽장은 벽에 붙는다. 문은 따로 붙인다. 내가 이들에게 요청한 사항에 따르면 경첩이 붙는 문만 26개다. 문 하나에는 경첩이 두 개 붙는다. 경첩을 설치하려면 문짝 안에 구멍을 두 개씩 뚫고 반대쪽 벽체에 나사를 네 개 박아야 한다. 경첩을 조절해 문의 수평을 맞추기 때문에 경첩 하나마다 밸런스를 잡아야 한다. 나도 모르게 문짝에 구멍을 52개 뚫고 밸런스를 52회 잡으며 나사를 104개 박아야 하는 일을 맡긴 셈이었다. 문짝에만. 이들이 벽에 가구를 고정시키기 위해 박은 나사는 제외한 숫자다.

     이런 과정을 지켜보며 나는 자연스럽게 깨달았다. 멋있는 걸 만드는 건 대단한 영감이나 남다른 비밀이 아니라 그저 해야 할 일들의 무한 반복이다. 스튜디오 식목일 팀은 창작의 비밀이 그 반복임을 아는 듯 묵묵히 작업을 계속해 나갔다. 계속 수평을 재고 벽에 못을 박고. 가구가 설치된 뒤에 또 수평을 재고, 문짝을 달고, 그 일

생활

들이 계속됐다. 뉴욕에서 활동했던 그림 위조 화가 켄 페레니의 회고록 중에는 '나는 명작이 어떻게 나오는가 싶었는데 그냥 붓질을 계속 하는 거였다.' 같은 구절이 있다. 그 말대로였다. 일견 지루해 보이고 실제로 하는 입장에서도 지루할 일들이 반복되며 내가 원하는 것들이 구현되고 있었다.

      생각보다 조금 길어질 뿐 착착 진척되는 작업 속에서 내가 생각하는 이 집의 구조가 드디어 완성되고 있었다. 나는 이 집의 입구에 책이 있길 바랐다. 기능적으로도 의미적으로도. 책장이 가벽 역할을 하며 현관과 거실의 공간 분리를 하길 바란다는 동선에서의 기능이 있었다. 아울러 이 집의 거실에는 남향 창이 없어서 책이 바랠 염려가 덜했다. 창에서 가장 먼 곳에 책을 놓기 위해서라도 창 반대편 벽에 책장을 붙일 수밖에 없었다. 집에 돌아와서 문을 열었을 때 책장이 가득한 풍경은 내가 한번쯤 살아 보고 싶던 풍경이기도 했다. 책장 하단은 모두 수납장, 상판은 책상과 쇼케이스 역할을 했다. 이 이외의 별도 장식은 없었다. 그래서 손잡이도 모두 전혀 보이지 않는 방식으로 해달라고 주문했다.

      이런저런 요소들이 내 눈에 실제로 구현되는 걸 보는 기분을 내 짧은 묘사로는 표현하거나 설명하기 힘들다. 설치가 생각보다 길어져 스튜디오 식목일은 일단 저녁에 돌아갔다. 그다음 날까지 설치를 해야 할 만큼의 작업량이 남았지만 이미 나는 상당히 고양된 기분으로 서성거리며 몇 번씩이나 가구 사이를 들락거렸다. 가구를 만지기도 하고 문을 열어 보기도 했다. 살면서 이런 종류의 성취감과 충만감을 느껴 본 적이 있었나, 만약 언제 또 느낄 수 있을까, 이런 기분이 들었다. 아직 갈 길이 멀었지만 드디어 이제 큰 고비를 하나 지났다. 그 느낌이 종이에 적어둔 붓글씨처럼 선명했다.

한 고비가 지나고 다른 고비가 남아 있었다. 서랍이었다. 정확히는 서랍 역할을 하는 박스들. 나는 일부러 스튜디오 식목일에 서랍 등 별도의 부속이 들어가는 가구 제작을 최소로만 의뢰했다. 조금 불편해도 간결하고 단순한 구조를 쓰고 싶어서였다. 그러나 서랍 역할을 할 가구가 없어서야 곤란하다. 특히 옷장 역할을 하는 선반들에서는 옷을 가리는 역할을 할 요소가 필요했다. 내 쪽에서도 나름 생각이 있었다. 키워드는 이랬다. 종이, 자투리, 직물, 가죽.

일단 나는 골판지 상자들을 수납 상자 대용으로 쓸 생각이었다. 골판지 상자는 나무 가구에 비하면 엄청나게 저렴하고 굉장히 가벼우며 튼튼함은 못지 않다. 극한 효율을 추구하는 디자인 특유의, 일종의 완결된 느낌이 있다. 나는 그 느낌을 좋아한다. 그래서 골판지 상자가 잘 들어가도록 가구 치수도 처음부터 상자에 어느 정도 맞췄다. 가구가 도착한 뒤 상자를 수십 개 사서 바닥을 테이프로 붙였다. 그걸 다용도실과 옷장에서의 수납 상자로 잘 쓰고 있다. 무척 만족한다.

옷장 역할을 하는 나무 상자도 있다. 그 상자는 뼈대만 나무다. 그 상자를 만들게 된 계기는 '이런 걸 만들어야지'가 아니라 이 가구를 만들며 갖게 된 특정한 목표다. 그 목표란 '이 집의 가구를 쓸 때는 자투리를 최소화시키고 싶다'다. 말하자면 '제로 자투리'다. '제로 웨이스트'처럼.

나는 제로 자투리를 위해 처음부터 자투리가 최소화되는 치수의 가구를 주문했다. 그 덕에 보통 비슷한 규모의 가구 제작보다 훨씬 적은 자투리가 나왔다. 그 자투리를 보자 '여기 있는 모든 자투리를 다 뭔가로 만들고 싶다. 이 자투리를 다 없애고 싶다'는 욕심이 생겼다. 이 집 가구는 곡면이 없으니 자투리는 거의 다 나무젓가락처럼 긴 막대 형태였다. 그 막대 형태로 만들 수 있는 가구나 소품이 뭘까. 그래 상자다. 나는 그런 생각으로 스튜디오 식목일에게 나무 상자 뼈대를 주문했다. 멋진 나무 상자 뼈대가 네 개쯤 만들어졌다.

뼈를 둘러싸야 뼈대가 상자가 된다. 무엇으로 둘러쌀까. 여기서 카피 오브 카피 장우석 실장이 등장한다.

그는 이름부터 심오한 카피 오브 카피라는 브랜드로 각종 가방이나 소품 등 다양한 걸 만드는 사람이다. 나와는 우연히 알게 되어 〈모던 키친〉을 출간할 때 일종의 책 연관 기획상품인 '감귤 가방'을 함께 만들었다. 그와 작업해 보니 안 해 본 일도 재미있게 하는 사람이라는 느낌이 들었다. 그래서 이번에도 그를 괴롭히게 되었다. '제로 자투리' 프로젝트의 일원으로.

      뼈대를 둘러싼 요소는 장우석 실장의 분야인 패브릭이나 가죽을 쓰기로 했다. 자작나무처럼 밝은 색 나무와 패브릭 혹은 가죽이 잘 어울리는 건 에르메스 가구를 보면 잘 알 수 있다. 나는 행사장 등에서 그 과분한 가구를 몇 번 본 덕에 자작나무+가죽, 자작나무+패브릭의 멋을 기억하고 있었다. 장우석 실장에게 "당신도 에르메스와 다를 바 없다"는 격려를 하며 상자를 함께 만들자고 하자 그는 '뭐 그런 헛소리가…'라는 느낌이 담긴 웃음을 지으며 허락해 주었다.

      그걸 만들기 위해서도 안 해 본 일들을 해야 했다. 일단 나는 자투리 프로젝트에 충실하기 위해 상자를 감싸는 패브릭도 자투리 원단이나 자투리 가죽을 쓰려 했다. 그런데 막상 자투리 원단은 굉장히 저렴하지 않은 이상 신품 원단과 가격 차이가 크지 않았다. 자투리 가죽은 조금 더 오묘했다. 장우석 실장은 "자투리 가죽은 두께와

색이 너무 제각각이라 막상 만들었을 때 예쁠지 모르겠다"는 의견을 주었다. 성실한 전문가의 의견을 따라야지. 집수리하며 가장 크게 얻은 교훈 중 하나다. 나는 그의 말을 받아들여 신품 원단과 신품 가죽을 사기로 했다.

그 결과 자투리 나무로 만든 상자는 상당히 고급스러운 게 되었다. 나는 잘 접히지도 않는 뻣뻣한 이탈리아산 무염색 가죽을 골랐다. 그런 가죽은 생각보다 비싸다. 상자를 만들려면 뼈대의 6면을 모두 막아야 한다. 나는 4면을 패브릭으로, 2면을 가죽으로 하기로 했다. 왠지 가죽에 욕심을 부리고 싶었다.

뼈대에 가죽과 패브릭을 어떻게 접합시킬지도 문제였다. 우리는 생각 끝에 강력 양면테이프를 붙이고 그 위에 나사를 박아 고정시키기로 했다. 리벳을 드러낸 청바지처럼. 나사의 종류도 굉장하다. 생산국, 길이, 소재, 머리의 모양. 나는 선택의 늪에서 헤어나오지 못하는 기분으로 나사를 찾았다. 대체 언제까지 찾아야 하는 걸까⋯ 라는 생각도 잠시. 이쪽에도 재미있는 세계가 있었다.

이쪽에도 명품이 있었다. 명화금속. 1961년부터 나사를 만들어 온 나사 제조의 명가다. 1분에 1천 개를 만들고 세계 30여 개국에 수출까지 하는 나사 외길 전문 기업. 나는 명화금속의 나사를 쓰기로 결심했다. 다만 이 경우에는 나사가 외부로 보이니까 색의 질감과 나사머리의 모양도 중요했는데 내가 실제로 볼 수가 없었다. 어쩔 수 없이 치수가 같은 나사를 6종쯤 주문했다. 합금, 스테인리스스틸, 나사 머리 종류를 보려고. 그 나사들을 장우석 실장과 살펴본 뒤 만장일치로(그래봐야 두 명이지만) 스테인리스스틸을 쓰기로 했다. "역시 스틸이 색이 예쁘네요." "그러게 말예요." 같은 말을 하면서.

그 결과 만들어진 '자투리 나무 뼈대에 패브릭과 가죽으로 마무리한 상자'를 옷서랍 용도로 잘 쓰고 있다. 가죽판이 여덟 장이나 쓰였으니 가죽 특유의 냄새도 선명하다. 장우석 실장은 "집에서 향수의 가죽향 같은 향이 나겠어요."라며 웃었는데 현실은 역시 환상과 달랐다. 기온이 오르는 여름에 문을 닫아 두면 가죽이 익어서 유쾌하다고는 할 수 없는 향이 올라왔다. 혼자 쓰는 침실에 둬서 그나마 다행이지 거실 같은 공용 공간에 두었으면 여름에 대단한 냄새가 집 전체를 채울 것이었다. 뭐 내 선택이니 어쩔 수 없는 일이다. 조금씩 익어 가는 가죽색도 멋지다. 이런 걸 보면 나처럼 적당히 우매한 사람이 즐겁게 사는 것 같다.

24 이케아 비율 2025

나는 집 안의 모든 가구를 스튜디오 식목일로 채울 생각은 없었다. 스튜디오 식목일과 일한 게 이 집을 수리하며 가장 잘한 결정 중 하나라 생각하지만 그렇다고 100퍼센트 그들의 가구로 집을 채우는 건 다른 이야기다. 상징적인 의미로도 그럴 필요가 없을 뿐 아니라 실효성도 떨어진다. 일단 의자는 맞출 필요가 없었다. 나는 몇 년 동안의 바보 같은 구매로 필요 이상의 의자를 갖고 있었다.

내가 구비하지 않았으나 역시 스튜디오 식목일에게 맡기지 않은 품목으로는 침대가 있다. 처음에는 별생각 없이 침대까지 맡기려 했다. 그런데 침대의 구조나 원가를 생각하니 일선의 가구 제조자에게 침대를 맡길 이유가 딱히 없었다. 가구 공방에서 만드는 기초적인 침대는 구조적으로 큰 테이블이나 상자와 다르지 않다. 침대 전문 브랜드의 갈빗대 제작 같은 건 가구 공방의 일을 벗어나는 일이다. 큰 테이블이나 상자 같은 침대를 만들자니 재료비도 많이 들고 무거운데 기능적으로도 큰 실효가 없다. 게다가 나는 구조적으로 침대가 전혀 보이지 않도록 방을 고안했다. 스튜디오 식목일 측에서도 굳이 침대까지 자신들에게 맡길 필요는 없을 듯하다는 의견을 냈다. 일리 있었다. 결국 나는 지긋지긋한 거래처를 다시 찾는 마음으로 오랜만에 그 곳을 향했다. 이케아로.

　　　　나는 지난 책들에서도 몇 번 이케아에 대해 적은 적이 있다. 첫 책 〈요즘 브랜드〉에서는 이케아 브랜드 스토리를, 〈첫 집 연대기〉에서는 이케아로 집 하나를 채워본 경험을 적었다. 그때는 세입자일 때라 지금과는 상황이 달랐지만 이케아에 대한 생각은 비슷했다. 집 안에 이케아가 100퍼센트면 안 된다고. 그 과정에서 어디에 어떤 이케아를 두어야 할 지 나름의 기준을 정해 판단해서 이케아를 집에 설치했다.

　　　　그때 내가 정해 둔 원칙은 이랬다. 버리고 갈 큰 가구는 모두 이케아. 그 이케아는 모두 흰 색으로. 흰 색 중 가장 저렴한 걸로. 오래 생각하기 귀찮기도 했고 '이케아로 만들어 본 집'이라는 일종의 실험을 해 보고 싶기도 했다. 그래서 실제로 그 당시 집에 설치한 침대, 옷장, 책장, 세면대장, 세면대 거울 등의 가구를 전부 이케아 흰색으로 했다. 소재는 MDF 합판, 철제 뼈대에 섬유, 철제 프레임에 섬유 커버, 두꺼운 철제 등 다양했다. 소나무 원목 침대도 샀는데 그건 내가 흰색으로 칠했다. 일관성을 위해 흰색 이케아 목제 스테인을 써서. 지금 생각하면 이케아 목제 스테인까지 살 필요는 없었다 싶지만 내 삶을 돌아보면 '지금 와서 그럴 필요는 없었는데' 싶은 게 너무 많다.

그 과정에서 확실한 교훈을 몇 개 얻었다. 일단 이케아의 저렴한 목재 가구는 오래 가기 힘들거나 편하지 않다. 내가 샀던 이케아 책장들은 전부 다 가운데가 내려앉았다. 직업과 취미 때문에 책을 좀 사는 편이었는데 책장에 책을 꽉 채우자 선반이 무게를 견디지 못했다. 이케아의 원목 침대 역시 내가 살던 내내 삐걱거렸다. 나중에는 내가 몸을 심하게 뒤척이면 침대가 무너질 수도 있겠다 싶을 만큼. 간소한 옷장은 살 때부터 마음에 들었다. 금속 프레임에 흰색 섬유 커버를 씌워 왠지 서도호의 작품 느낌이 났다. 그 옷장에 옷을 많이 걸자 옷장들이 일제히 풀처럼 옆으로 누웠다. 이케아의 문제라기보다는 내가 그 제품들의 허용 하중보다 많은 물품들을 적재한 듯했다. 다만 이케아의 허용 하중 자체가 높지는 않은 것 같았다.

그 후에도 나는 다양한 방면으로 이케아를 접하며 이 대단한 회사에 대해 피부로 깨달아 가기 시작했다. 나는 소비자로도 이케아를 접했고 잡지 에디터를 하던 때에는 다양한 보도자료나 행사 등의 대언론 자료로도 이케아를 접했다. 그 경험 끝에 얻은 내 결론은 이거다. '싼 이케아는 별로고, 별로가 아닌 이케아는 싸지 않다.' 저렴한 이케아는 3미터 밖에서 봐도 저렴해 보인다. 플라스틱은 얇고 나무는 옹색한 원목 무늬 필름이거나 원목이라면 각목처럼 투박해서 얼굴을 대면 나무 가시가 볼에 박힐 것 같다. 이케아에도 프리미엄 라인업이 있다. 그런 건 생김새도 멋지고 만듦새도 좋다. 다만 이케아의 가격이 아니다. 디자이너 가구라 생각하면 저렴할 수도 있지만 우리가 기대하는 이케아의 가격과는 차이가 있다.

그렇다면 무슨 이케아가 좋을까. 나는 저렴한 이케아 가구 중 묵직한 철제는 만족스럽다고 결론 내렸다. 철제 같은 건 대규모로 구매하고 대규모로 도색 공정을 거칠 때 규모의 경제가 통하는 영역이다. 지난번 집에서도 목재 이케아는 모두 어딘가가 삐걱댄 반면 철제 이케아는 그 집을 떠나는 순간까지 신경 쓴 적이 없다. 그런 걸 기억해내고 나는 철제 이케아 침대를 찾아보기로 했다. 홈페이지로 보니 마침 내가 원하는 종류의 저렴한 철제 침대가 있었다. 그 침대를 사러 오랜만에 이케아로 향했다.

오랜만에 찾은 이케아는 여러모로 더욱 발전해 있었다. 일단 이케아 매트리스가 내 기억에 비해 상당히 향상됐다. 여러 개의 포켓 스프링을 병렬시켜 누운 사람의 무게를 보다 섬세하게 분산시키는 방식의 침대들이 상당히 늘어났다. 내가 전에 이케아 매트리스를 샀을 때보다 딱딱함 정도가 다양해지는 등 선택의 폭도 넓어졌다. 대신 내가 전에 샀던 저렴한 매트리스는 단종되고 조금씩 비싼 것만 남았다. 나는 '그럼 그렇지'라고 생각하며 몇 년 전처럼 혼자 여기저기 누워보고 매트리스를 결정했다. '가장 딱딱'으로 골랐는데 막상 써 보니 편안하지만 한 단계 전의 딱딱으로 골라도 되었을 것 같다.

  이 때 누워 본 이케아 철제 침대는 상당히 만족스러웠다. 무게도 묵직하고 접합부위도 견고해서 삐걱거리지도 않을 것 같았다. 여기서의 문제는 이케아가 아니라 내 배달과 거주 환경이었다. 이번 침대는 튼튼하고 묵직한 만큼 무게가 26.14킬로그램에 길이는 203센티미터에 달했다. 그걸 설치해야 하는 집은 엘리베이터 없는 건물의 꼭대기 층이었고 그걸 옮겨야 하는 사람은 잠깐 누워서 기뻐하고 있는 나 자신이었다. 다른 방법이 없으니 이 튼튼하고 길다란 쇳덩어리 상자를 조심조심 들어올렸다. 나는 겨우겨우 낑낑거리며 올려서 잘 조립했다. 이케아 가구 조립은 십수 개는 해 본 터라 조립도 금방이었다. 매트리스를 깔고 누우니 품질 좋은 주거의 길에 한발 더 가까워진 것 같았다. 침대 하나로 이렇게 감격할 수 있을까 싶을 만큼 감동했다.

  침대를 놓고 스튜디오 식목일의 가구를 설치해도 여전히 이케아에서 살 게 있었다. 조명. 특히 전구. 집에 가구를 다 놓고 나니 거실이 꽤 어두워졌다. 거의 가벽 수준의 책장을 만들었으니 당연한 일이고 예상도 했다. 내 대응은 곳곳에 조명 설치였다. 시각적인 입장에서 조명의 문제는 전선이다. 전선을 늘리면 어디나 조명을 설치할 수 있지만 그만큼 지저분해 보인다. 요즘(이라기엔 꽤 전부터 있었지만)엔 세상이 좋아져 리모콘으로 켜고 끌 수 있는 스마트 전구가 많다. 그걸 사러 이케아에 가야 했다.

이케아 스마트 전구를 산 이유는 하나 뿐이다. 리모콘의 모양새. 아직 국산 리모콘의 생김새는 이케아 리모콘의 생김새를 따라갈 수 없다. 이럴 때는 북유럽 디자인이라는 게 확실히 있구나 싶기도 하다. 대신 이케아 리모콘은 전구 인식이 잘 안 되기로 유명하다. 나도 전구 인식이 잘 안 돼서 전구를 인식시킬 때 한참을 헤맸다. 이케아 스마트 전구는 인식도 잘 안 되는 주제에 국산 스마트 전구와 리모콘보다 가격도 비싸다. 나는 〈H마트에서 울다〉가 아니라 '이케아에서 울다'에 가까운 감정을 느끼며 어쩔 수 없이 이케아 스마트전구와 리모콘을 샀다.

침대를 사고 조명을 다 설치한 뒤에도 종종 이케아에 갔다. 부엌용품을 사기 위해서였다. 일개 소비자인 내 입장에서 이케아의 모든 걸 좋아하진 않지만 이케아 부엌용품만큼은 상당히 훌륭하다고 생각한다. 우리의 고정관념 속 북유럽의 정갈한 디자인에 이케아니까 가격도 내가 구입할 수 있는 수준이다. 특히 이케아의 무쇠 솥 같은 건 무척 마음에 들었다. 스켑슐트나 르크루제의 반도 안 되는 가격에 무쇠 솥을 살 수 있다니 무척 반가웠다. 생각해보니 그 역시 금속이군.

나는 요즘 이케아 매장에 갈 때 이케아의 권장 동선을 역행한다. 이케아의 권장 동선은 쇼룸으로 들어가서 소의 네 가지 창자를 거치는 풀처럼 이케아가 권하는 '홈 퍼니싱 아이디어'에 모두 노출되는 것이다. 나는 요즘 반대로 움직인다. 무엇을 살 지 미리 찾아보고 계산대로 들어간다. 계산대 한 편에 소비자가 들어갈 수 있는 곳이 있다(요즘은 점점 막는 추세라 어떻게 될지 모르겠다). 나 혼자서 은근히 즐겁게 들어가는 이케아로의 비밀 통로 같은 느낌이다.

그렇게 하면 이케아의 권장 동선을 역행하게 된다. 이케아 계산대 옆에는 마지막 소비를 독려하려는 듯한 세일 코너(이름은 '자원순환 코너'지만 자신들의 재고와 전시품을 저렴하게 판매하는 그냥 세일 코너다)에서 쇼핑을 시작할 수 있다. 어차피 내가 살 건 정해져 있고, 견물생심이라고 쇼룸에 오래 있어봐야 쓸모없는 물건을 만지작거리며 시간과 집중력을 빼앗길 뿐이다. 세일 코너에서 괜찮은 걸 고른 뒤 살 물건만 사서 나오는 게 나의 이상적인 이케아 쇼핑 동선이 됐다. 한국 이케아에서는 향초가 잘 안 팔리는지 온갖 향초를 500원에 팔 때가 많다. 나는 그런 걸 열댓개씩 사서 집에 쟁여두곤 했다.

언젠가부터 나는 이케아를 오갈 때마다 묘하게 약이 오르는 기분이 들기 시작했다. 이유가 뭘까. 은근한 방식으로 소비를 자극하고 불편을 합리화시키기 때문인 것 같다. 나는 이케아 매장에 갈 때마다 영원히 답이 나오지 않는 소비의 미로에 빠진 듯했다. 기껏 시간을 내서 멀리 있는 매장까지 왔으니 뭐라도 하나 사야 여기까지 온 노력이 아깝지 않을 것 같은데, 딱히 마음에 드는 게 없으니 뭘 사도 만족스럽지 않아서, 어느 쪽으로나 만족스럽지 않은 기분 사이에 끼인 듯한 기분이 드는 것이다.

그러거나 말거나 이케아는 행복 테마파크 같은 이미지와 음성을 쇼룸 안에서 내내 세뇌시키듯 강조한다. 시간마다 주기적으로 '이케아에 오신 걸 환영하고 즐거운 쇼핑을 하라'는 목소리가 흘러나오고, 매장 곳곳에는 '이케아는 왜 그렇게 쌀까요?' '이케아는 왜 직접 조립을 해야 할까요?' 등의 교리문답 같은 메시지가 붙어 있다. 반면 현실적으로 이케아에서의 쇼핑 경험 중엔 달갑지 않은 일들도 왕왕 생긴다.

그래서 이제 이런저런 이유로 이케아 매장에 여러 번 가 본 나는 이케아가 조금 무섭다. 공포의 거대 기업이랄까. 쓸모 있는 것 한두개 사러 가는 건데 그 경험이 즐겁지 않다. 매장 와이파이는 쓸 때마다 20분에 한번씩 끊기는데 그때 재접속을 할 때마다 자꾸 개인정보를 쓰겠다는 메시지를 띄운다. 직원들의 응대 태도 역시 묘하게 불만족스러울 때가 있다. 직원 개개인 문제라 생각하지 않는다. 면적 대비 직원들이 적으니 서비스 만족도가 덜해질 수밖에 없을 것이다. 거기 더해 손님이 잘 오지 않는 평일 여름 이케아 매장은 상당히 덥다. '환경을 생각한다'면서 냉방을 하지 않아서 매장 안을 돌아다니다 보면 땀이 줄줄 흐른다. 정말 환경을 생각하려면 그 정도로는 안될 텐데도.

이케아 매장에서 집으로 돌아오는 강변북로에서 늘 이런 생각들을 하며 집으로 돌아오곤 했다. 꼭 이케아가 아니어도 글로벌 대기업의 제품이나 서비스를 쓰다 보면 늘 비슷한 생각이 들곤 한다. 그 기업이나 서비스를 둘러싼 사람들 중 누가 행복할까? 말투만 친절한 '브랜딩 전략'에 노출되는 소비자가 계속 바보처럼 기뻐할까? 그 기업에서 월급을 받는 매장 직원들의 하루는 만족스러울까? 현장의 손님과 직원을 넘어 각국 지사나 본사에서 일정과 여러 불편한 요소에 치여 가며 각종 업무를 보는 직원들은 일이 재미날까? 직원을 벗어난 임원이라도 그들 각각의 숨막히는 실적 게임 안에서 즐거울까? 글로벌 대기업이라는 거대한 제조 유통 시스템 안에서 누가 행복할까?

25 냉장고, 세탁기, 에어컨

꽤 많은 시간과 페이지가 흘렀는데도 아직 이 집수리는 끝나지 않고 있었다. 스튜디오 식목일과 가구를 설치하고 이케아에서 이런저런 소품을 넣어도 거주 기계로의 집이 되는 길은 아직 멀었다. 나는 집의 기본적인 생활가전을 갖춰야 했다. '냉세에'라고 일컫는 냉장고와 세탁기와 에어컨을. 이 셋을 구매하는 과정은 별도의 챕터를 할애할 가치가 있다고 생각했다. 경험이 없는 입장에서 준비할 때 너무 복잡하기 때문이었다.

냉장고와 세탁기와 에어컨은 현대 한국 가옥에서 필수품 수준의 지위를 가진 물건이다. 그래서인지 종류도 상당히 많고, 주요 제품을 고르고 구매하는 방법도 나의 예상 이상으로 복잡했다. 늘 그렇듯 내가 뭐라도 알아보고 사겠다고 복잡하게 생각하며 이것저것 찾아보느라 스스로의 마음속을 복잡하게 만든 건지도 모르지만. '냉세에'는 누가 지었는지 몰라도 상당히 절묘한 말이었다. 순서부터. '집에 꼭 있어야 하는 것'이라는 순서로 생각해 보면 역시 내 생각에도 냉장고→세탁기→에어컨 순서일 것 같다(마침 가나다 순으로 해도 '냉세에'다. 누가 어떤 연유로 이 순서의 조어를 만들었나 궁금해진다). 에어컨은 형편이나 상황에 따라 없이 살 수 있다. 세탁기 역시 특히 요즘 대도시에서는 코인 세탁소를 이용하며 살아도 큰 문제가 없다. 내가 이사 후 4년 동안 그렇게 살아 봐서 안다. 불편할지라도 불가능하지 않다. 집에서 최소한의 취식을 한다면 역시 냉장고는 필요하다.

하지만 나는 여기서도 멍청하게 냉→세→에라는 집단지성을 따르지 않았다. 내 집에 들어온 생활가전의 순서는 에→냉→세다. 앞으로 이어지는 이야기는 그 연유와 구매 과정이다.

① 에어컨

셋 중 에어컨을 가장 먼저 설치한 이유는 간단했다. 에어컨은 집수리 사장님과 수리를 진행하는 과정과 연동되어 있었다. 에어컨은 전기를 사용하고 별도 공사가 필요하다. 벽걸이든 타워형이든 일단 한 군데 설치하고 나면 이동이 상당히 까다롭다. 집수리의 한 과정 안에 에어컨 설치가 있는 건 합리적이었다.

벽걸이 에어컨을 생각하기 전에 나 역시 이 집에 어울리는 에어컨을 떠올려 보았다. 나는 철거를 다 했으니 이론적으로는 1) 벽걸이 에어컨 2) 타워형 에어컨은 물론 3) 천장에 거치하는 시스템 에어컨까지 설치할 수 있었다. 내 기호 같아서는 눈에 잘 안 보이도록 천장에 시스템 에어컨을 설치하고 싶었지만 구조적으로 조금 더 복잡한 듯해 진작 포기했다. 오래된 집에 전문 인테리어 작업자가 아닌 내가 작업을 하니 구조적으로 복잡한 건 모두 제외시킬 수밖에 없었다.

그럼 남는 타워형과 벽걸이 중에서는 고민의 여지 없이 벽걸이였다. 타워형은 너무 큰 존재감이 내키지 않았다. 실질적으로도 큰 필요가 없었다. 집이 크지도 않고 공간도 요즘 개념으로는 잘게 쪼개진 편이라 거실에나 설치하는 대형 타워형 에어컨의 출력을 쓸 곳이 없었다. 벽걸이 에어컨을 거실과 침실에 달기로 했다. 창고는 작아서, 가장 큰 방은 어차피 기본적으로 비어 있는 곳이라 제외시켰다.

벽걸이 에어컨의 쟁점은 에어컨이 아니라 벽이었다. 에어컨은 외부와의 파이프가 필수다. 벽걸이 에어컨을 애매한 곳에 설치했을 때 파이프가 길게 늘어져 벽 전체가 시각적으로 안 예뻐 보인다(인테리어 디자이너를 모시지 않아 파이프를 숨기지 못한 경우에). 그런 리스크를 줄이기 위해 본격적인 마감 공사 전에 에어컨 위치를 잡았다. 고양이버스 사장님과 함께 일하는 에어컨 설치 기사님이 오셔서 에어컨을 설치해주셨다. LG의 기본형 벽걸이 에어컨이 사장님의 권장 사항이었고 그걸 따랐다. 에어컨 디자인은 들여다보지도 않았다. 어차피 가릴 것이었으니.

어떤 가구 제작자를 만날지는 그 이유 때문에도 중요했다. 나는 처음부터 에어컨을 가릴 수 있는 나무 장을 짜고 싶었다. 가로 스트라이프 셔츠같은 패턴의 간살로 마무리해 닫은 상태에서도 바람이 흘러나오게 하고 싶었다. 스튜디오 식목일과의 미팅에서도 에어컨장을 처음부터 강조했다. 알고 보니 간살문을 만드는 데에는 생각보다 많은 공수가 들어서 비용이 늘었지만 상관없었다. 기능과 인테리어 측면에서 모두 나에게 중요한 디테일이었으니 필요한 지출이라 판단했다.

실제로 완성된 에어컨장은 기대 이상으로 멋졌다. 돈과 시간을 쓰고 고민했던 시간이 전혀 아쉽지 않을 만큼의 완성도였다. 부끄러워서 아무에게도 말한 적은 없지만 혼자서 '이 정도면 선진국의 그럴싸한 인테리어 사례와 비교해도 자신있다'고 흡족해했다. 정말 그랬다. 무늬목 시트지로 대충 마감하지도 않았고 의미 없는 장식적인 디자인도 아니었다. 쓸모와 장식성이 함께 있으며 제조 면에서 눈속임도 없다. 이런 게 내가 생각하는 좋은 물건이었고, 그런 좋은 물건이 내 집에 있다니 아주 흡족했다.

이 흡족한 에어컨장을 실제로 사용하고 나니 기능적으로 흡족하지 않았다. 가구가 아니라 공학적 문제가 있었다. 간살장의 모습이 완벽하되 내가 주문한 목재 간살이라는 구조 자체가 문제였다. 에어컨장의 간살은 약 2센티 간격으로 구멍과 간살이 이어지는 구조다. 막상 에어컨을 켜 보면 이 구조가 냉방 성능에 악영향을 미친다. 말하자면 에어컨의 냉기 일부가 장 안에 갇혀 있고 장 바깥의 실내는 쉽사리 시원해지지 않는다. 그러다 보니 무척 더운 날 강하게 냉방을 하자 결로한 물이 방바닥으로 떨어지기 시작했다.

결국 내 회심의 에어컨장은 여름의 애물단지가 됐다. 적당히 더울 때는 상관없지만 한여름에는 간살문을 열고 써야 했다. 나의 우쭐했던 마음뿐 아니라 이 간살 문 때문에 고생한 스튜디오 식목일에게도 무안할 뿐이었다. 다음에 에어컨장을 만들 일이 있다면 알루미늄 블라인드를 쓸 것 같다. 가격도 훨씬 저렴하고 맞춤도 간편하다. 알루미늄 블라인드는 날이 얇으니까 냉방 효율도 한층 좋을 것 같다.

② 냉장고

냉장고 역시 보통 집과는 조금 다른 방향으로 접근하고 설치했다. 역시 위치가 문제였다. 이 집은 구조적으로 부엌 부분이 넓지 않다. 부엌 쪽에 보일러와 가스 계량기가 들어오는 구조라서 냉장고를 둘 위치를 선정하는 일 자체가 녹록치 않았다. 이 집을 수리하며 깨달았는데 부엌 공간 구성 자체가 생각보다 굉장히 복잡한 문제였다. 부엌은 입수와 배수와 전기와 열원까지 모두 함께 있는 곳이다. 구조적인 각종 배선은 물론 조리를 생각한다면 이 안에서의 효율적인 동선까지 생각해야 했다. 인테리어 책 중에는 부엌에 대해서만 한 권 분량으로 만들어진 책이 있다. 가구 브랜드 중에서도 부엌가구 전문 브랜드는 따로 있다. 이번 수리를 진행하며 그 모두를 이해했다. 그럴 수 있다.

아울러 이 집의 부엌 공간에서는 냉장고를 둘 벽이 너무 좁았다. 나는 그 전부터 냉장고들이 너무 크다고도 생각했다. 냉장고는 점점 커지는 추세라 요즘은 2인 가구만 되어도 식재료들에게 '이리 오너라'라고 하는 듯한 대형 양문형 냉장고를 쓰는 추세다. 이 집은 양문형 냉장고를 쓸 만큼 부엌이 넓지도 않았다. 이 집에 거대 냉장고를 두면 작은 부엌 안에 영화 인터스텔라의 '타스' 같은 게 꽉 차 있는 기분일 것 같았다. 나는 그런 풍경을 원치 않았다.

냉장고의 용량을 생각하고 정하는 일은 '내가 무엇을 어떻게 먹고 살 것인가'와 직결되는 일이기도 했다. 요즘은 반조리식품이나 HMR이 많아 냉장고와 냉동실이 클수록 쾌적하고 편리하다는 사실을 모르지 않는다. 냉동실을 음식쓰레기 스테이션처럼 사용하는 경우가 있는 것도 알고 있다.

다만 뭐랄까. 나는 그런 개념적 과잉이 싫었다. 몸이 편하지 않거나 아기가 있는 상황이라면 당연히 효율과 편리가 제일이다. 하지만 나는 다행히 아직 건강하다. 웬만한 밥도 지어 먹을 줄 안다. 내가 도서산간지대에 사는 것도 아니고 20분만 걸어 나가면 생 채소를 파는 각종 소매점이 있다. 이런 상황에서 큰 냉장고에 온갖 음식을 가득 채워넣고 살고 싶지 않았다. 엘리베이터 없는 건물 꼭대기에 살며 새벽배송으로 식료품을 사며 살고 싶지도 않았다. 내 손으로 물건의 무게를 느끼고, 음식이 썩어 가는 걸 오감으로 확인하며 살고 싶었다. 그런 일상을 몸으로 느끼는 게 정신적인 균형에도 좋은 영향을 준다고 생각했다. 냉장고 하나 넣는 데 그런 잡생각을 하니까 일이 너무 길어졌지만 그게 나였다.

그래서 냉장고는 부엌 옆에 있는 방 안에 넣기로 했다. 부엌 바로 옆에 있는 방을 창고로 쓰기로 했으니 겸사겸사 잘된 일이었다. 그 방은 정말 부엌 바로 옆에 있어서 나중에 식재료를 꺼낸다 해도 이동에 부담이 없었다. 냉장고가 보이지 않으니까 목조 벽체 및 가구라는 집의 전체적 기조와 시각적으로도 잘 맞았다. 이때도 스튜디오 식목일과 협의했다. 냉장고를 제외한 공간에 수납용 선반을 채워 넣어야 했기 때문에 냉장고 치수를 공유해야 했다.

한 가지의 문제를 해결하기 위해 다섯 가지 정도의 문제를 파헤쳐 그걸 하나씩 해결한다. 그게 내 집수리 패턴의 반복이었다. 냉장고 때도 그랬다. 스튜디오 식목일과 상의해 가구 폭을 정하기 위해서라도 무슨 냉장고를 써야 할지 정해야 했다. '집에 냉장고를 놓는다'는 한 가지 요소를 확정하기 위해 가구 치수 등 여러 가지 요소를 동시에 알아봐야 하는 상황이 계속되었다. A를 위해 B를 확인하고, B를 위해 C를 알아보는 상황이 계속되는 게 집수리의 일반적인 상황인지는 모르겠다. 내 집수리는 품목에 따라 그런 일이 바흐의 푸가처럼 반복됐다. 성부 하나가 끝나면 다른 성부로, 또 다른 성부로.

내가 어렴풋이 생각한 냉장고는 '양문형이 아닌 길쭉한 냉장고 중 중국의 저가형 냉장고'였다. 내가 보는 냉장고는 기계적 발전이 완료된 기계다. 냉장고의 기능은 식품을 식히고 얼리는 걸로 끝이다. 그 이상의 그럴싸한 디자인 같은 건 전혀 흥미 없었다. 어차피 창고방 안에 냉장고가 들어가면 냉장고는 아예 가려지니까 디자인이랄 걸 신경쓸 필요 역시 없었다. 그러니 한국 가전 회사가 만드는 상위급 프리미엄 냉장고를 둘 필요도 없다는 결론에 닿았다.

물론 세상엔 첨단 냉장고가 있으며 나 역시 첨단

기술에도 흥미가 있다. 그러나 요즘 냉장고에서 본질적인 변화가 일어난 적이 있었나? 나는 잘 모르겠다. IOT 기술을 활용해 앱과 연동시켜 이런저런 걸 휘황찬란하게 알려 주거나 얼음정수기가 내장된 냉장고도 있다. 그건 개념적으로 A 기계에 B와 C 기능이 추가된 A′ 개념의 기계다. A와 완전히 다른 X 냉장고 같은 건 못 봤다. A′ 같은 걸 만들어 놓고 혁신이니 어쩌니 주장하는 복잡하고 예쁘장한 신제품 기계는 내 눈엔 그저 혁신을 위한 혁신으로만 보였다. 그런 건 내 기호와 맞지 않았다.

공허하고 예쁘장한 신제품을 내야 하는 상황도 이해는 한다. '안쪽을 저온으로 유지한다'는 냉장고의 기본 기능이 이미 다 발전했으니 역으로 그렇게 스핀오프 같은 기능의 냉장고가 발전하는 거라고도 생각한다. 대신 그런 기계를 쓰는 데 내 제한된 예산을 쓸 의지가 없었다. 그래서 하이얼 같은 중국산 가전제품 중 사이즈가 적당한 걸 고르려던 참이었다.

마침 LG전자에 다니는 친구가 나의 이런 고민들을 만류했다. 오랜만에 만난 친구는 "내가 LG전자라서가 아니라"라는 단서를 달고는 자사 제품의 장점을 말해 주기 시작했다. 친구는 LG전자만 다녀 봤기 때문에 그가 LG에 대해 하는 모든 말은 'LG전자라서 하는 말'일 것 같았지만 내가 모르는 세계였기 때문에 그의 이야기가 흥미로웠다. 친구의 말에 의하면 LG전자와 다른 생활가전 회사의 차이는 내구도였다. 한번 사면 오래 쓴다는 것이었다. 그의 말에 따르면 LG전자는 내구도에 집착하는 회사라서 품질 기준의 주요 요소가 내구도에 맞춰져 있다고 들었다. 샤넬이 블랙에 집착하고 현대자동차가 드넓은 실내공간에 집착하는 것과 비슷한 건가…라고 나는 이해했다.

친구의 말대로라면 LG전자를 고려할 만했다. 냉, 세, 에로 대표되는 대형 생활가전은 일단 집에 들어오면 사실상의 지형지물처럼 잘 바뀌지 않는다. 러그나 플로어 스탠드와는 다르다. 나는 어느새 친구의 열렬한 LG전자의 장점 프레젠테이션에 감화되고 있었다(생각해보니 마침 그는 영업부였다). LG전자를 다니는 친구의 열정적인 LG전자 사랑에 스며들기 시작한 걸까. 나 역시 친구의 정신에 체화된 '사랑해요 LG' 사상에 물든 걸까. 친구와 솥밥을 먹는 동안 1인용 솥이 다 식기도 전에 어느새 나는 LG전자 냉장고를 사야겠다고 생각하게 되었다.

그런 생각으로 LG전자 홈페이지에 들어가 보니 세상에 냉장고 디자인이 이렇게 발전했는지 몰랐다. 내가 기억하던 냉장고 디자인은 업소용 냉장고와 큰 차이가 없던 기능적인 디자인, 혹은 업소용 냉장고가 낫겠다 싶은 꽃무늬 프린트 디자인, 그도 아니면 말할 필요도 없이 허무맹랑한 디자인 디테일 같은 것이었다.

    오늘날의 LG전자 공식몰은 내 예상과 전혀 달랐다. 내가 기피하던 게 모두 사라지고 뭐랄까 스웨덴 패션 브랜드 코스(COS)의 옷처럼 상당히 정제된 모습의 냉장고가 가득했다. 나는 감탄했다. 한국 소비자의 기대치가 이만큼 높아져서 이제 이렇게 멀쩡하게 생긴 냉장고가 나오는구나. 마음 한 편에서는 '그저 가정용 냉장고인데 이 정도면 지나치게 멋있는 것 아닌가' 싶을 정도였다. 나는 '중국산 저가형 냉장고를 사겠다'던 내 첫 다짐과 정반대편에 있을, 오브제 시리즈 중 가장 저렴하고 작은 걸 골랐다. 폭이 좁아 내 집에 넣기 좋았고 할인율이 커서 일반 냉장고와 크게 차이가 없었다.

    물건도 어려운데 구입하는 방법도 복잡해져 있었다. 어디서 사는 게 좋을까. 회사의 공식몰? 아니면 가전 전문 유통 매장? 인터넷 최저가 검색? 구매 형태는 무엇이 좋을까? 일시불? 할부? 아니면 '한 달에 19,900원'이라는 문구가 유혹적인 '구독'(이것도 유혹적인데 왠지 벌써 유행이 지난 말이 되어 버렸다)?

    그러다 보니 나는 이제 고민에 지쳤다. 그냥 LG전자를 쓰기로 한 김에 LG전자 공식몰에서 사기로 했다. 잠깐 찾아보니 공식몰 가격이 인터넷 최저가와 크게 차이가 나지 않았고, 최저가로 파는 쇼핑몰에는 '이 달의 쿠폰'이나 '설치비 옵션' 등 소비자를 혼란시키는 옵션이 많아 보였다. 무엇보다 사다리차가 무료라길래 나는 고민 없이 선택했다. 나는 이제 사다리차를 부를 때의 비용과 절차를 알고 있었으니까.

냉장고가 들어오던 날은 여러 모로 기억에 남았다. 이 집에 덩치 큰 구조물을 설치할 때 중 냉장고를 설치할 때가 가장 매끈했다. 일단 냉장고 설치 기사님께서 연락을 준 뒤 시간 맞춰 도착했다. 사다리차도 때맞춰 도착했다. 나는 한 마디도 할 필요 없이 내 방 창문에서 사다리차가 올라오는 걸 보고 냉장고가 설치될 위치만 알려드리면 되었다.

둘의 설치 팀워크 역시 대단했다. 두 명이 함께 포장지를 뜯고 박스를 열었다. 한 명이 힘을 써 냉장고를 기울이면 다른 한 명이 아래쪽으로 매트를 집어넣었다. 그걸 끌고 함께 설치한 뒤 둘 중 선배로 보이는 분이 수평 등 섬세한 작업을 순식간에 마쳤다. 나는 행위예술 듀오의 퍼포먼스를 보는 기분마저 들었다. 퍼포먼스 이름은 '냉장고 설치'. 현대 사회 대기업 노동의 익명성과 그 사이에서도 숨겨지지 않는 숙련된 육체노동의 아름다움… 같은 캡션을 붙일 수 있는.

냉장고 설치는 오랫동안 나에게 잔상으로 남아 여러 가지를 생각하게 했다. 이 집을 매입하고 철거하고 수리하는 모든 순간 동안 이렇게 매끈하게 뭔가가 진행된 건 이번 냉장고 설치가 처음이었다. 다들 나의 요청과 바람을 보며 '왜 이렇게 하나'라는 무언의 황당함 혹은 '이런 건 안 된다'는 구박만 했는데. 이렇게 친절한 서비스를 받으니 송구스러울 지경이었다. 반대로 이렇게 원활한 서비스 때문에 한국형 악성 고객이 태어나는 걸까 싶기도 했다. 지금 누리는 편리가 얼마나 대단한지 모르니까 대단한 서비스에 감사하기보다는 작은 일에 더 짜증을 내는 게 아닐까. 나 역시 한때 그랬을지도 모른다.

③ 세탁기

에어컨과 냉장고를 설치한 뒤 세탁기를 설치해야 했다. 세탁기 설치는 이 집에서 가장 까다롭고 내가 가장 많이 고민한 부분 중 하나였다.

일단 세탁기 위치 선정부터가 근원적 고민이었다. 원래 이 집은 세탁기 자리라는 게 없었다. 1971년 준공 당시의 한국은 세탁기 시대가 아니었기 때문이다. 자료를 찾아보니 한국 최초의 세탁기가 생산되고 보급된 건 1970년대 초반, 이 아파트가 지어진 1971년의 한국 세탁기 생산량은 49대였다. 세탁기 자리가 없을 수밖에 없었다.

세탁기 자리를 위해서도 미리 머리를 써야 한다.

세탁기 자리에는 배수와 출수와 전력 공급이 동시에 있어야 한다. 이 세 가지 라인을 복잡하거나 엉성하게 마무리할 게 아니라면 기초 배관 공사 때부터 미리 자리를 잡아둬야 한다. 그래서 사실 4년 전 철거를 해 주신 전 반장님께 미리 이야기해 세탁기용 수도꼭지 자리를 잡아 두었다. 부엌 자리 한 편에. 거기에 세탁기 장을 짜서 아일랜드 식탁처럼 보이는 걸 만들기로 결정해 둔 것도 몇 년 전이었다.

세탁기 위치를 잡은 뒤에는 어떤 방식의 세탁기를 고를지 택해야 했다. 나의 선호는 늘 통돌이였다. 구조적으로 더 안정적이었고 유럽보다 물값이 싼 아시아에서 더 적합하다고 생각했다. 그런데 막상 세탁기를 놓으려 하니 대부분의 가전 제조사가 '통돌이 세탁기의 실내 설치는 불허'라는 방침을 가진 걸 알게 되었다. 통돌이 세탁기는 별도의 스탠드가 있는 세탁 전용 공간 설치가 권장되었다. 진작 알아봤어야 하는데 또 내 실수였다.

물론 세상에 안 되는 일은 없으며 '통돌이 세탁기 실내 설치' 같은 건 안 되는 일 축에도 못 낀다. 사설 세탁기 설치 기사님들이 실내에 통돌이 세탁기를 설치해 주시는 경우도 보았다. 집을 다 만들고 나니 굳이 그럴 필요가 있을까 싶었다. 헌 집을 수리하고 그 주요 과정에 상당히 관여하는 동안 내게 생긴 변화 때문이었다. 나는 집수리의 이런저런 시행착오를 거친 뒤 결정의 우선순위가 변했다. 예쁘고 의미 있고 이런 것도 좋지만 이제 나에게 가장 중요한 건 내 결정이 초래할 리스크였다. 통돌이 세탁기의 실내 설치는 정식 제조사도 권장하지 않는데 지금 내 세탁기를 설치할 곳은 나무 바닥이다. 뭔가 일이 생겨서 세탁기에서 물이 터져 나무 바닥을 적신다면 누구 하나 책임져 줄 사람 없이 내가 감당해야 할 거고 그다음에 이어질 일들은 별로 생각하고 싶지 않았다. 나는 드럼세탁기를 찾아보기 시작했다.

    드럼세탁기 역시 종류가 많았다. 내가 본 변수는 네 가지. 사이즈. 빌트인 여부. 기능. 생김새. 일단 사이즈는 가장 작은 드럼세탁기를 고르기로 했다. 애초부터 세탁기에 잡아둔 자리가 작았다. 책을 적는 지금 보니 더 큰 걸 골라도 됐다는 사실을 이제 알았지만 너무 늦었다. 어차피 혼자 사는 집이니 세탁기가 그리 크지 않아도 된다. 작은 사이즈를 택하자 '빌트인' 옵션을 고를 수 있었다. 기능은 같고 윗부분 마감이 안 된 걸 뜻하는 듯했다. 건조기 기능이 있는지 없는지도 정해야 했고, 마지막으로 일반 문과 글라스도어를 고를 수 있었다. 이게 다 뭐야. 나는 역시 또 짧은 혼란에 빠졌다.

    생각 끝에 결정을 내렸다. 일단 빌트인 아닌 단독설치 버전. 인생 어떻게 될지 모르니까. 건조기 기능은

생활

없는 걸로 골랐다. 개념적으로 단순한 기능이 좋고, 기계에 발열 기능이 있으면 기계를 둘러싼 나무 가구에 무리가 갈 지도 몰랐다. 글라스도어는 찾아보니 그저 시각적 요소일 뿐이었지만 택했다. 기존 세탁기 문은 금속 프레임과 유리창으로 구성된 반면 글라스도어는 강화유리 하나가 세탁기 문이라 시각적으로 더 단순했다. 그게 예뻐 보이기도 했고 글라스도어가 생각보다 하이테크 재료이기도 했다. 안 보이는 곳에라도 하이테크 소재를 하나쯤은 넣어 두고 싶었다. 집 자체가 낡았으니 그런 식으로라도 내 나름의 신구 밸런스를 맞추고 싶었달까.

일본 야구선수 스즈키 이치로가 경기 전 했다는 '준비를 위한 준비'처럼 나 역시 세탁기 '설치를 위한 설치'를 해야 했다. 일단 세탁기에 물을 공급할 수도꼭지 종류부터 정해야 했다. 구조적으로 세탁기 수도꼭지가 거실에서 보이는 구조였기 때문에 가능한 한 예쁜 수도꼭지를 쓰고 싶었다. 찾아보니 요즘은 세탁실 너비가 좁은 곳에서 쓰는 날씬한 수도꼭지가 몇 종류나 나와 있었다. 고민하다 가장 간단하게 생긴 걸 구해서 집수리 사장님께서 미리 설치를 마쳐 두었다.

배수는 또 다른 문제였다. 구조적으로 씽크대 아래로 세탁기 배수관이 빠져나가야 했는데, 그러려면 씽크대 배수관에 별도의 배수 멀티탭을 장착해야 했다. 진작 요청했으면 고양이버스 사장님께서 마무리해주셨을 텐데, 씽크대도 내가 설치했기 때문에 씽크대와 세탁기 배수관 설치도 내가 일일이 찾아서 해야 했다. 배수 멀티탭도 상상 이상으로 종류와 소재가 많았다. 실리콘과 플라스틱, 한국산과 중국산 등. 나는 이 방면에서도 이틀쯤 온갖 업체와 제품을 찾아본 뒤 튼튼해 보이는 한국산 플라스틱 배수 멀티탭을 구매해 설치했다.

입수와 배수를 준비한 다음은 전기 설치였다. 나는 고양이버스 사장님께 '(수도꼭지가 설치된) 이 쯤에 세탁기가 들어갈 텐데 전원 선은 가구에 설치할 수도 있다'고 말씀드렸다. 사장님께서 그 말을 들으시고 콘센트를 설치해 주는 대신 콘센트 전원 선을 남겨두었다. 이렇게 해 두면 세탁기를 설치할 때 내키는 곳에 전원선을 설치하면 되고, 가구 제작하는 사람들이 이 정도는 다 할 줄 알 거라고. 보통의 경우라면 그랬겠지만 이 집에서 보통의 경우란 건 별로 없다. 집수리의 과정에 일일이 내가 관여해야 했으니 별도 전원도 내가 설치해야 했다. 근처에 수도꼭지가 있으니 아무 거나 쓰지도 못하고, 방수 기능이 있는 콘센트 박스와 전선관을 구입해 겨우 연결했다.

요즘 한국 사회에서 '취향'이 유행인데 정 자기 취향대로 살고 싶으면 집수리를 권해 보고 싶다. 집수리의 모든 영역에서 나의 취향을 묻는 다양한 경우의 수가 너무 많다. 심지어 외부 콘센트 박스 제작 관련 부자재마저도. 콘센트 박스를 플라스틱으로 할지 금속으로 해야 할까(플라스틱이 실내고 금속은 실외에서도 사용 가능하다. 방수에 특화되어 아예 나사 방식으로 여닫을 수 있는 헤비 듀티도 있다). 전선관은 PVC관과 철파이프 중 뭘로 해야 할까. PVC 관은 가볍고 잘 구부러지지만 방수 쪽으로는 인증이 안 되어 있다. 철파이프는 방수가 잘되고 봤을 때 멋지지만 파이프를 휘는 공구가 따로 필요한데 그게 몇 만원씩 한다. 금속 샤워 호스 같은 형태에 고무를 코팅해 방수성을 확보한 것도 있다. 심지어 PVC 파이프는 색이 다섯 개라 필요할 경우 퐁피두 센터처럼 색색깔 전선관을 구축할 수도 있었다. 콘센트 커버의 종류는 말할 수도 없다.

    나는 이쯤 되자 취향 같은 말은 그냥 창문 밖에 갖다 버리고 싶은 심정이 됐다. 세상에 이렇게 매사 선택의 폭이 넓을 줄이야. 소비사회는 대단한 거고 나는 겸허히 살아야겠다는 생각이 들 수밖에 없었다. 나는 대형마트에서 길을 잃은 사람처럼 전기 부자재 사이에서 헤매다 겨우 자재들을 구해서 설치를 시도했다. 콘센트를 설치할 때는 조금 긴장했다. 혹시 감전되어 아무도 없는 낡은 집에서 큰일이 나면 어쩌지. 이 나이에 죽으면 요절도 못 되는데 유언장을 미리 적어둬야 하나… 같은 생각을 하면서 차단기를 내리고 작업을 시작했다. 설치는 엉성했지만 목숨은 부지할 수 있었다.

　　　세탁기는 설치까지 생각보다 까다로웠다. 지난번의 미끄러지는 듯 원활한 경험을 생각하며 LG전자 공식몰에서 주문을 마쳤는데 이번에는 납기 시간이 내 일정과 잘 맞지 않았다. 겨우 시간을 맞춘 뒤 확인차 사다리차 무료 서비스가 맞는지 물어보았다. 놀랍게도 "저희가 들고 올라갑니다"라는 대답이 돌아왔다. 무게가 56킬로그램인데 어쩌시려고…라고 생각하며 일정을 확정했다.

　　　세탁기가 오기로 한 날. 집으로 오르는 계단 1층에서부터 2인 1조의 목소리가 울려퍼졌다. 한 명이 물건을 업듯 들고 다른 한 명이 뒤에서 잡아주는 구조로 올라오고 있다는 걸 모를 수가 없었다. 물건을 들고 오는 남자의 고통에 찬 기합 소리가 너무 컸다. "흐읍!!" "힘내! 괜찮아!" "뜨흡!!" "다 왔어, 조금만 더 버텨!" 사실 3층 정도의 중간이었는데. "따헙!!!" "아까는 뻥이야 아직 한 층 남았어!" "뜨어어어!!!" 같은 마지막 함성과 함께 세탁기가 현관 앞에 도착했다. 문을 열어 보니 대단한 비명을 지른 그 남자가 상자 앞에서 주저앉은 채 어깨를 들썩이며 중노동의 호흡을 내뿜고 있었다. 배송 규칙 안에 특정 무게 이하는 사다리차 없이 인편으로 올라간다는 게 있는 모양이었다. 그 덕에 현관문을 열고 기다리던 나만 안절부절했다. 뭔가 내가 나쁜 사람이 된 것 같고.

문제는 여기서부터 시작됐다. 차력 2인조 같은 배송기사 2인조는 내 세탁기 설치 환경을 본 뒤 자신들은 설치를 못 한다고 선언했다. 특정 구조물 안에 들어가는 설치는 '빌트인 설치'라서 내가 구매할 때 '빌트인 설치' 옵션을 선택했어야 하는데 자신들은 '일반 설치'밖에 할 수 없다는 논리였다. 세탁기를 처음 사는 나는 '빌트인 설치'의 정확한 개념을 모를 수밖에 없었다. 곤란한 기분이었지만 안 된다고 하니 어쩔 수 있나. 차력 2인조는 돌아가고 나는 새로 '빌트인 설치' 예약을 진행했다. 왠지 또 예약이 잘 잡히지 않아 일정을 조정했다.

빌트인 설치 기사님이 오는 날에도 문제가 끝나지 않았다. 한눈에 보기에도 노련해 보이는 기사님이 세탁기 포장을 싹싹 풀고 수도관을 설치하는데 수도꼭지를 켜니 찬물 수도관에서 물이 샜다. 하필 내가 샀던 수도꼭지가 하자 있는 결품이었다. 한창 공사하던 무렵 고양이버스 사장님께서 내가 사왔던 슬림 수도꼭지를 보며 "저는 제가 써 보고 문제가 없었던 것만 써요."라고 하신 말씀이 그제서야 영화의 복선처럼 떠올랐다. 설치 기사는 설치가 일이니까 이 상황에서 설치를 강행하려 했다. 주방 수도에서 선을 연장시켜 설치를 해줄 수 있다고. 안 된다. 그러면 주방에서 세탁기로 이어지는 길고 흉한 급수 라인이 생긴다. 세탁기용 수도꼭지 역시 쓸모 없는 흔적 기관처럼 남는다. 그리 되게 할 수는 없었다.

원고를 작성하는 지금도 어깨가 굳는 듯한 스트레스 상황. 하지만 문제를 해결할 사람은 이번에도 나뿐이었다. 나는 기사님을 돌려보내고 새 예약 날짜를 확정했다. 새 일정에 맞춰 내 기존 일정을 또 바꿨다. 슬림 수도꼭지도 새로 검색했다. 슬림 수도꼭지도 종류가 많아서 내가 본 것만 4-5종은 된다. 뭘 살까 하다가 그냥 운을 믿자는 생각에 하자가 있던 것과 똑같은 수도꼭지를 구입했다. 둘 중 하나는 멀쩡했으니까. 다음 날 수도꼭지가 도착해 전체 수도 밸브를 잠그고 수도꼭지를 다시 설치했다. '이제 수도꼭지도 바꿔 봤고 집수리 레벨이 올랐다'고 스스로를 위로하며. 그런 위로라도 해야 했다.

2차 빌트인 설치를 하는 날. 2차 설치 기사님은 다행히 1차 빌트인 설치 기사님보다 훨씬 프로페셔널했다. 그는 1차 빌트인 설치 기사가 설치하다 말고 간 수도관 부속을 터프하게 뽑아버렸다. "이런 걸 설치하면 금방 터져요."라는 혼잣말과 함께. 더 튼튼한 수도관을 설치하고 수평을 맞추는 일도 금방이었다. 시험가동을 위해 스위치를 켜고 물이 들어가는 순간 나는 거의 무슨 나로호 발사 순간처럼 긴장했다. 다행히 모든 게 잘 돌아갔다.

생활

새로 끼운 수도꼭지도 누수 없이. 급수도 배수도 모두 조용히. 나는 로켓 발사에 성공한 나로호 발사추진위원장처럼 감격했다.

에어컨과 냉장고와는 달리 세탁기는 들여놨다고 바로 쓸 수 없다. 세탁한 세탁물을 말려야 하니 건조대를 사야 했다. 건조대…는 또 어떤 걸 골라야 하나. 이쯤 되자 마라톤 풀코스를 뛴 뒤 집까지 또 뛰어가야 하는 것처럼 피곤했다. 나는 이제 너무 많은 일상용품 선택의 미로를 벗어나지 못하는 기분이었지만 언제나 그렇듯 내 궁금증이 내 피로를 이겼다. 반나절쯤 찾아보며 또 피로를 잊었다.

나는 몇 가지를 검색한 뒤 '국산 올스틸 건조대'를 골랐다. 몇 년 전 썼던 이케아 빨래건조대는 역시 내하중에 한계가 있어서 빨래를 많이 걸면 버드나무처럼 휘어지다 결국 무너진다. 그래서 나는 프레임이 튼튼해 보이는 건조대를 찾았다. 두 개가 남았는데 각자 특징이 달랐다. 하나는 프레임 마감 방식. 스테인리스스틸 혹은 분체도장. 스테인리스스틸은 접합부도 스틸이었고, 분체도장으로 마감한 방식은 접합부가 플라스틱이었다.

나는 스테인리스스틸을 골랐다. 쓰다 보면 색이 벗겨질 가능성이 있는 도장 제품보다는 애초부터 벗겨질 칠이 없는 게 좋았다. 스틸을 오래 썼을 때 특유의 사용감도 기대할 만했다. 접합부 소재도 유심히 보았다. 이케아 빨래건조대를 쓰다 무너진 적이 있어 이 부위의 중요성을 알고 있었다. 스틸 접합부는 이 면에서도 믿음직했다. 플라스틱은 소재 특성상 쓰다 보면 경화되어 파손될 수도 있다. 그런 생각으로 구매한 국산 올스틸 건조대는 그야말로 건조대계의 최종 진화형 같았다. 가볍고 튼튼하고 녹슬지 않아 오래 쓸 것 같았다.

적어 두니 상당히 많은 양의 사소한 고민과 이런저런 실수를 거쳐 나는 드디어 이 집에서 빨래를 시작할 수 있게 됐다. 다른 건 몰라도 이 공동주택이 준공된 1971년 이후 가장 발달된 세탁 시스템을 구축한 게 나이려나 싶을 정도였다. 내가 이곳의 다른 집에 가 본 건 아니지만 그 정도는 자신해도 되지 않을까. 세탁기를 켜고 스위치를 누르자 대화 소음보다 작은 소리로 세탁기 모터가 돌기 시작했다. 세탁이 끝나고 볕이 가장 잘 드는 방에 올스틸 건조대를 펼쳐 양쪽 가득 세탁물을 널어 두었다. 다음 날이 되자 빨래가 말라 있었다.

수건은 건조대에서 자연스럽게 말릴 때와 건조기로 말릴 때 촉감이 다르다. 건조기로 말리면 감자칩처럼 바삭하게 납작해지는 느낌으로 마른다. 건조대에서 잘 마른 수건을 손으로 접어 보면 조금 더 푹신하다. 건조대에서 말린 수건을 몇 년만에 접으며 그 감촉을 다시 느껐다. 내가 누리던 일상으로 돌아온 기분이었다. 동시에 나는 내가 일상적으로 누리던 빨래를 말리는 일상이 얼마나 큰 호사였는지도 깨달았다.

대형 가전을 하나씩 설치하는 일정은 내게 여러 교훈을 알려 주었다. 대형 가전 설치는 아무도 모를 진보였고, 어떤 면에선 아무 짝에도 쓸모없는 공부였다. 하지만 나는 이 진보와 공부를 통해 내 낡고 작은 집이라는 무언가를 확실히 이해하며 개선시켜 나갔다. 한 번에 되는 건 거의 없었다. 중간중간 예상이나 기대와 달라 속상한 일도 있었다. 하지만 나는 결과적으로 그 과정 덕에 설명하기 힘든 기쁨을 느꼈다. 그러고 보니 내가 이 집을 고치는 내내 느낀 기분이기도 했다.

26 맨몸 이사

4부의 원고 순서는 시간 순서가 아니라 내가 행한 수리 종목 순이다. 독자 여러분께서 궁금해하실지 모르겠으나 시점 기준으로 이사 과정은 에어컨 설치와 함께 집수리 마무리 → 샤워 커튼 설치 → 블라인드 설치 → 냉장고 설치 → 이사 → 세탁기 설치였다. 나는 4부 본문의 마지막 원고 주제를 이사로 삼으려 한다. 그러니 시간은 스튜디오 식목일과의 작업이 마무리된 2024년 10월 말로 돌아간다.

스튜디오 식목일과의 작업을 마무리하던 9월에서 10월 사이는 내 생각보다 훨씬 분주했다. 평생 해 볼 거라 생각해 본 적도 없던 럭셔리 브랜드 까르띠에와 토크 세션을 기획하고 진행했다. 대단히 고급스러운 청담동의 부티크에 가서 행사를 진행한 뒤 아직 짐도 다 정리하지 못한 내 집에서 잠만 자는 날들이 반복되었다. 이제 가구가 완성되었으니 집에 짐을 가져다둘 수 있었는데도 짐을 언제 둘지는 아득히 멀어 보였다. 내 집중력과 에너지의 한계가 거기까지였다.

그럼 2021년 이사 이후의 내 짐은 어디에 있었는가. 무려 시내의 보관 창고에 있었다. 내 삶 특유의 격에 안 맞는 사치스러운 생활의 일부였다. 2021년 괴팍하지만 재미있는 할머니의 집 2층에서의 월세살이를 서둘러 마무리해야 할 때 그 창고를 찾았다. 사치가 좋아서가 아니라 그때만 해도 길어 봐야 몇 달이면 공사가 끝날 거라 생각해 그 창고를 구했다. 교외의 창고보다 임대료는 조금 비쌌지만 최대한 집과 가까운 곳에 있는 창고를 찾아 급하게 계약할 수밖에 없었다.

나는 우연히 급하게 찾은 그 창고를 무척 좋아

했다. 일단 창고 진입이 편했다. 입구에 대로를 면하고 차량 출입구가 이면도로에 걸쳐 있어 들고 나기가 편했다. 분위기도 멋졌다. 차량용 엘리베이터를 타고 내려가면 컨테이너 박스로 가득한 창고가 나타났다. 남자아이나 느낄 법한 도시의 비밀 공간에 들어간다는 재미가 있었다. 그 창고는 시내에 있는 만큼 가격은 조금 비쌌지만 다른 수가 없기도 했고 그만큼 쾌적하기도 했다. 집수리가 끝나지 않았으니 짐을 거기 두는 것 말고는 다른 수가 없었다. 마음 같지 않은 일이 생길수록 내 단위에서 할 수 있는 일은 긍정적 생각뿐이었다. 나는 도심에 내 비밀 창고가 있다고 흐뭇하게 여기려 노력했다.

문제는 그 기간이 길어지고 있었다는 점이다. 2021년 시작된 이사와 공사는 2022년과 2023년을 지나 2024년에야 마무리되었다. 설상가상으로 그동안 짐도 일도 늘어났다. 프리랜서를 하는 동안 나는 훗날 〈모던 키친〉의 콘텐츠가 된 전국의 식품산업현장 취재를 하고 있었다. 당시 그 콘텐츠는 배달 플랫폼 기업 요기요의 뉴스레터로 발행되고 있었는데, 그게 반응이 좋아 몇 번 전시를 열었다. 전시를 열 때 높은 품질로 사진을 인쇄해서 액자로 작업해 두었다. 그 사진 액자가 모두 창고에 들어가 있었다.

좋은 일과 곤란한 일은 햄버거의 양상추와 패

티처럼 동시에 쌓여 나갔다. 2023년에는 좋은 기회가 생겨 무려 광주디자인비엔날레(광주비엔날레가 아니다. 나도 헷갈렸다)에 작가로 출품했다. 전시 기획 측에서 〈첫 집 연대기〉를 보신 뒤 '이 정도 생각을 갖고 사는 사람이라면 주거 디자인 부스를 하나 채울 만 하겠다'는 생각을 하셨다는 것이다. 그 전시와 관련해 만들어진 소품들도 전시가 끝난 뒤에는 모두 짐이 되어 내 창고로 들어갔다. 의미 있는 경사들이 생기며 짐도 늘어나고 짐을 빼지도 못하고 있었으니 감사하면서도 곤란한 기분이었다. 그러는 중에도 나는 비밀 정원을 찾듯 한 번씩 창고로 가서 물건들을 하나씩 가져오고 있었다.

어느 날은 내가 아끼던 의자를 카트에 싣고 걸어서 집까지 갔다. 이유를 잘 설명할 수는 없지만 한 번쯤은 그래 보고 싶었다. 그 의자도 어떤 면에선 이 집의 원형이 된 물건이었다. 이 집을 계약하기 직전인 2018년 스위스 바젤 출장 중에 산 호르겐 글라루스의 기본형 의자. 호르겐 글라루스는 스위스의 톤 체어 같은 스위스의 기본적인 의자를 만드는 가구 브랜드다. 스위스 제조업 물건답게 튼튼하고 단정하며 신뢰가 가지만 가격표를 보면 '이렇게까지 비싸야 한다고…?' 싶은 것들을 만든다.

나는 스위스 정부가 주관한 출장에서 그 의자 본사 공장 취재를 간 뒤 그 의자가 좋아졌다. 자작나무라는 저렴하면서도 튼튼한 재료. 단순한 구조와 성의 있는 만듦새. 시간이 지날수록 초라해지는 게 아니라 더욱 품위있게 낡는 모습. 내가 집에 구현하고 싶던 요소들이었다. 나중에 돌아보니 의식적으로, 혹은 무의식적으로 그 의자 안에 들어 있는 요소들을 서울의 낡은 집에 구현하려 노력하고 있었다. 우여곡절 끝에 그 집이 완성되어 그 모든 것의 사상적 농축물이라 할 만한 의자를 집에 가지고 갈 수 있게 된 것이었다. 나는 달이 밝게 떠 있던 한여름 어느 날 밤 몇 년 전 잡지 에디터를 할 때 선물로 받은 캠핑용 카트에 의자를 싣고 집으로 향하기 시작했다.

창고부터 집까지의 거리는 3.3킬로미터다. 그 길은 내내 어린 시절부터 지금까지의 파노라마 로드 같은 여정이었다. 창고는 이대역에서 아현역 가는 길 중간의 언덕배기 꼭대기에 있었다. 내가 내 의지로 처음 가 본 번화가가 1990년대 후반의 이대 앞이었다. 그때의 이대 앞은 편집매장과 피어싱 숍과 작은 극장이 있던 세련된 동네였다. 고등학교 때 그 동네 극장에서 〈공동경비구역 JSA〉를 보고 인도나라에서 처음 피어싱을 했다. 그때 이대 앞의 멀끔하면서도 어른스러운 분위기가 좋아서 '대학을 가면 집과 가까운 신촌이 좋겠다'고 생각했다.

그 언덕부터 신촌 기차역과 연세대학교를 지나 서대문우체국까지는 계속 완만한 내리막과 평지다. 신촌

변두리에 있는 소형 대학교를 다녔기 때문에 모두 익숙한 길이었다. 우리 집 가족 어르신들이 세브란스병원에서 장례를 치렀다는 사실들도 자연스레 떠올랐다. 신촌 기차역과 금화터널이 있는 삼거리를 지나면 연세대학교 정문을 넘어 서대문우체국 앞 성산대로로 접어든다. 연세대학교 학군단 근처인 그쪽에서도 잠깐 살았다. 집수리를 멈추고 온갖 일을 하던 코비드-19 시절의 일이다.

결과적으로 나는 내내 합정역과 이대역 사이 권역을 벗어나지 못하는 삶을 살고 있었다. 한때 '나는 뭘 해도 이 동네를 벗어나지 못하나' 싶어 우울해하기도 했다. 그것도 한때였음을 나는 밤 산책 같은 초소형 이사에서 모두 받아들였다. 그날따라 여름밤 공기는 이불처럼 따뜻했고, 나는 그 이불 같은 여름 공기를 카트와 함께 헤쳐 나가며 내 낡은 집에 도착했다. 집에 도착해 빈 방안 자작나무 합판 벽 앞에 의자를 놓았다. 자작나무 벽 앞에 자작나무 의자를 두니 내 눈에는 무척 근사했다. 내가 머릿속으로만 생각하던 그림이 내 눈앞에 그려진 기분이 이거구나 싶었다. 지난 7년간의 바보 같은 일들이 이 시퀀스를 위한 거였나, 자조와 충만이 섞인 생각이 머릿속을 맴도는 동안 창 밖에선 아침 하늘이 밝아오고 있었다.

이렇게 지지부진한 이사의 템포는 뜻밖의 소식으로 굉장히 빨라졌다. 어느 날 창고 관리 업체에서 메시지가 왔다. 주제는 세상에 창고 폐업. 11월 안에 현재 운영하던 자리를 모두 뺄 거라고 했다. 창고 운영은 가산디지털단지로 옮겨서 계속하되, 11월까지 창고를 다 비워주면 창고 임대료를 일부 반환해 준다고 했다. 짐을 빨리 빼면 돈까지 준다니 시간을 더 끌 필요가 없었다. 창고가 멀어지면 이사도 더 힘들어질 것이다. 11월에 일정들이 있긴 했지만 조금 빠듯하게 움직인다면 11월 안에 짐을 다 뺄 수 있었다. 나는 이걸 이사의 신의 계시라 여기기로 했다. 11월 안에 짐을 전부 뺀다. 11월 안에 내 이사를 끝낸다.

처음에는 당연히 편하게 가려 했다. 용달차도 부르고 사다리차도 부르고. 이제 그 정도 경험은 있다. 기사님을 두 분 모시면 오래 잡아도 한 나절이면 끝날 일이다. 하지만 나는 결과적으로 그렇게 하지 않았다. 크게 두 가지 핑계가 있었다. 일단 혼자 짐을 옮기는 게 기술적으로 가능했다. 조금 큰 짐들은 이미 창고에서 다 판매하는 등 정리를 마쳤다. 이제 창고에 남아 있는 것들은 혼자 옮길 수 있는 무게와 부피의 짐뿐이었다. 내 차는 뒤를 접으면 적재공간이 꽤 많이 생기는 낡은 왜건이라 이럴 때 조금 더 쓸모가 있기도 했다. 옛날 공동주택이라 이사 일정을 알리는 일도 조금 번거로웠다. 주차중인 주민들께 잠깐 차를 옮겨 달라고 요청해야 했고, 그 요청도 번거롭게 주민 단톡방을 통해 해야 했다. 그러느니 그냥 혼자 옮겨 보면 어떨까 싶었다. 아직 몸도 건강하고, 11월이니 덥지도 춥지도 않았다.

      나는 11월 중순부터 창고에 있는 짐들을 하나씩 내 손으로 들어 옮기기 시작했다. 처음에는 우체국 택배 박스 5호 사이즈 정도 되는 대형 종이 상자를 30개쯤 옮겼다. 그릇이나 옷, 베개 등 상자 안에 보관할 만한 물건들. 베개 같은 건 상대적으로 가벼웠기 때문에 상자 옮기기는 의외로 별로 어렵지 않았다. 창고에 그 상자를 넣은 지도 몇 년이 되어 안에 뭐가 있는지 잊고 있던 상자도 많았다. 상자를 가져온 뒤 타임캡슐을 열어 보는 기분으로 상자를 하나씩 열어 보며 정리를 계속했다. 버릴 건 버리고, 팔 건 팔고, 집에 남길 것만 남기고. 그러다 보니 생각보다 시간이 많이 걸렸다. 매일 생각보다 늦게 자면서 새로 만든 서랍 안에 물건들을 채워 넣었다. 창고 속 상자들이 하나씩 사라져갔다. 테트리스의 줄을 없애는 것 같았다.

      책이 문제였다. 이삿짐을 내가 옮기려 마음먹은 이유 역시 책이었다. 책은 남이 옮기기엔 너무 무거운 물건이다. 책을 옮겨 달라고 부탁드렸을 때 "아유 이게 완전히 돌덩이네." 같은 이야기를 들은 적이 한두 번이 아니다. 책은 상당히 무게가 있지만 내게는 그만큼 가치 있는 화물이다. 누군가가 내 책을 옮기면서 짜증을 내는 걸 보고 싶지 않았다. 그 짜증을 보지 않는 가장 확실한 방법은 내가 내 몸으로 내 책을 옮기는 것이었다.

실로 책은 무거웠다. 나는 시행착오 몇 번 끝에 책을 이동시킬 때는 상자에 넣지 않고 노끈에 묶어서 옮긴다. 효율적으로 옮긴다고 큰 상자에 가득 책을 넣으면 너무 무거워져서 테이프로 고정해도 상자 밑이 꺼져버릴 때가 잦다. 꺼지지 않으면 바윗덩어리처럼 상자가 무거워져서 그걸 들고 계단을 올라가는 게 여러 모로 몸에 더 위험하다. 이동할 때 조금 비효율적이라 몇 번 더 움직여도 한 번에 들고갈 수 있는 무게만큼의 책 뭉치를 묶어서 움직이는 게 내게 가장 잘 맞았다. 내 책이 2천 권 조금 모자라게 있었는데, 책 뭉치로 100개에 가까울 터였다. 청소년기에 부모님께 선물받은 책부터 이사 가기 직전에 산 책까지. 내가 산 책의 면면 역시 내 자신의 기호와 관심의 지층이었다.

그 돌덩이 같은 것들을 세 번 정도 차에 싣고 이틀 동안 밤새 계단을 오르내렸다. 여러 짐 중 책을 옮기는 데에만 그 정도 시간이 걸렸다. 차 뒤에 실으니 서스펜션이 내려앉는 게 눈에 보여서 얼마나 더 책을 실어야 하는지 고민될 정도였다. 집 앞까지 차를 댄 뒤 왼손과 오른손에 책을 한 뭉치씩 들고 쉼없이 1층부터 5층까지 왕복했다. 11월이라 서늘한 날씨였는데도 여름처럼 땀이 쏟아

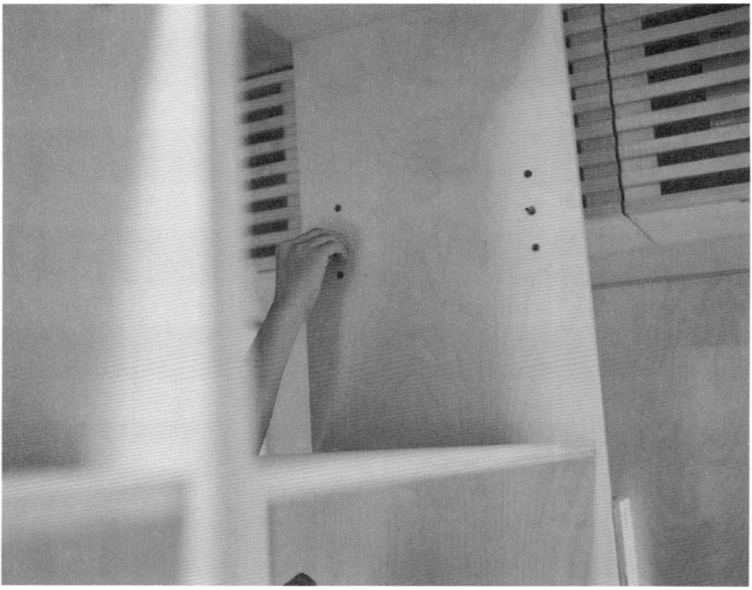

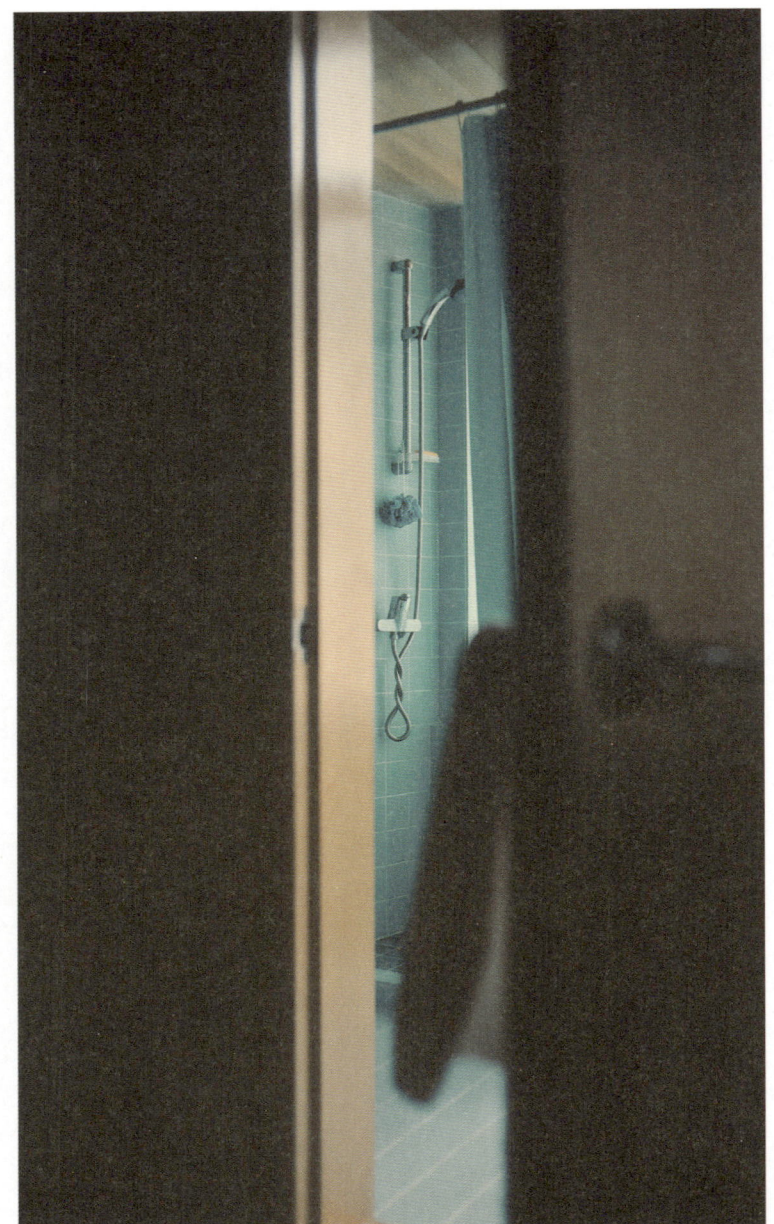

졌다. 나중에 스마트폰 건강정보에서 내가 오른 층수를 기록해 둔 걸 알게 되었다. 2024년 11월 나는 일일 평균 29층을 오르내렸다. 짐을 옮긴 덕분이었다. 밤새 짐을 옮긴 뒤 쓰러지듯 잠들고, 자다 일어나 일을 본 뒤 다시 밤에는 짐을 옮기거나 정리하는 날이 반복됐다.

그 과정 끝에 나는 11월 29일 창고의 모든 짐을 비웠다. 벽을 꽉 채운 상자와 책들이 하나씩 사라져가고 바닥의 빈 부분도 늘어났다 상자를 다 치우고 빗자루질까지 마무리한 뒤 창고 관리인에게 확인 사진을 찍어 보냈다. 지난 3년 동안 컨테이너 1.5개를 꽉 채우고 있던 분량의 내 고민이 그제서야 사라진 것 같았다. 생각의 흐름 속에 말뚝 같은 것들을 뽑아 흘려 내려 보낸 기분이 들었다.

실질적인 이사와 집수리 절차는 그 이후로도 계속되었다. 조명 설치나 자잘한 개조들. 가구를 새로 맞추거나 장식을 하는 일들도. 사실은 이 책을 쓰는 지금도 집수리와 이사가 다 끝나지 않았다. 벌써 입주를 한 지가 2년쯤 되었으니 올해 버전의 새로운 문제까지 생기는 중이다. 다만 이제 나는 그 모든 일들 앞에서 더 이상 크게 놀랄 일이 없다. 약간의 의무감과 약간의 귀찮음과 약간의 즐거움을 느끼며 곳곳을 개선시켜 나갈 뿐이다. 시간은 좀 걸리지만 전보다는 덜 놀라면서. 그런 이야기를 구

구절절 적다 보면 재미도 없는 에피소드로 이야기가 끝없이 계속될 것이다. 그래서 이 책의 본문은 여기까지다. 내 마음 속 '이사가 끝났다.' 싶은 날 역시 책과 관련이 있어서다.

수십 뭉치의 책을 일일이 푸는 과정이 내가 집에 정착하는 과정이었다. 책들을 몇 년 동안 창고 안에 노끈으로 묶어 두었으니 모든 책에 먼지가 끈적하게 묻어 있었다. 나는 모든 책의 먼지를 일일이 닦으며 책들의 운명을 정했다. 계속 갖고 있을 책. 버릴 책. 팔 책. 누군가 줄 책. 그 지루한 정리들을 계속해 나가며 책장을 채워 넣었다. 책장을 채워 넣은 뒤에는 분류를 해야 한다. 일에 대한 책, 내가 좋아하는 책, 특정 분야의 책, 특정한 크기나 두께의 책, 한국어 책과 다른 나라 책… 이번에도 전혀 합리적이지 않은 기준들로 나는 책장 한 칸씩을 채워 나갔다. 내가 가장 좋아하는 작가의 책들은 책장 안 별도의 구석에 몰아서 정리했다.

그 과정이 내게는 가장 상징적인 이사의 마무리였다. 내가 이 집의 매입부터 수리까지에 이르는 일들을 한 이유와 과정은 지금처럼 책 한 권의 분량이 될 만큼 많다. 그 사이에서 나는 근원적으로 책들이 안전히 있을 곳, 책들과 함께 안전히 머무를 곳을 원했다. 그러다 보니

■ [부록] 이 집과 느슨하게 연결된 건축에 관한 책 → 353

여기까지 오게 됐다. 내가 원하던 방향과 과정과 결과였는지는 모르겠지만 그거면 됐다. 내가 소중하게 여기는 것이 그 모습과 자리를 찾았으니.

대담 – 젊은 건축가 이희준과

일시   2025. 7. 23.(1차), 7. 28.(2차)
이 집의 수리 과정과 결과에 관심을 가져 온 건축가 이희준과 2회에 걸쳐 대담을 나눴다.

건축가 이희준: 서울문화예술교육센터 서초 인테리어, 서울문화재단 본관 라운지 등을 설계했다. 〈건축평단〉의 책임편집위원으로 활동하며 〈미로〉, 〈C3〉, 〈와이드AR〉, 〈건축평단〉 등의 지면과 두 권의 단행본에 건축과 영화에 관한 글을 썼다. 한양대학교 ERICA 겸임교수를 거쳐 국민대학교와 홍익대학교에서 겸임교수로, AA 비지팅 스쿨 서울에서 유닛 튜터로 건축 설계를 가르치고 있다. 서울대학교 건축학과 건축학전공을 졸업하고 영국왕립예술학교에서 최우수 논문으로 건축학 석사 학위를 받았다.

박찬용   대담 참여 감사합니다. 프로 건축가이신데, 아마추어가 엉성하게 수리한 집에 대한 대담에 응하신 이유가 무엇입니까?
이희준   에디터님의 글을 오래 전부터 읽어 왔습니다. 이런 글을 쓰시는 분에 대한 신뢰가 있었습니다. 댁에 방문했을 때도 특별하다는 생각이 들었고요. 말하자면 '구축' 아파트는 서울에 이미 많이 있지만 이 집에서는 (집이 지나온) 시간이 느껴집니다. 거실 천장 부분에 보를 노출시킨 결정에 대해서도 조금 더 듣고 싶습니다. 의도가 있는 결정일 텐데 책에는 별 언급이 없어서요.

박찬용 문 틀을 남겨둔 것처럼 이 집이 보내 온 시간 자체를 어딘가에 보여주고 싶었습니다. 어떻게 할까 하다가 거실의 보만 노출시켰어요. 해외에서는 오래된 집의 일부를 드러내 상징적이거나 시각적인 요소로 사용하는 경우가 많잖아요. 그런 것을 이 집에 한번 해보고 싶었습니다.

이희준 이 집수리 시작점에서 중요했던 아이디어 중 하나가, 1960-1970년대 익명의 건축가가 설계했던 기존의 배치를 그대로 보존하려는 것이었죠. 그런데 건물이 옛날 건물이라 남아있는 도면도 없었을 거 같고요. '너무 유난 떨지 않는 선에서' 공사를 한다는 관점을 원본 보존의 측면으로 봤을 때, 어디까지 고집하고 어디서 멈추셨나요? 이를테면 '원래 벽 배치가 어디였는가'에 대한 고민은 어디까지 하셨나요?

박찬용 다른 건 고민할 필요가 없었습니다. 남아 있는 원래 벽을 지키면 되니까요. 안방과 화장실이 고민이었어요. 철거를 다 해 보니 원형과 달라진 것 같은데 원형이 무엇인지 알 수 없는 상황이라서요. 제가 이 집을 너무 엄격히 복원할 필요까지는 없다고 판단했지만 공간 구성 자체는 고민이었습니다. 지금은 문을 다 닫아두면 거실이 동굴 같은 느낌이 있죠. 밖에서 빛이 직접 비추는 곳이 없으니까요. 이 공간을 어두침침하게 하기로 생각했던 건 알도 로시의 일 팔라초(후쿠오카)에서 묵었던 경험도 영향을 미쳤습니다. 거기도 빛이 직접 들어오지 않는데 오히려 조금은 음침하면서도 아늑한, 기묘한 느낌이 있었거든요. 반면 집 안에 혼자 있을 때는 화장실 문을 열어놓고 서향의 빛을 끌어들일 때도 있어요. 그때도 느낌이 좋고요. 그건 저만 즐기는 게 됐죠. 사람이 오면 화장실 문은 닫아두니까. 그걸 보면서도, 맑은 날엔 오후 내내 꽤 긴 시간 동안 빛이 비추니까 공간의 인상이 꽤 많이 달라졌을 거라 생각해요.

이희준 전에 저에게 이 집의 인테리어를 관통하는 아이디어를 한 문장으로 요약한다면 '유난을 부리는 건 맞지만 일선의 대중적인 작업자 소장님들께서 이해하시기 힘들 정도로 유난을 부리지는 말자.'라고 하셨습니다. 어느 정도는 유난을 부려야 좋은 작품이 만들어질 텐데, 이 프로젝트에서 에디터님은 (유난을) 어느 선에서 멈출지에 관한 기준을 본능적으로 갖고 계셨던 것처럼 보입니다.

박찬용 건축가의 일과 비교했을 때 제 집은 두 가지가 확실히 달랐을 겁니다. 하나. 도면을 그리는 전문 디자이너가 없었다는 점. 둘. 의뢰인이 제 자신이라는 점입니다. 그 점에서 저의 한계가 자연스럽게 정해졌습니다. 저는 도면도 못 그리고 현장에 대한 이해도 없는 상태로 현장에 떨어진 채 결정해야 했습니다. 제가 비용을 지불하고 모신 작업자들께 현장에서 "여기를 이렇게 해주세요."라고 하게 됐습니다. 그렇게 되자 어떤 현장이나 상황에서 "이게 가능해요?"라고 여쭸을 때 작업자 분들의 표정이나 기색이 저에게는 자연스럽게 일종의 '파울 라인'이 되었습니다. 제가 시공 경험이 있는 디자이너라면 그 분들을 몰아붙였을 수 있겠죠. 그런데 의뢰자 입장에서는 재공사를 요구하면 하루치의 일당이 더 나가고, 현장에 있는 입장에서도 일 도와주시는 분들의 지친 표정을 하루 더 보는 게 됩니다. 그분들을 몰아붙일 수 없게 되었습니다.

그래서 미리 나눈 메일에서 말씀 주신, 설계와 시공 둘 모두를 이해하는 공간이라는 말씀을 보고 무척 기뻤습니다. 이 집수리를 하며 제가 설계와 시공을 조금 이해하게 된 것 같습니다. 그 둘을 이해하는 게 이 집수리의 목표 중 하나이기도 했어요. 내 눈앞에 결과가 뽕 하고 나타나는 걸 원했던 게 아니라, 이게 어떻게 하면 구현될지가 궁금했습니다.

도면이라는 이데아가 없는 게 이 집의 큰 한계고, 이 집은 그 한계로부터 만들어진 집이라고 생각해요. 그래서 소장님 등 훌륭하신 분께서 이 집을 좋게 봐주셨을 때 머쓱했습니다. 제가 대안을 제시한다고 주장하거나 누군가를 비판하려고 이 집을 만들고 책을 쓰는 게 아니었거든요. '이러이러해서 이렇게 됐는데, 기회가 잘되어 책이 나왔다'까지가 제 입장이에요. 제 생각은 '이 집은 대안이 아니라 대응'이었어요. 무엇이 문제라서 내 방법이 대안이다라고 할 수는 없지만, 이런저런 상황에서 내가 이런 방식으로 대응했다는 정도로요.

이희준 그 부분에 대해서는 저는 대안이 될 수 있다는 생각입니다. 이 집이 보통 집과 다른 점 중 하나는 '출판한 집'이라는 점입니다. 저는 '어떤 매체로든 출판하는 집이라면 무조건 대안이어야 한다'고 생각하는 편입니다. 대안이라면 기존의 것과 뭐 하나라도 달라야겠죠. 오히려 다르지 않아서 대안이 아니라면 그거야말로 출판되지 않아야 한다고 생각합니다. (출판까지 되었는데 대안적 면모가 없다면) 진짜 소음일 뿐이니까요.

박찬용 '대안이어야 출판할 가치가 있다'는 말씀은 일리 있네요. 〈첫집 연대기〉를 낸 뒤 신문 인터뷰를 할 때 제가 '저성장 시대의 취향 추구 실험'이라는 이야기를 한 적이 있습니다. 이 집이 그 개념의 연장선이라는 생각도 듭니다. 제 세대가 청약과 부동산 시세폭등 등의 기회를 타서 자산 증식에 성공하며 중산층에 진입하려 했던 마지막 세대 같아요. 저는 전부터 그런 생각이 없었어요. 그러고 나니 얼마 안 되는 쌈짓돈으로 매매라는 형태의 거주지 점유를 할 수 있는 한계가 이 정도 집이었습니다. 다만 저 같은 욕구를 가진 젊은 분들이 생기고 계시는 것 같습니다. 이제는 집값이 너무 비싸져 주택시세 폭등을 통한 중산층 진입을 꿈꾸기 어려워졌고, 그래서 젊은 사람들도 구축을 고쳐서 살아가는 삶의 방식이 확산되는 걸까 싶어요.

이희준 저도 그런 이야기를 친구들과 근래에 많이 나눴습니다. 어차피 강남이나 서초의 아파트는 들어가기 어려운 정도가 되었습니다. 아파트 진입을 통한 자산 증식이 불가능해져 버린 것 같으니 오히려 그에 관한 생각을 접고 주거의 질 쪽에 고개를 돌리는 것 같아요. 돈이 풍족하지 않은 자의 변명처럼 들릴 수도 있지만 (굳이 무리해서 아파트를 노리지 않고 삶의 질에 주력하는 게) 오히려 더 긍정적인 면도 있다고 생각합니다.

박찬용 덜 풍족한 사람들의 정신 승리, 혹은 삶의 질을 향해 나아가는 여정 같은 면이 있겠죠. 그래도 사람들이 추구하는 삶의 질에 대한 정의가 다양해지고 있다는 생각이 듭니다. 아울러 저는 이런 집에 살면서 대단지 아파트의 삶의 장점을 굉장히 긍정하게 됐습니다. 중세시대의 성곽도시 같은 강남 3구 대단지의 미덕을 무시할 수 없어요. 내가 그것을 취하느냐 취하지 않느냐, 좋아하냐 안 좋아하느냐, 적합하다고 판단하느냐 아니냐, 이런 생각 이전에 그 안에서 편안하게 살고 계시는 분들의 입장 자체를 이해해요. 한때 한국의 아파트 선호를 비난하며 '천민 자본주의' 같은 말을 쓰기도 했잖아요. 저는 그런 말이 나쁘다고 생각해요. 사람이 쾌적하게 살고 싶은 본능이 있는데, 누구 마음대로 그런 말로 표현합니까. 성채처럼 된 아파트를 두고 계급론 같은 이야기를 하는데 그런 식의 도그마적인 공격도 의미 없다고 봐요. 그런 공격을 할 거라면 지금 제가 사는 곳 같은 오래된 집에 들어와 살면서 해야 하는 게 아닐까 싶습니다. 남들이 자원을 투입하고 열심히 의사 결정해서 뭔가 만들었는데 거기 손가락질만 하는 건 좀 그래요.

이희준 조명 사용에서 재미있는 부분 중 하나가 존재감이 있는 램프를 사용하셨다는 겁니다. 펜던트 램프든, 플로어 램프든 부피로만 보면 크잖아요. 다운라이트(매립등)도 많이 나오고 간접등도 있는데, 그런 걸 안 쓰시고 존재감이 있는 조명 기구를 쓰시는 이유가 있나요?

박찬용 간접조명은 상대적으로 구조가 복잡해지죠. 어딘가 빛이 굴절된다는 거니까요. 그러려면 도면이나 계산 등 미리 정해진 약속이 있어야겠죠. 그런데 말씀드렸든 제게는 그걸 구현할 만한 도구가 없었습니다. 그러니 전구들만 있죠. 그냥 전구만 있으면 여러 모로 어색하니까 전구를 감싼 최소한의 막으로 가려둔 겁니다. 그게 조명이고요. 그걸 '존재감이 있다'는 방식으로 좋게 말씀 주셔서 머쓱합니다.

이희준 팔라(Fala)라는 포르투갈 건축사무소가 있는데요, 그분들은 간접조명을 잘 안 쓰시더라고요. 그것은 모든 건축 요소가 다 존재감이 있게 하기 위해서였습니다. 기둥이면 기둥, 창이면 창, 이렇게 모든 건축 요소가 자기 목소리를 내면 좋겠다는 의미라고 합니다. 에디터님의 집도 그런 의사가 있었는지 궁금합니다.

박찬용 팔라의 주제 의식엔 아주 동의합니다. 벽이면 벽, 표면이면 표면, 창이면 창, 이런 요소를 숨김 없이 드러내고 싶긴 했습니다.

이희준 그런 점에서 숨김없이 다가온다는 느낌이 드는 것 같습니다. 간접조명이 있다면 보통 우물천장이나 커튼박스가 있어야 하지만 이 집은 둘 다 거의 없죠. 그래서 솔직하게 다 보여준다는 느낌을 주는 것 같아요. 저기 뭔가 숨겨진 요소가 있으려나, 이런 생각이 안 들고요. 벽과 천장이 만나는 부분에 괜한 게 있지도 않고, 심지어 걸레받이도 없으니까요.

박찬용 제가 약간 고집을 부려서 걸레받이랑 몰딩을 빼달라고 했습니다. 그건 전문 목수를 모셨기 때문에 할 수 있는 사치스러운 마감이라고 생각해요. 그 부분을 개인적으로 좋아합니다.

이희준 합판도 이 집의 느낌에 한몫 하는 듯합니다. 합판이니 파여도 그 안에 나무가 있고, '재료가 오래 갈 거'라는 마음의 안도감이 지속됩니다. 오래 지속될 듯한 느낌을 주는 재료가 있는 것 같습니다.

박찬용 합판도 표면은 원목이니 원목과 다름없는 정도로 나무 무늬가 다양하죠. 그렇게 다양한 무늬가 구현된 게 만족스럽습니다. 인쇄된 필름을 붙여 원래 있는 걸 가리고 싶지 않았어요. PVC 창호에 금속색 스티커나 우드 패턴 스티커 많이 붙이잖아요. 그 선택의 합리성을 알지만 제가 그러고 싶지는 않았어요.

무늬에 대해선 의견이 있었습니다. 없으면 없는 대로 살지 다른 무늬로 내 초라함을 가리는 건 더 없어 보인다고 생각해요. 돈이 없는 게 죄가 아니잖아요. 내 공간을 꾸미는데 돈이 없다면 그냥 없는 거죠. 제 집도 가격으로 보면 비싼 집은 아닙니다. 그 집을 굉장히 고급스러운 뭔가로 보이게 하고 싶었던 것도 아니고요. 좋든 싫든 넘치든 모자라든 그게 나다, 이렇게 생각하며 집수리를 했습니다. '내 상황이 이 정도고, 내가 할 수 있는 한에서 예쁘게 해 보려 했어. 나는 여기까지고, 물론 미흡하지만 내가 이정도까지인 걸 어떡해…' 같은 느낌이랄까요.

제게는 '예쁨'과 사용성이 비슷합니다. 오래된 나무나 오래된 도자기가 멋진 이유는 여전히 그 물건에 쓰임새가 있기 때문이라고 생각해요. '내가 막연하게 좋다고 느끼는 걸 서울에 구현하고 싶다'고, 아무것도 모르는 초심자의 생각으로 시작해 이렇게 되어 버렸습니다.

이희준 이 집이 직접 고치신 두 번째 집이다 보니 집수리에 관해 이미 어느 정도 알고 계셨을 것 같습니다. 공사를 시작한 시점에서도요.

박찬용 안다고 생각했는데, 제가 아무것도 모르기 때문에 안다고 생각하는 거였더라고요. '거주 기계를 수리한다'는 리노베이션을 위해 필요한 게 많은데, 저는 이제 와 보면 무엇이 필요한지도 모르고 덜컥 이 집을 매입해 버렸다는 걸 나중에 깨달았습니다. 그 모든 걸 포함해 '디자이너의 고민의 폭이 넓구나'라는 사실도 여러 번 깨달았습니다.

세탁기 위치도 그래요. 세탁기는 입수와 배수가 동시에 되어야 하므로 집에서 둘 수 있는 곳도 한정되어 있고 관련된 제반 공사도 있잖아요. 무엇을 예쁘게 놓고, 어떤 자재를 쓴다거나 하는 건 공정상 마지막에 들어가는 표면적인 부분이고, 결국 인테리어 디자인의 근본은 공간 구획이죠. 전기와 배수 등을 어디로 어떻게 오가게 할 것인지, 만약 교체가 가능하다면 어떻게 바꿔야 할지, 그런 것들 말이죠. 그래서 현실적으로 가장 많이 고민하고 막막했던 쪽은 그쪽이었습니다.

저는 색 조합에 대한 자신감이 별로 없어요. 그런 컬러 매칭에 큰 관심도 없습니다. 그래서 벽이든 가구든, 심지어

의자까지 모두 자작나무로 해 놓으면 빛에 따라 톤이 달라도 전체적으로 통일감이 있을 거라 생각해 그리 결정한 부분도 있었습니다. 그렇게 만든 집이 너무 인위적이거나 집 자체가 나무 상자처럼 보이면 어쩌나 하는 걱정도 했어요. 그런데 오히려 그때그때 결정하다 보니 벽은 광택이 있고 가구는 광택이 없는 식으로 마무리되었습니다.

이희준 오래된 아파트 리모델링을 위해 벽을 모두 철거해 놓은 곳들을 보면 현관문을 열자마자 거실과 옆방이 모두 연결된 공간이 나옵니다. 인테리어 디자이너나 건축가가 리모델링을 할 때, 현관에서 시선이 바로 들어오는 게 싫으니까 중문을 달거나 벽체로 가립니다. 저는 그게 작위적으로 느껴졌어요. 벽이 집의 전체 구성과 긴밀하게 연관되어 있지 않은 상태에서 오로지 가리기 위해, 혹은 단열 효과를 위해 놓인 것 같아서요. 그 면에서 봐도 현관 공간은 잘 계획하셨다고 생각합니다.

박찬용 저도 그 시선 처리가 고민이었습니다. 책장이 없으면 문을 열자마자 부엌이 보이고, 반대로 부엌에서 신발이 바로 보이는 구조였거든요. 저도 그걸 어떻게든 피하고 싶었습니다. 저도 나무나 불투명 유리를 써서 현관을 일종의 전실로 만들까도 생각했어요. 하지만 역시 도면을 그릴 줄 모르니 시공업자분들께 구현을 요청할 자신이 없었고, 전실을 만들어도 들어왔을 때 보이는 모양은 똑같을 것 같았습니다. 그래서 아예 시선을 돌리겠다는 생각으로 진입 동선을 돌리는 방식을 택했습니다. 처음에는 내 집 동선을 불편하게 만드는 것 같아 고민했지만, '아직은 혼자 사니까 괜찮겠지'라고 생각했습니다. 제 자신이 사용할 수 있는 도구가 매우 제한적이었기 때문에 스스로에게 한계를 두고 그 안에서 뭔가를 만들다 보니 의도치 않게 일관성이 생긴 것 같습니다.

다만 큰 책장이 있으니 어두컴컴한 공간도 생겼어요. 그러다 보니 색이나 광택 이전에 광량으로 분위기가 달라지는 집이 됐습니다. 특정 공간 진출입에 따라 광량이 극적으로 달라진다는 면에서 의도치 않게 안도 타다오의 공간 분할처럼 되어 버렸다는 생각을 하기도 했습니다.

이희준 광량으로 공간을 구분하는 건 건축가들이 자주 쓰는 방법이기도 해요. 발레리오 올지아티의 포르투갈 집인 빌라 아렘(Villa Além)도 거실은 환했다가 복도에서 확 좁고 어두워지고 방들에서 다시 밝아지는 구조입니다. 이 집은 공용공간에서 밝았다가 집에 들어서 서재는 어두워기도 하고요.
박찬용 제가 가 본 건축물 중에도 그런 식의 간단한 구조로 분위기 변화를 시도한 경우가 있었습니다. 어디로 빛이 들어오게 해 어디를 밝고 어둡게 할지는 건축가라면 어렵지 않게 조절할 수 있겠죠. 그런 걸 보며 '이렇게 공간을 구획할 수도 있구나'라고 생각했습니다.

이희준 그런 게 종종 작위적인 느낌이 들죠. 건축가들이 의도적으로 멋있게 만들려고 하는 거니까요. 이 집이 그렇게 느껴지지 않았던 이유는, 벽이 아니라 책장이라서인 것 같아요. 책장 윗부분이 뚫려 있어서 인위적인 느낌이 덜 했고, 그만큼 덜 부담스러웠던 것 같습니다.

박찬용 벽 같은 것이지만 벽은 아니니까요. 그 틈은 책장을 만들 때부터 했던 의도이기도 했습니다. 틈 없는 벽이 있으면 심적으로도 답답하고 환기도 잘 안 될 것 같았어요. 책장의 틈이 있다면 빛 면에서도, 환기 면에서도 좋을 거라 생각했습니다.

이희준 에디터님의 집 공사 이야기를 듣다 보니 '뭔가 꼭 알아야 한다, 어딘가는 꼭 그렇게 해야 한다'고 하는 생각들이 오히려 함정으로 작용하는 경우도 많은 것 같습니다.

박찬용 대신 이 집의 시퀀스나 레이아웃은 모두 간단합니다. 들어간 요소들의 색도 거의 비슷하고, 해외 인테리어 사례 중에는 자작나무로 전부 마무리한 사례도 많았습니다. 그런 사례들을 인스타그램에서 찾아 집수리 사장님이나 가구 실장님들께 공유했어요. 결론적으로 이렇게 공사를 한 건 기술력의 한계가 1번, '구조가 간단하니 생각했던 거랑 큰 차이 없을 거야'라고 심리적으로 안일하게 생각한 게 2번. 그 정도 될 듯합니다.

꼭 디자인 전문가가 아니라 목수나 창호회사 분들 등 각 현장 전문가들도 이 집의 아름다움과 기능에 대해 합리적으로 생각해 주셨습니다. 그런 일이 쌓이면서 거창하게는 '아름다움을 위한 본능은 누구에게나 있구나'라는 생각을 많이 했습니다. 저는 개별 건축가나 인테리어 디자이너를 존중하지만 그들만이 아름다움을 논할 자격이나 미감이 있다고는 생각하지 않습니다. 그런 분들이 이 집에 엮이지 않아 다행이라고 생각해요.

2019년 오스트리아 비엔나 취재에서 만난 게겐바우어의 집에서도 영향을 받았습니다. 그 사람은 큰 식초 회사를 물려받은 사람이었는데요, 그 식초 공장을 팔고 자기 집을 하나 지어서 그 안에서 식초를 만들고 있었습니다. 비엔나 시내 중심에서 약간 떨어진 곳에. 1층이 가게고 2층이 일반인에게도 빌려주는 숙소인데, 그 안에도 별로 고급스러운 소재는 없었던 것 같아요. 그래도 되게 멋있었어요. 크게 비싼 티가 나지 않았는데도. 말하자면 그런 걸 해 보고 싶었습니다.

이희준 뭔가 투박해 보여도 근사한.
박찬용 네, 애초부터 누가 봐도 고급스러운 게 아니라요. 대신 비례와 원칙에서 나오는 멋이 있었습니다. 고급 자재는 그저 고급 자재이지, 고급 자재와 고급 주택과 고급 건축은 조금 다른 것 같습니다. 저 같은 사람은 저렴한 자재와 남는 자재를 써서 이렇게 사는 거고요. 제가 만약 예산이 두배 더 있어서 더 비싼 재료나 뭔가를 할 수 있었어도 그러지 않았을 것 같아요. 지금 정도의 자재를 쓸 것 같고, 그 이상의 예산도 안 썼을 것 같고, 이 집에 구현한 원칙이 달라졌을 것 같지도 않아요.

이희준 좋은 공간, 좋은 집, 비싼 자재, 그게 1:1로 대응하는 건 아니니까요.

박찬용 가구를 만들며 생각도 많아졌습니다. 가구를 만들 때 '제로 웨이스트'처럼 자투리가 아예 안 나오는 가구를 만들자고 생각한 겁니다. 애초부터 자투리가 덜 나오는 사이즈로 설계도 했겠다, 이 집 가구를 쓰고 남은 자투리로 계속 뭔가 만들자. 자투리가 모두 사라질 때까지. 지금도 그런 생각으로 계속 새로운 걸 만들고 있어요. 집의 파티션이나 거울도 그 개념으로 자투리를 활용해 만든 가구입니다. 기존 제작 가구에 비해 자투리가 아주 조금 남았기 때문에 그분들도 동의해 줄 수 있었습니다. 집 한 채를 채운 가구인데 자투리가 한 마대밖에 안 나왔고, 그 정도는 그 분들의 작업실에 보관해 줄 수 있으니까요.

이희준 엄청 조금 나왔네요.

박찬용 자투리가 조금 나온 게 저에게 되게 자랑스러운 부분이에요. 그걸 구현하기 위해 내 집에 약간 틈새가 생기는 일 정도는 제게 아무 상관 없었어요. 틈새가 생기면 또 다른 자투리 가구로 만들어서 메꾸면 되기도 하고요.

이희준 마르셀 뒤샹이 체스 플레이어였잖아요. 체스판을 아름답게 만들기 위해 게임을 했다는 기록도 남아있어요. 기존 체스의 규칙과 완전히 다른 새로운 규칙을 만들어서 그걸 지켜나갔고요. 에디터님도 말하자면 그런 새로운 규칙을 만드신 것 같아 흥미롭습니다.

박찬용 수많은 자투리 합판들이 내 집 하나 꾸미겠다고 버려져 나가는 과정을 보며 많이 느꼈습니다. 멀쩡한 자재들인데. 벽 공사를 할 때는 치수를 맞추는 과정에서 버려진 자재가 꽤 많습니다. 불가피했겠습니다만 그만큼 자재가 낭비됐으니 돈도 조금 더 들었겠죠. 그 분들이 제 돈을 더 썼다고 생각하는 게 아니에요. 다만 저 많은 자재가 쓰레기로 버려지는 걸 보면서, 거창한 지속가능성을 생각하지 않아도 '저건 멀쩡한 건데 아깝다'는 생각이 들었습니다. 이런 생각은 제가 좀스러워서라고 생각합니다. 그 '좀스러움'에서 비롯된 시도라고 정리할 수 있겠네요.

17   첫 (셋)집 연대기

〈첫 집 연대기〉는 내가 독립하고 처음 세들어 살았던 집에 대한 책이다. 요약하면 '보증금 500에 월세는 35만 원이고 1층에는 남다른 성격의 주인 할머니가 살고 있는 낡은 단독주택 2층에 입주하려 4개월 동안 800만 원 쓰면서 일어난 일들을 통해 내가 배운 것들' 정도다. 기술적으로는 나의 네 번째 단행본, 그리고 처음으로 장편 단행본의 분량과 구조를 구현해 본 책이기도 하다.

      이 책은 내 삶의 다른 일들과 마찬가지로 전혀 예상치 못하게 진행됐다. 원래는 다른 주제로 책을 계약했다. 그런데 출판사의 편집자가 계속 입사-퇴사를 반복했다. 나도 원고가 늦었다. 출판사는 '이럴 거면 계약 무르자'라는 엄포를 놓았다. 나는 계약을 무르고 싶지 않았다. 뭐라도 출간해서 저자 경험을 쌓자고 생각했다. 그러다 보니 정말 내게 일어난 일을 쓸 수밖에 없었다.

      이 책은 내게 여러 의미가 있다. 일단 반쯤 본의 아니게 기조가 변했다. 그 전엔 '원고를 팔며 프라이버시를 노출하지 않는다'는 알량한 소망이 있었다. 이 책 이후로 그런 게 점점 사라져 지금 〈서울의 어느 집〉까지 왔다. 생각보다 반항도 커서 조선일보 등 유력 언론사에서 그 집에까지 취재를 왔다. '망신도 당해 보는 게 낫다'는 소중한 교훈을 얻었다.

30   서울의 빌라

이 집을 얻는 과정에서 빌라라고 부르는 공동주택에 대해서도 생각할 수밖에 없었다. 돈이 모자라니까. 딱딱 떨어지는 신축 아파트에 돈이 있었어도 살았을지 모르지만 내가 겪지 못한 일에 대한 상상도 과하면 별로 건강하지 않다. 아무튼 나는 빌라라는 선택지에 전혀 거부감이 없었다. 지금 사는 집도 층고 기준으로 아파트일 뿐 운영되는 형태는 빌라에 더 가까운 것 같다.

오늘날 많은 도시인이 집의 사용가치와 교환가치를 동시에 생각한다. 빌라의 장단점은 그 면에서 명확하다. 빌라는 같은 동네의 아파트와 비교해 시세가 저렴하고 그만큼 투자가치도 낮다. 투자가치에 집중하는 사람이라면 빌라를 구입하는 게 바보처럼 보일 테고 나는 그런 생각도 나름 합리적이라 본다. 다만 그런 인식 때문에 빌라의 사용가치는 투자가치 이상이라고도 생각한다. 적어도 나처럼 특정한 지역을 생각했는데 예산이 한정적인 경우 빌라는 마다할 이유가 없는 주거 옵션이었다. 그 생각은 지금도 같다.

빌라와 비슷한 집에 살아 보니 실질적 장단점이 있다. 일단 비싸지 않은 빌라라면 개념적/상대적으로 보안이 취약하다. 반면 살아 보니 서울의 경우엔 출입문 보안장치가 없는 집에 살아도 큰 문제가 없었다. 면적이 작고 시세가 저렴한 빌라라면 대체로 주차가 취약한 듯하다. 내구성이나 생활편의 등의 실질적 요소 역시 말 그대로 케이스 바이 케이스겠다. 지금까지 한 이야기는 50평 이상의 대형 빌라에는 적용되지 않는다. 다만 내게 돈이 좀 생긴다면 나는 대형 빌라를 택할 것 같다. 그 주거 형태엔 확실한 장점이 있다.

| 70 | 전 반장님 인터뷰 |

4년만에 전 반장님께 전화를 걸었다. 우리가 만난 건 2021년이었는데 그의 전화번호는 같았다. 작업자로서의 신뢰도를 암시하는 부분이다. 전 반장님은 그때의 공사도 기억하고 있었다.

박찬용 서대문구 연희동 ㅇㅇ아파트 철거 작업 부탁드린 사람입니다. 저 기억나세요?

전 반장님 기억 나죠. (공사를) 하다 말아가지고.

박찬용 죄송합니다. 제가 그때 일이 밀려서 공사를 한참 진행하지 못했어요. 그때 잘해 주신 덕에 지금 다 고쳐서 잘 살고 있습니다.

전 반장님 바쁘면 좋은 거죠. 공사 잘 끝났으면 잘 됐네요.

박찬용 계속 같은 일을 하고 계세요?

전 반장님 네, 같은 일을 하죠. 올해 경기는 시원찮지만. 원래 가정집도 하고 아파트도 하고, 인테리어 상가(철거)도 하고. 다 해요. 지역도 안 가리죠. 제주도까지 가니까. 저는 수원 정자동에 있고요.

박찬용 저희 집이 보통 집과 달라서 공사가 어렵지 않으셨어요?

전 반장님 힘들지는 않았어요. 번거롭긴 했지만요. (그 집은) 계단 때문에 좀 힘들었죠. 바닥 상태에도 문제가 있었고요. 더 힘든 경우도 많아요. 엘리베이터 없는 6층도 있고, 사다리차를 쓸 수도 없어서 걸어서 오르내려야 하는 경우도 있죠. 민원이 많이 들어와서 공사가 중단되는 경우도 있고요. 별의 별일이 다 있어요.

박찬용 그래도 저희 집 공사를 기억해 주시네요.

전 반장님 그건 마무리를 제가 하지 않아서예요. 공사한 사람 입장에서는 마무리가 되어야 하는데 찝찝해서요. 그렇게 되는 경우는 거의 없어요. 보통 공사는 마무리를 다 보거든요. 고객하고 싸워서 안 보는 게 아니라면.

박찬용 저는 전 반장님과의 작업을 떠올리면 얇은 바지가 생각납니다. 얇은 바지가 위험하지는 않나요?

전 반장님 맨살이 드러나지 않게 현장에서 반팔 반바지는 입지 않아요. 긴팔 긴바지를 입죠. (더울 때) 반팔을 입으면 토시를 하거나요. 계절 따라 옷을 입는 편인데 더울 때는 말도 못해요. 현장은 에어컨이나 선풍기도 틀지 않으니까요. 겨울에는 두꺼운 바지를 입지만 여름엔 그렇게 얇은 바지를 입어요.

박찬용 전 반장님은 평소에 어떻게 일을 받으세요?

전 반장님 일을 오래 같이 한 사람들이 일을 주죠. 한두 달 본 사람들이 아니고, 몇 년 본 사람들 하고요.

박찬용 저는 반장님을 만난 덕에 작업을 잘 진행했습니다. 개인이 반장님처럼 믿을 수 있는 철거나 시공 전문가를 찾을 수 있는 방법이 있을까요?

전 반장님 일부러 찾기는 쉽지 않을 거예요. 서로 아는 사람을 연결받아서 하는 경우가 많거든요. 인터넷으로 만나는 건 잘 되기가 쉽지 않을 수도 있다고 봐요. 별별 사람이 다 있으니까요. 사장님(고객인 나를 일컫는 호칭)

	현장에서 일한 것도, 백 실장님(전 반장님을 소개해 준 콩크 백유현 대표)이 좋은 분이라서예요. 착한 분이라서.
박찬용	인테리어나 수리를 하는 고객들에게 전하고 싶은 말씀이 있으세요?
전 반장님	우리는 (집수리할 때) 처음에 들어가는 사람들이라 주인을 직접 만날 일이 거의 없죠. 그래서 뭐라고 이야기해 줄 게 별로 없네요. 개인을 직접 만나면 피곤할 때도 있어요.
박찬용	그러면 저와 반장님이 만난 것처럼 믿을 만한 사람들은 소개받는 게 좋겠네요?
전 반장님	그래도 쉽지 않아요. 만나서 이야기를 나눠 보면 '사람이 괜찮다'는 느낌이 드는 사람이 있어요. 저도 요즘 알게 된 젊은 인테리어 사장님이 있어요. 30대 중반인데 아주 잘해요. 정직하고. 공사하실 일 있으면 소개해 드릴게요. 이런 식으로 연결되는 거예요.

80 집수리를 하는 과정에서 읽은 책 일부

'특정한 무언가를 참고했다'기보다 타인의 행동과 의사결정을 정제된 언어로 보았다는 의미가 있다.

《다시는 집을 짓지 않겠다》 지윤규, 세로북스, 2023
학자인 저자가 자신의 깨끗한 세계와는 완전히 다른 집수리의 세계에서 일어나는 일들을 적어 둔 책. '이런 문제가 일어날 수 있구나'와 '이런 문제를 피하기 위해서는 어떻게 해야 할까?'를 고민하는 데 상당한 도움이 되었다.

〈부엌 중심〉 엑스날리지, 마티, 2016
집수리 과정에서 가장 생각과 실행이 복잡했던 곳이 부엌이다. 급수, 배수, 전기가 모두 통해야 하고 수납과 집안일이 동시에 이루어지는 곳이라서. 이 책에는 동선에 맞춘 공간구획 등 상당히 실질적인 내용이 많다. 나는 이 책에서 나온 대로 하지는 못했지만, 그래서 '불편하겠구나'라고 미리 예상한 덕에 부엌에서의 가슴앓이를 줄일 수 있었다.

〈마이클 폴란의 주말 집짓기〉 마이클 폴란, 펜연필독약, 2016
건축가와 현장 실무자의 자존심 싸움 사이에서 '내가 지금 뭐 하고 있는 거지?'라는 고통과 허무에 빠지게 되는 건축주의 마음을 보여주는 수작. 나는 이 집에 건축가를 모실 예산이 없었으나 이 책을 읽고 꼭 건축가를 모시는 게 좋지만은 않다는 마음의 위로를 얻을 수 있었다.

〈모든 이의 집〉 고시마 유스케, 서해문집, 2014 (절판)
일본의 젊은 건축가 고시마 유스케가 철학자 우치다 다쓰루의 집을 건축하며 느낀 점을 적은 책. 일하는 사람의 의욕을 이끌어내는 클라이언트가 되는 방법을 생각하는 데 큰 도움이 되었다. 클라이언트든 건축가든 이렇게 둘 다 진지하게 자기 일에 임한다면 꽤 즐거울 것 같다.

191 〈구마 겐고, 나의 모든 일〉 구마 겐고, 나무생각, 2023

구마 겐고의 모든 책이 조금씩 도움이 되었다. 특히 그가 (본인의 브랜딩을 위해 반복해 이야기하는) 일본 버블 붕괴 이후 시절의 이야기가 흥미롭다. 제한된 재료와 환경 속에서 방법을 찾아 나가는 과정에서 많이 배웠다.

*이 책의 출판 시점인 2025년 10월 현재 목록 대부분이 품절 혹은 절판 상태다. 그래도 온라인 중고서점이나 도서관에서 쉽게 구할 수 있다.

103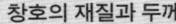

창호의 재질과 두께

가정집에 쓰는 일반적인 창호는 크게 두 종류다. PVC와 알루미늄. 나는 알루미늄을 택했지만 알루미늄은 잘 쓰지 않는다. 알루미늄이 더 비싸지만 열효율이나 제작효율 등에서 큰 차이는 없다. 가격 면에선 PVC에 알루미늄색 시트지를 붙이는 게 더 합리적인 선택이다. 가정 입장에서 알루미늄 창호의 장점은 멋. 시각적으로 튼튼하다. PVC보다 더 다양하고 견고한 색을 입힐 수 있다. 고가 창호 중엔 두께가 얇아져 더 날렵하고 호사스러워 보이는 것도 있다.

창호의 유리

유리는 몇 겹을 쓰고 가스를 몇 층에나 넣을지에 따른 문제. 열효율 증가를 위해 현대의 창호는 여러 장의 유리를 끼운다. 예를 들어 한 쪽에만 불투명 유리를 쓰면 프라이버시가 보장되는 창을 만들 수 있다. 유리 사이에 가스를 주입하면 냉난방 성능이 향상된다. 가스 옵션은 추가해도 가격 변동이 크지 않았던 걸로 기억한다.

창호 업자와 제작 기간
PVC 창호를 쓴다면 고민할 필요 없다. 주로 가정집을 상대하는 사장님이 많기 때문에 대체로 친절하게 응대해 준다. 제작 기간만 미리 신경 써서 공사 일정에 맞게 주문하면 간편하다. 내가 한 것처럼 개인의 작은 집에 알루미늄을 쓴다면 상황이 달라진다. 제작에 조금 더 시간이 걸리고 값도 오른다. 나도 창문 사장님들과 이야기를 나누기 위해 창호 스펙을 공부해야 했다. 대신 그 공부랄 게 별로 어렵지 않고, 한번 익혀 두면 두고두고 도움이 된다.

기타
앞서 말했듯 창호 프레임과 유리에 다양한 걸 붙여 분위기를 바꿀 수 있다. PVC 창호에 나무 시트지를 발라 나무 창처럼 보이는 게 대표적 예다. 요즘은 기술이 좋아서 시트지로 붙여 두면 감쪽같다. 모르는 사람이 멀리서 보면 더욱 그렇다.

130 꿈의 마루와 현실의 마루

마루를 좋아하게 된 계기는 당시 일 때문에 자주 가던 서유럽 출장이다. 출장 중 본 유럽 집들의 나무 바닥이 좋아 보였다. 낡으면 낡은 대로, 삐걱거리면 삐걱거리는 대로. 시간의 흐름이 잘 스며들었달까, 낡되 늙어 보이지 않고 자연스럽게 깎이거나 바래 있는 느낌이 멋졌다. 그 요소 하나 때문에 집 안에 설치할 수 있는 여러 바닥재 중 나무 마루를 원하게 되었다.

일단 나무 마루에 눈이 가자 다른 대안들은 끌리지 않았다. 타일은 너무 딱딱해 보였다. 장판은 말할 것도 없다. 특히 나무 무늬가 인쇄된 장판만은 도저히 안 된다고 생각했다. 무늬가 없으면 모를까, 가짜 무늬를 이 집에 들이고 싶지 않았다.

마루의 세계도 재미있었다. 세상 물건이 다 그렇지만 마루 역시 재료와 가공 방식, 원산지와 유행에 따라 가격 편차가 크다. 그런 흐름을 따라다니며 구경하는 재미도 상당했다. 그러다 가조띠를 알게 되어 분수에 안 맞는 고급 마루를 집에 깔게 됐다.

ⓒ 표기식

꿈에 그리던 마루와 함께 살아 본 뒤의 소감이 있다. 원론적으로, 혹은 적어도 이 집에서 나무 마루는 조금 불안하다. 나는 집수리를 진행하며 바닥을 덥히는 온수관을 묻는 공사 현장을 봐 버렸다. 혹시 그 관이 터질 경우 다른 바닥재라면 젖고 말지만 나무는 썩는다. 한국의 극심한 연교차도 나무 마루에게는 리스크다. 온도 차이에 따라 벌어지고 쪼그라든다. 고급 나무 마루는 두께가 두꺼워 난방할 때 열효율도 떨어질 듯하다. 나무 마루 자체는 나무랄 데 없는 고급 재료이나 나처럼 형편이 빠듯한 사람에게는 신경 쓰이는 재료다. 환기 안 되는 대패삼겹살집에 캐시미어 니트를 입고 앉아 있는 기분과 비슷하다.

나는 지금 마루에 아주 만족한다. 그러나 다음 집 공사가 있다면 다른 선택을 할 듯하다. 온돌 방식을 쓴다면 나무 마루 대신 타일을 쓸 것이다. 나무 마루를 쓴다면 바닥 난방을 뺄 것이다. 극단적으로 보일 수도 있지만 살아보니 리스크 면에서는 이 방식도 괜찮을 것 같다.

| 144 | 탈락한 타일들 |

재고 타일들 사이에서 쓸까 말까 고민하다 못 쓴 타일들

	브랜드	색	탈락 사유
	CERCOM 이탈리아	진한 초록	초록이 너무 짙었다. 이걸로 벽을 다 채우면 너무 쇼룸을 흉내 낸 집이 될 것 같았다. 대신 이 색에 돌기가 있는 타일을 구해 샤워 부스 바닥에 깔았다.
	CERCOM 이탈리아	베이지	처음에 쓰려고 한 타일. 이 색으로 발주했는데 업체가 통째로 재고를 날려 버렸다. 지금은 못 이룬 꿈처럼 샘플로만 가지고 있다. 여전히 이 색이 더 좋다고 생각한다.
	CERCOM 이탈리아	오레오	원래 쓰려던 샤워 부스 돌기 타일 색. 이 색 타일 역시 내가 업체와 연락을 취하지 않는 동안 통째로 사라졌다. 이제 와 보니 조금 더 때가 잘 탈 것 같기도 하다.
	INA 일본	갈색	부엌 타일 후보. 갈색 톤이 너무 진했고 반짝거리는 정도도 성에 차지 않았다.
	KANEKI 일본	메탈 그레이	부엌 타일 후보. 00년대가 생각나는 사이버펑크풍 메탈 그레이. 재미삼아 샘플을 받아 봤고 역시 재미로 보고 말았다. 사실은 후보도 되지 못했다.

부록

	KANEKI 일본	글로시 베이지	원래 부엌에 쓰려던 타일. 미세한 금속성 광택이 도는 게 약간 촌스러운 듯하게 이 집에 잘 어울릴 듯했다. 도막이 두툼해 내구성도 좋을 것 같았지만 역시 업체의 재고정리로 사라졌다.
	? 터키	스카보스	현관 타일 후보. 어차피 현관은 눈에 잘 안 띄니까 조금 대담한 패턴을 써볼까 싶기도 하던 차에 목성의 대기처럼 오묘한 색이 눈에 띄었다. 업체에 문의하니 이 타일은 먼 창고에 있어 찾는 데 시간이 걸린다고 해 쓰지 못했다. 지금 보니 또 쓰고 싶다. *색 이름은 정식 명칭이 아니라 내가 붙인 것. 정식 명칭 자료는 찾을 수 없었다.

149 욕실 도기의 변수

생산국

세계 디자인 흐름을 이끄는 국가들이 욕실 도기의 흐름도 이끈다. 국가마다 조금씩 분위기와 볼륨감이 변한다. 미국 제품은 확실히 넓고 큰 곳에 어울리는 비례와 느낌이 있다. 일본 제품은 좁은 곳에 설치하기 좋지만 역시 일본산 특유의 묘한 비례와 표면 광택감 때문에 일본이 아닌 곳에선 잘 어울리지 않을 때도 있다. 유럽은 디자인 완성도가 높으면서도 미국 제품처럼 뚱뚱하지 않고 일본 제품처럼 안 좋은 의미로 튀지 않는다. 대신 한국에서는 비싸고 선택지도 적다. 해외 직구를 하려 해도 도기류는 무겁기 때문에 배송료가 상당해진다.

생산시기

도기뿐 아니라 현재 모든 대량생산품은 1990년대를 정점으로 디테일과 제품 완성도가 줄어드는 경향을 보인다. 2000년대부터 글로벌 그룹화로 인한 단가 컨트롤이 시작되었기 때문이라 본다. 역으로 1990년대나 2000년대 초반쯤 도기에는 오늘날 제품이 따라갈 수 없는 디테일과 정성이 있다. 현장에서 만져 보고 스마트폰으로 찾아보면 확실히 느낄 수 있다.

정통성

디자인이 가미된 제조업이 그렇듯 이쪽 영역에도 나름의 정통성과 이정표 역할을 하는 물건들이 있다. 예를 들어 원피스 변기의 아버지는 토토다. 토토는 전자 비데를 일체화한 변기에서도 디자인 일관성이 좋다. 독일의 듀라빗에게도 특유의 실루엣과 백자처럼 조금 푸르스름한 발색이 있다. 나는 스위스의 라우펜을 보며 독일계 스위스 제품 특유의 독일풍으로 견고한데 스위스풍으로 잘 빠진 느낌이 있다는 생각이 들었다.

가격

앞선 세 가지 변수와 의외로 잘 비례하지 않는다. 가격은 유행과 마케팅에 연동되는 것 같다. 오히려 그 덕에 제품의 질이 좋았던 1990년대의 유럽산이나 일본산 도기가 정통성도 방향성도 없이 유행만 따르는 요즘 도기보다 저렴할 때가 있다.

165 혼자 하는 수리 vs 디자이너에게 맡기는 수리

	셀프	디자이너
절차	철거→기반공사→마감공사→입주청소→가구설치 등 필요한 요소를 모두 자신이 진행한다. 배우는 건 많으나 각 전문가의 신뢰성 확보엔 한계가 있다. 매번 지시를 내릴 때의 의사소통 비용도 무시할 수 없다.	디자이너에게 원하는 걸 전달→견적 받아 결정→기다린 뒤 입주하면 되는 간결한 절차. 단계가 획기적으로 줄어든다.
자유도	발주자의 경험과 고집에 따라 편차가 크다. 발주자가 공사의 한계범위를 모를 경우 필연적으로 현장 전문가와의 의사소통에서 열세가 된다.	디자이너가 수습해 주니까 발주자는 마음 편하게 이상을 펼칠 수 있다. 발주자의 헛된 이상을 다스려 주는 것도 디자이너의 업무가 된다.
리스크	상대적으로 높다. 특히 공사 각 단계에서 초면의 전문가와 함께한다면. 공사 인력은 거의 일과시간에만 일한다. 발주자가 본업이 있을 경우 공사진행과 일상을 병행하기 쉽지 않다.	상대적으로 낮다. 다만 인테리어 디자이너의 신뢰도가 낮을 경우 장르가 다른 스트레스가 찾아올 수 있다.
디자인	기능적, 공사 편의적, 평균적 디자인. 여기서의 디자인은 생김새를 넘어 실제 쓰임새 등 UX를 포괄하는 개념이다. 오히려 합리적일 때가 있다.	(발주자가 원할 경우) 이상적, 심미적, 파격적 디자인. 다만 그 과정에서 공사 및 사용상의 리스크와 비용 상승이 발생할 수 있다. 그 역시 발주자의 몫.
비용	'기본료가 낮고 추가 비용 짐작이 어렵다'로 정의할 수 있다. 넣는 재료 따라 가격이 변하는 마라탕 같은 개념.	'기본료가 오르는 대신 초반부터 비용 예측이 가능하다'로 정의할 수 있다. "얼마에 맞춰 드릴게요"가 가능한 노량진 횟집 같은 개념.

집 안의 소리

지금 집에는 크게 세 대의 오디오 플레이어가 설치되어 있다.
가장 큰 방, 거실, 침실.

가장 큰 방

음악을 많이 듣거나 귀가 아주 예민하지는 않으니 나는 훌륭한
오디오가 멋있는 실내장식이란 생각으로 접근했다. 그런
생각으로 가장 큰 방에는 내 기준에서 봤을 때는 괜찮은 걸 두고
싶었다. 스피커는 하베스 HL MK4다. 내 방 기준 꽤 크다. 하베스
중고 매물을 계속 놓치는 바람에 이성을 잃고 큰 걸 사고 말았다.
공간에 한계가 있어서 조금 가깝다 싶게 붙여뒀다. 나중에 더
작은 영국제 스피커로 바꿀 의향이 있다. 앰프는 중국제 아이이마
파워앰프와 블루투스 리시버 기능이 포함된 진공관 인티앰프를
쓴다. 가격을 생각하면 더 바랄 게 없다. 오라노트 1세대를 CDP와
튜너 용도로 쓴다. 안에도 앰프 기능이 있지만 지금 스피커를
울리기엔 힘이 약간 모자란다. 중고로 사서 몇 년 썼더니 CD를 잘
못 읽어서 수리를 맡길까 한다.

거실

중국산 오디오의 기술을 느껴 보고 싶어 알리익스프레스로
소형 알루미늄 북쉘프 스피커와 소형 블루투스 앰프를 샀다.
스피커는 케이스 높이가 20센티도 안 된다. 그래서 책장 맨
윗칸에 둘 수 있고, 공간 활용에서도 효율적이다. 앰프 역시
판매실적을 보고 샀다. 가격대비 만족도는 굉장히 높다.
웬만한 기성품이 부럽지 않다. 이 구성에서의 소스 기기는 중고

아이패드다. 블루투스로 쓴다.

침실

여기서 음악을 들을 일이 많지는 않지만 블루투스 스피커 하나쯤 두면 침실에서 빈둥빈둥 있을 때 좋다. 보워즈 앤 윌킨스의 과도기적 블루투스 스피커인 T7을 놓았다. 출력은 작은 방에서 쓰기엔 충분하다. 부피도 크지 않아 거치에도 무리가 없다.

개인적인 가구 의뢰 과정과 결과 경험담

내가 진행한 가구 제작 의뢰 방식은 크게 4단계다.

가구 검색 및 시각화

내가 원하는 걸 잘 알아야 잘 맞는 제작자를 찾을 수 있다고 봤다. 틈 날 때마다 인스타그램으로 세계의 가구 제작자를 검색했다. 몇 번 찾으니 알고리즘이 내가 원하는 종류의 가구나 인테리어 시안들을 올려줘서 검색이 수월했다. 두 달쯤 찾고 모으자 내가 원하는 이미지들이 쌓였다. 탐색 과정에서 해외 잡지나 책 등도 구입했다. 하지만 지금 보면 개인 단위의 경우 잡지나 책 없이도 웹이나 SNS로 레퍼런스 이미지 정도는 찾을 수 있을 것 같다.

제작자 탐색

원하는 이미지가 잡혔으니 구현해 줄 제작자를 찾을 차례다. 가구 제작자들은 모두 전문가지만 각자 분야가 조금씩 따로 있다. 기술뿐 아니라 '무엇을 좋아하나'에 대한 이상향도 맞아야 원활한 작업을 할 수 있다고 봤다. 트랩 비트풍 가구 제작자에게 현악

사중주풍 가구를 요구한다면 요구하는 내가 잘못이다.

제작 의뢰
역시 개인 성향이지만 나는 한번쯤은 그들의 작업실로 가 그들을 직접 보고 싶었다. 외부인의 출입을 허락하는가, 어느 동네의 몇 층에 있는가, 가구 제작자는 무엇을 입고 어떤 인상을 띠는가, 이런 요소들이 그의 가구라는 결과에도 영향을 미친다고 본다. 객관적 정답의 영역이라기보다는 주관적 궁합의 영역이다. 이번 가구 제작자는 실제로 만나본 뒤 더 신뢰하게 되었다.

제작품 수령 및 후속조치
내가 아는 한 한국의 가구 공방은 용달비를 별도로 받되 설치까지 책임져 주는 경우가 많다. 쓰다가 문제가 생기거나 고치고 싶어지는 등 연락을 나눠야 할 일은 계속 생긴다. 그러니 역시 서로 성격과 이상향이 맞는 게 중요하다. 그게 잘 맞는 제작자를 찾으려면 발주자도 노력해야 한다고 생각한다.

318 이 집과 느슨하게 연결된 건축에 관한 책

집과 건축에 대해 생각하는 데 도움이 된 책들.

〈빌라 샷시〉 권태훈, 드로잉서치, 2020 (절판)
지금 이 곳에서 일어나는 일들을 세심히 연구했다는 점에서 무척 가치 있는 책. 건축가인 저자는 주변의 빌라 샷시들을 관찰해 한국 주거사에 길이 남을 통찰을 정리했다. 이상적인 건축이 어쩌구 해외의 누가 어쩌구 이런 책보다 훨씬 의미 있는 책이라 생각한다. '삶의 방식이 건축의 형태로'라는 부제도 정말 멋지다.

《세계의 불가사의한 건축 이야기》 1, 2

스즈키 히로유키, 후지모리 데루노부 외, 까치, 1권 2009, 2권 2011 (절판)
말 그대로 세계 곳곳의 건축 사례를 소개하면서, '건축과
공간의 매력이 무엇인가'라는 막연한 이야기를 실질적인
예시로 보여주는 책. 일본 신문에 연재된 글을 모은 거라 나
같은 비전문가도 이해하기 쉽다. 참여 필진의 면모가 쟁쟁하고
다양해서 각자의 시점을 보는 맛도 좋다. 비단 건축 분야
책이라는 걸 넘어 선진국 교양 논픽션의 깊이를 느낄 수 있다.

《게리 – 프랭크 게리가 털어놓는 자신의 건축 세계》

밀프레드 프리드먼, 미메시스, 2010
건축가들이 자기 프로젝트를 소재 삼아 적은 에세이를 좋아한다.
한국에도 다양한 건축가의 회고록이 번역되어 있고, 내가
본 바로는 전반적으로 다 재미있었다. 그중에서도 게리가
재미있었던 이유는 뭔가 자기 걸 해 보겠다고 하는데 잘 안 되는
듯 하다가 결국 되는 패턴 때문이다. '게리도 이렇게 하려다가
안 된 게 많다는데 징징거리지 말아야지'라는 생각을 하게 된다.
세계적인 사람들은 아이디어뿐 아니라 멘탈이 다른 것 같다.

《아홉 평 나의 집》 하기와라 슈, 홍시, 2012

일정 부분 이 집의 사상적 기반이라 할 만한 책. 예산, 면적, 재료
등이 한정된 상황 속에서 이상을 뿌리 삼아 집을 만들어 내는 게
가능함을 보여준다. 한정된 상황 속에서 구현하는 이상이라는
점에서 집수리를 넘어 삶 전반에 큰 힘이 됐다.

*이 책의 출판 시점인 2025년 10월 현재 목록 대부분이 품절혹은 절판 상태다. 그래도 온라인 중고서점이나 도서관에서 쉽게 구할 수 있다.

에필로그 — 연결되는 미로

> "어떻게 사용할지 생각하게 되는 공간을 만들고
> 싶습니다. 아무것도 놓이지 않았을 때도 정말
> 깨끗하고 좋긴 하지만, 물건이 점점 늘어나 괜찮은
> 분위기가 만들어졌을 때 기분이 좋아지는 것도
> 사실입니다."
> ― 니시자와 류에, 〈열린 건축〉

햇수만 따지면 7년에 걸쳐 집수리를 했는데도 아직 수리는 다 끝나지 않았다. 남은 집수리 목록을 정리하면 한숨이 나면서도 기대가 된다. 재미있을 것 같다.

1) 가구 수리
주방 가구 일부에 몇 가지 문제점이 있다. 그렇지 않아도 이유를 알릴 수 없는 여러 종류의 사정이 있어서 주방 가구에 대해서는 본문에 전혀 언급하지 않았다. 이제 나의 든든한 친구가 된 스튜디오 식목일과 함께 주방 가구의 전면적 신규 제작과 설치를 진행하고 있다. 여기에 대해서도 나름의 원칙을 정하고 내 필요에 맞는 디테일을 고민하며 이야기를 나누는 중이다.

2) 문 개선

문이 열리는 방향과 경첩 모양 등을 조금 손보고 싶다. 기존 문은 고양이버스 사장님이 잘 만들어 주었다. 튼튼하게 잘 만들었지만 입주 후 몇 년 사용해 보니 나의 지시가 어색해 사용 측면이나 미적 측면에서 조금 개선하고 싶은 부분들이 있다. 이 역시 스튜디오 식목일과 시간을 맞춰 같이 해 보기로 합의를 마쳤다.

3) 자투리 활용

이 집의 가구를 만들며 남아 있던 자투리들이 아직 스튜디오 식목일의 작업실에 그대로 있다. 파티션이나 거울 등을 만들며 잘 활용했는데 더 많은 걸 만들어 보고 싶다. 단순히 내 집에 들어가는 가구나 소도구를 만들지, 혹은 이 집과 관련된 일종의 굿즈를 만들지, 굿즈를 만든다면 무엇을 만들어서 어디에 얼마를 붙여 팔아야 할지, 이런 요소 역시 아직 남아 있는 고민이다. 혹 떼려다 혹 붙이는 것처럼 자투리를 없애려다 새로운 문제들을 계속 만들어 내는 기분이 든다. 역시 지속가능성 실현은 쉽지 않다.

4) 조립 가능한 다이닝 테이블

집에 손님이 오실 때가 있다. 평소에는 비워 두는 넓은 방에 쓸 손님용 테이블이 필요하다. 프로토타입을 만들어 봤는데 폭이 좁아서 여러 사람이 앉기에는 힘들다. 네 명 정도가 앉을 만한 폭의 테이블이 필요해서 나무판을 산 뒤 다듬는 중이다. 판을 다듬고 나서는 다리를 달아야 하는데 다리를 어떻게 달 지가 고민이다. 전에 만들었던 프로토타입은 반 시게루의 지관 건축에서 착안해 다리를 지관으로 만들어 보았다. 아이디어 자체는 문제가 없으나 내 방의 수평이 맞지 않아 테이블이 흔들린다. 그래서 다른 방식으로 지관 다리를 만들어야 하고, 그 다리는 쉽게 분리시켜서 창고방에 티 안나게 보관할 수 있을 만큼 부피가 작아야 한다.

이런 식으로 집을 고쳐 나가는 게 내 삶의 일부가 되었다. 문제가 생긴 부분을 고치는 기능적 수리도 있고, '여기에 이게 있으면 더 예쁘겠다' 싶은 생각에서 해 나가는 일종의 미적 개선사업 같은 성격의 수리도 있다. 집 안에 있으면 그런 요소들이 계속 눈에 띄어 마음이 쓰이기도 하고 기대가 되기도 한다.

  다행히 그 과정에서 내가 예전보다 덜 헤매게 되었다. 예를 들어 특정한 부분의 경우 어떤 소재를 쓸 것인지, 그 소재를 쓸 경우의 장단점은 무엇인지, 어느 업체를 찾아야 하는지 혹은 업체를 모를 경우 어떻게 업체 선정을 해야 하는지. 이런 일들에 대해 최소한의 경험이 생긴 덕에 조금이나마 마음의 여유가 생겼다. 막상 또 해 보지 않은 일을 하면 내가 얼마나 몰랐는지 깨달은 채 쩔쩔매겠지만. 그래도 적어도 '모르니 쩔쩔맬 것이다'라는 예상 정도는 할 수 있다는 점이 내게 큰 진보다. 원하는 것이 구현되어 딱 맞아들어가 문제 없이 작동할 때의 다층적 쾌감을 알게 된 것도 아주 큰 진보다.

  집을 넘어 삶을 대하는 태도 역시 변했다. 집에 물건을 들일 때 심사숙고해 보는 게 습관이 됐다. 아무 물건이나 놓을 수 없는 낡고 특수한 집에 사는 사람이 되어 버렸기 때문이다. 원래도 그런 편이었지만 유행에 휩쓸려 생활용품을 사는 일은 전혀 없어졌다. 유행에 휩쓸린 물건으로 집을 채우기에 이 집은 너무 좁다. 좋든 싫든 나는 모든 물건을 구매할 때 '이 집과 어울리는가, 이 집과 어울린다는 것은 무엇인가'를 생각하게 된다. 그게 크기든 무게든 가격이든 유명세든 간에. 조금 다른 이 집 자체가 내 삶에서의 어떤 판단 기준이 된 셈이다.

  집을 넘어서도 변한 게 있다. 개인 단위에서 요란한 집수리를 마치고 나니 나는 이제 내가 직접 해 보고 겪은 일들에 대해서만 결론을 내린다. 해 보지 않고 결론을 내리는 건 맞는지 틀리는지를 넘어 큰 의미가 없는 일이라 생각하게 됐다. 뭔가를 취하고, 고치고, 그 모든 과정을 해 나가는 일에 대해서도 바뀐 듯하다. 나는 여전히 오래된 물건을 사는 걸 좋아한다. 하지만 7년 전의 내가 무턱대고 집을 산 것 같은 결정을 내리지는 않는다. 동시에 내가 오래된 뭔가를 취하기로 결정했다면 내 생각보다 더 까다로운 일이 생겨도 놀라지 않는다. 이 집에서의 경험이 다른 경험에도 영향을 미친 셈이다. 그럴 만하다. 이 집은 몇 년 동안 내 큰 숙제였으니.

숙제가 또 있다. 지난 7년 동안의 집수리에서 얻은 교훈을 구현할 곳이 생겼다. 본문 마지막 이야기인 '맨몸 이사'에서 하지 않은 이야기가 있다. 창고에서 짐을 빼는 과정에서 내 모든 짐을 이 집으로 가져온 게 아니었다. 내 짐의 일부는 그 전에 확보해 둔 제3의 장소로 가져다 두었다. 그곳이 이 이야기의 마지막 무대다. 내 사무실.

내 사무실도 지금 내가 사는 곳과의 공통점이 있다. 오래됨. 엘리베이터 없는 건물 고층. 서울 구도심 권역. 수리하지 않음. 디지털 도어록 없이 열쇠로 문 여는 방식. 그래서 저렴. 차이점도 있다. 사무실 건물은 내가 사는 곳보다 더 오래 됐다. 집 건물이 1971년 준공인데 사무실 건물은 1960년대 준공이다. 서대문구보다도 더 시내 중심부인 서울 중구에 있다. 내 어렴풋한 꿈이 '서울

시내에 사무실 내기'였는데 그게 조금 허름한 방식으로 이루어진 셈이다.

  이 집을 만난 우연처럼 이 사무실도 우연히 만났다. 코비드-19가 막바지에 접어들던 프리랜서의 어느 날이었다. '이제 프리랜서도 몇 년 했고 사무실을 내야 하나'라고 생각하며 거리를 걷다가 우연히 건물 벽에 붙어있는 임대 공고를 봤다. 역시 믿을 수 없을 만큼 가격이 저렴했다. 실제로 보니 그곳도 내 집처럼 준공 이후 수리가 전혀 되지 않은 곳이었다. 이번에도 그걸로 충분했다. 풍부한 시간의 흔적이 있고, 내가 좋아하는 도심 권역에 있고, 오래되고 튼튼한 건물이었으니.

  거길 며칠 전에 다녀왔다. 이 책의 저자 자체제작 굿즈가 될 티셔츠 발주 물량이 도착해 수량을 확인했다. 이 책 작업이 끝나면 사무실을 고칠 것이다. 이제 나는 더 잘할 수 있을 것이다. 충분히 고민하고 헤맸으니까. 지난 7년 동안. 혹시 아나. 이 책이 잘되면 '서울의 어느 사무실' 같은 스핀오프 후속편을 낼지. 그렇다면 이 장소와 이 문장이 새 이야기의 시작점이 될 것이다.

감사의 말과 일러두기

이 집을 구입하고 수리하는 데 함께해 주신 모든 분들께 감사드린다. 나는 이 책을 그 모든 분들이 출연하는 논픽션이라 생각하며 작업했다. 등장 순서대로 이 집을 중계해 주신 중앙공인중개사 이을우 대표(그동안 가수로 데뷔해 '연희동 연가'를 발표했다고 한다), 철거 진행해 주신 동양철거 전은규 반장님, 창호 작업 맡아 진행해 주신 에이치원 정욱진 부장, 공사현장 도중에 투입되어 공사 잘 마무리해 주신 어울림토탈인테리어 이성준 대표, 가구 제작에서 시작해 이젠 친구가 된 스튜디오식목일 김원식 실장과 김진산 실장, 가죽과 직물 작업에서 함께해 주시며 고생한 카피 오브 카피 장우석 실장께 감사드린다.

집수리 관련 도움 말씀 주신 분들께도 감사 인사를 전한다. 노말건축 조세연 소장 등의 현업 건축가들이 현장을 직접 찾아 소중한 조언을 전해 주었다. 인테리어 자재 아카이브 콩크 백유현 대표는 전 반장님 등 주요 공사 인력을 소개해 주었고 공사 초반부터 마지막까지 많은 관심과 응원 보내 주었다. 학동역에서 만난 분들 중에는 다래공영 김용준 부사장과 가조띠 코리아 박수현

팀장께 감사드린다. 각 업체의 번영을 바란다.

     에이치비 프레스와는 이번이 세 번째 작업이다. 그만큼 쌓인 상호 신뢰와 응원이 있다. 〈서울의 어느 집〉 역시 에이치비 프레스가 아니었다면 지금 모습이 아니었을 것이다. 앞으로도 서로의 성장을 도우며 새로운 프로젝트를 함께할 수 있을 거라 믿어 의심치 않는다. 특히 조용범 편집장은 〈서울의 어느 집〉의 사상적 기반 중 하나인 〈아홉 평 나의 집〉(홍시)의 책임편집자이기도 하다. 〈아홉 평 나의 집〉은 2012년 출간되었고 나는 이 책을 몇 번씩이나 읽으며 지금 내가 살고 있는 집처럼 내 분수에 맞으면서도 뭔가 구현할 수 있는 집을 떠올리곤 했다. 어느 면에서는 조용범 역시 이 책의 시작점부터 관여하고 있는 셈이다. 책의 역자 박준호 님 역시 어른이 되어 알게 된 내 지인들과 이어져 있다. 이 책이 불러온 우연과 인연들에 대해 생각하곤 한다. 바쁜 일정 중 디자인을 맡아 좋은 모습으로 완성해 주신 박고은 실장께도 감사드린다.

     권말 대담에 함께해 주신 건축가 이희준 소장께 깊이 감사드린다. 이 책과 관련해 내가 가졌던 가장 높은 차원의 욕심은 이 책에 담긴 생각이 일종의 담론이 되는 것이었다. 이희준 소장 덕에 이 책이 일정 부분 그런 역할을 수행할 수 있게 되었다고 생각한다.

■ [부록] 이 집과 느슨하게 연결된 건축에 관한 책 → 354

이 프로젝트는 책으로 나오기 전부터 과분한 반응을 얻은 덕에 직간접적으로 여러 미디어에 노출될 수 있었다. 2023년 광주디자인비엔날레에 초청해 주신 금오공대 김선아 교수께 감사드린다. 전작과 그 안에 들어 있는 메시지를 좋게 봐 주셔서 초청작가라는 과분한 기회를 얻어 '박찬용의 집'을 설치했다. 그 덕에 〈서울의 어느 집〉이 책 한 권의 이야기가 될 수 있을 거라는 용기를 낼 수 있었다.

이 집과 관련한 콘텐츠를 만들어 주신 저널리스트와 크리에이터 분들께 감사드린다. 이 집을 기사화해 준 〈엘르〉 윤정훈 에디터와 〈리빙센스〉 신문경 에디터께 감사드린다. 나 역시 잡지인 출신으로 여전히 페이지를 만들기 때문에 잡지 페이지에 나왔다는 사실은 내게 큰 의미가 있다. 좋은 기사와 사진을 보며 큰 기쁨을 느낀 건 물론이다. 나와 오래 작업한 사진가 표기식은 가구가 올라오는 날 시간을 내어 방문해 귀한 사진 기록을 남겨 주었다. 표기식 덕에 집수리의 기념비적인 순간이 아름다운 사진으로 남을 수 있었다. 거듭 감사드린다. 표지 저자 사진은 〈리빙센스〉 촬영 당시 사진가 김잔듸의 사진 중 기사엔 쓰이지 않은 컷이다. 좋은 사진 찍어 주시고 쓸 수 있게 해 주셔서 감사드린다.

잡지 기사를 보고 먼저 연락 주신 방송인 김나

영 님께 감사드린다. 변두리에 있는 초라한 집인데도 좋게 봐 주시고 자신의 유튜브 채널인 '노필터TV'에 이 집을 콘텐츠로 만들어 소개해 주셨다. 덕분에 책이 나오기 전에 미리 집이 알려지며 과분한 칭찬 받을 수 있었다. 이런 집을 찾아서 연락 주시는 열정과 실행, 실제로 만났을 때의 친절함과 천진함, 촬영 후의 따뜻한 말씀과 배려까지 내가 배운 게 많다. 거듭 감사드린다.

이 책의 운명은 알 수 없으나 만약 좋은 성과가 있다면 앞서 언급한 모든 분들 덕분이다. 나는 바보 같은 선택을 해 왔고, 그 과정을 정리했을 뿐이다. 모든 분들이 자기 역량의 최대치를 다하며 나를 도와주었다. 이 책 내용과 관련된 실수나 문제가 있다면 그에 대한 책임은 모두 저자인 나에게 있다.

책을 만드는 건 나와 출판사지만 책의 운명을 결정짓는 건 독자 여러분이다. 어떤 이유로 이 책을 고르셨든, 독자 여러분께 언제나 깊이 감사드린다.

나는 권말에 내가 작업한 도구를 적어 둔다. 이번 책은 씽크패드 X1 카본으로 작업했다. 책에 들어간 사진은 거의 아이폰 프로11과 아이폰 프로16, 소니 RX100과 RX1으로 촬영했다. 소프트웨어는 MS워드와 엑셀, 구글문서를 사용했다. 대담 녹취록 작성에서는 네이버 클로바를 썼다. 후반 편집 과정에서 디프체커(www.diffchecker.com)를 활용해 초교와 수정교를 비교했다.

    이번 책에서는 처음으로 원고 작성에 AI를 활용했다. 구글 제미니를 사용해 대담 녹취록 원문을 다듬고 정리했다. 녹취 정리 과정에서 AI가 앞으로도 큰 역할을 할 수 있을 거라 생각한다. 책의 다른 부분에서는 AI를 전혀 사용하지 않았다. 앞으로 이런 요소를 명시해야 할까, 아닐까?

연	월	집 공사	박찬용의 인생	세계
2018	1	월세 거주 단독주택 누수 발생		
	2	동네 근처 공동주택 매물 확인		2018 평창 동계올림픽 개막
	3	대출 상담	스위스 바젤 출장 중 스위치, 조명 구입	
	4	구매 계약		
	7		〈에스콰이어〉 퇴사, 〈매거진 B〉 이직	
	11		〈요즘 브랜드〉 출간	
2019	1		〈잡지의 사생활〉 출간	
2020	1			브렉시트 발동
	2		〈우리가 이 도시의 주인공은 아닐지라도〉 출간	스위스 시계박람회 전체 취소
	3			WHO, 코비드-19 팬데믹 선언
	6			6.17 부동산대책 발표
	7			7.10 부동산대책 발표
	8		〈매거진 B〉 퇴사	8.4 부동산대책 발표
	9		〈첫 집 연대기〉 집필 시작	
	11			대한항공, 아시아나항공 인수
2021	2		〈첫 집 연대기〉 출간	대한민국 코비드-19 백신접종 시작
	3	철거 시작 학동역 가조띠 쇼룸에서 마루 계약	디자인 에이전시 입사	코비드-19로 인한 물류난 가속
	4	학동역 지하상가 탐색 시작 주요 설비공사 시작		
	5	창호공사 위해 기존 창호 철거 가스, 배관, 전기 등 공사 완료	월세방 계약 종료, 잠시 호텔 생활	
	6	라우펜, 듀라빗 세면대 구입 창호 공사 완료 을지로에서 토토 CS406 구매	디자인 에이전시 퇴사 '요기요 디스커버리' 프로젝트 시작	
	7			2020 도쿄 올림픽 개막
	8		호텔 생활 후 대학가 원룸 생활 시작 국토교통부 홍보위원 위촉	
	9			청와대, 부동산정책 실패 인정

2022	2			러시아, 우크라이나 침공
	3			윌 스미스 뺨 사건 발생
	4		개인사업자용 사무실 임대계약	사회적 거리두기 해제
	7			뉴진스 데뷔
	8		〈아레나옴므플러스〉 취업 제안	
	9	집수리 재개 결정	원룸계약 종료, 다른 원룸으로 이사	
	10	고양이 버스 사장님과 집수리 시작 라우펜 세면대 회수	서울문화사 출근, 〈아레나옴므플러스〉 피처디렉터 업무	
	11	목공 공사 완료 타일 수급 목공 후 칠 공사 타일 공사 철물 중 문 손잡이, 자물쇠 등 설치 "새로운 자물쇠로 문을 잠그는"		2022 FIFA 월드컵 카타르 개막 CHAT GPT 3.5 출시
	12		〈아레나옴므플러스〉 출근 시작	빌라왕 전세사기 범죄공론화
2023	2	세면대, 변기, 수전, 스위치 설치	입주. "잠만 자고 짐을 놓을 수 있는 정도."	
	4		요기요 디스커버리 프로젝트 종료	
	5		〈아레나옴므플러스〉 '워치북' 출간	WHO, 엔데믹 선언
	7		서울문화사 최우수기자상 수상	스레드 출시
	8	욕실 샤워부스 샤워커튼 설치	광주디자인비엔날레 〈박찬용의 집〉 설치 시작	
	9		광주디자인비엔날레 개막	아이폰 15 공개
	10		〈모던 키친〉 출간	하마스-이스라엘 전쟁
	12		〈좋은 물건 고르는 법〉 출간	
2024	3	스튜디오 식목일 첫 미팅		
	4			민희진-하이브 분쟁
	5		〈아레나옴므플러스〉 '워치북' 출간	
	6		서울문화사 퇴사	

연표

	7	침대 설치		
		욕실 블라인드 설치		
	8	스튜디오 식목일 가구 설치	까르띠에 '살롱 드 트리니티' 행사 기획	
		욕실 블라인드 추가 설치		
	9	스위치 최종 설치	아메리카스 컵 참관 〈아레나〉 마지막 출장	
	10	냉장고 설치	까르띠에 '살롱 드 트리니티' 행사 진행	한강 노벨문학상 수상
	11	창고 짐 분출 및 이사 정리 시작		도널드 트럼프 재선
	12	가내 사운드시스템 설치 완료		대한항공, 아시아나항공 인수완료
2025	1	〈엘르코리아〉 1월호 소개		딥시크, 앱스토어 1위
		씽크대, 부엌수전 설치		
	2		〈아홉 평 나의 집〉 실제 모델 마에카와 하우스 방문 사랑니 발치	미국발 관세전쟁 시작
	3	스위스 의자 수리	KBS 1라디오 방송 시작	
		펜던트 조명 교체		
	4	세탁기용 설비 설치		오사카 간사이 엑스포 개막
	5	세탁기 설치		
		김나영 유튜브 '노필터TV' 소개		
	6	〈리빙센스〉 6월호 커버스토리		〈케이팝 데몬 헌터스〉 공개
	9	스튜디오 식목일 가구 추가발주		서소문고가도로 철거
	10	〈서울의 어느 집〉 출간		

연표

서울의 어느 집
a small home in seoul

by park chanyong

HB1029
1판 2쇄 2025년 11월 12일
1판 1쇄 2025년 10월 20일

글, 사진	박찬용
편집	조용범, 김정옥
디자인	박고은, 최미선
마케팅	황은진
제작	정민문화사, 한승지류유통

에이치비 프레스 (도서출판 어떤책)
서울시 서대문구 성산로 253-4 402호
전화 02-333-1395 팩스 02-6442-1395
hbpress.editor@gmail.com
hbpress.kr

ⓒ Park Chanyong 2025
ⓟ HB PRESS 2025
ISBN 979-11-90314-46-6 03540